“十四五”国家重点出版物出版规划项目

核聚变科学出版工程

金属材料的辐照损伤

万发荣　著

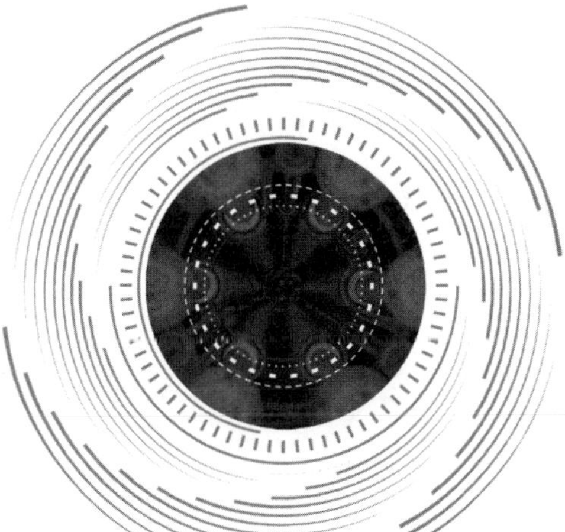

RADIATION DAMAGE IN METALLIC MATERIALS

中国科学技术大学出版社

内 容 简 介

本书系统地介绍了金属结构材料辐照损伤的产生原理、分析方法，以及聚变反应堆对金属材料的设计与建造要求等，同时对我国辐照损伤研究的未来发展作出了展望。主要内容包括：有关辐照损伤研究的历史、背景和现状；从晶体学结构角度介绍了与辐照损伤有关的晶体缺陷的基础知识；辐照损伤分析的基本概念和初步理论；辐照对金属材料的结构乃至物性造成的影响；从核反应堆工程角度介绍了各种堆型结构材料中存在的主要的辐照损伤问题；材料辐照损伤与材料选择；电子辐照、离子辐照、中子辐照损伤的实验研究方法；晶体缺陷的主要表征方法。

本书可供磁约束核聚变、核裂变研究专业人士，等离子体及相关专业的研究生阅读参考。

图书在版编目(CIP)数据

金属材料的辐照损伤 / 万发荣著. -- 合肥 ：中国科学技术大学出版社，2025. 6. -- ISBN 978-7-312-06270-4

Ⅰ. TG14

中国国家版本馆 CIP 数据核字第 2025T8M865 号

金属材料的辐照损伤

JINSHU CAILIAO DE FUZHAO SUNSHANG

出版 中国科学技术大学出版社
安徽省合肥市金寨路 96 号，230026
http：//press.ustc.edu.cn
https：//zgkxjsdxcbs.tmall.com

印刷 安徽国文彩印有限公司

发行 中国科学技术大学出版社

开本 787 mm×1092 mm 1/16

印张 17.5

字数 362 千

版次 2025 年 6 月第 1 版

印次 2025 年 6 月第 1 次印刷

定价 88.00 元

前　言

能源是现代文明社会能够存在并不断发展的基础。核电作为主要能源之一，对人类的生活将持续发挥巨大的作用。

我国的国情决定了能源问题将是长期制约我国经济社会发展的重要问题之一。对于我国而言，能源供给与持续增长的能源需求之间的矛盾非常突出，且能源分布极不平衡。经济较为发达的沿海地区，往往是能源相对匮乏的区域。所以，发展核能对于我国来说，不仅是一个能源多样化的问题，也是沿海地区经济发展迫切需要解决的问题。近些年，全球变暖引发全人类的关注，二氧化碳排放问题已被提上日程，这些都是核电发展的促进因素。

国内的核电事业起步很晚，20 世纪 80 年代后才开始建造核电站，近年来进入了核电快速发展阶段。与 20 世纪 90 年代相比，我国核能的发展发生了重大变化。国家的核能发展计划从“适度发展”转为“积极安全有序发展”。目前，国内开展的核能研究包括熔盐堆、快中子增殖反应堆、高温气冷堆、聚变堆、散裂中子源等，几乎覆盖了所有的核能类型。

毫无疑问,核聚变能源的开发研究是推进材料辐照损伤研究的重要动力。

核聚变反应有许多类型,氘-氚(D-T)核聚变,由于点火温度较低,比较容易实现,因而是目前核聚变能源开发的首选方案。其反应如下:

$$^{2}D + ^{3}T \rightarrow ^{4}He(3.5\ MeV) + ^{1}n(14.1\ MeV)$$

为了达到氘-氚(D-T)核聚变反应所需要的高温条件,人们提出了各种方法,如激光加热方法(惯性约束核聚变)、等离子体加热方法(磁约束核聚变)等。目前看来,等离子体加热的方法更具现实可行性。

在氘-氚(D-T)核聚变反应中,80%的能量是由能量高达 14 MeV 的中子来释放的。然而,这一能量却难以像热能那样立刻被利用,而是需要让中子与聚变堆结构材料进行相互作用,进而将中子的动能传递给聚变堆结构材料。也就是说,聚变堆结构材料必然要承受高剂量的中子辐照。这些中子对材料产生的辐照损伤的严重程度,可能会超出我们目前的想象。

一般认为,氘-氚(D-T)核聚变能源开发成功与否,主要取决于能否解决三个关键问题:一是等离子体的稳定性(即等离子体骤然熄灭问题);二是作为燃料的氚的自持(自我增殖);三是高能中子辐照引起的、以材料辐照肿胀和材料辐照脆化为主要代表的材料辐照损伤。过去,一些对核聚变能源发展持悲观态度的人,也大多是考虑到了这些问题的严重性。① 可以说,首次建成氘-氚(D-T)核聚变电站之日,并非是材料辐照损伤问题已被彻底攻克之时,恰恰相反,届时材料辐照损伤问题的严重性极有可能会进一步凸显。

除了氘-氚(D-T)核聚变反应之外,还存在其他一些实现核聚变能的途径。例如,氘-氘(D-D)核聚变、氦-3-氘(^{3}He-D)核聚变、质子-硼-11 核聚变等。

氘-氘(D-D)核聚变反应如下:

$$^{2}D + ^{2}D \rightarrow ^{3}He\ (0.82\ MeV) + ^{1}n\ (2.45\ MeV)$$

---

① Lawrence M L. The trouble with fusion[J]. MIT Technology Review, 1983, 86(7): 32-44.

$$^{2}D + ^{2}D \rightarrow ^{3}T\ (1.01\ MeV) + ^{1}H\ (3.02\ MeV)$$

上述两种氘-氘(D-D)核聚变反应以大致同等的概率发生。这个聚变反应的燃料是氘,1 升海水中含有 0.03 克氘。[①]人们常说的"1 升海水等于 300 升汽油"的核聚变,指的就是这个反应。如果能够实现氘-氘(D-D)核聚变,自然完全没有资源的限制,也就不用再担心氚的来源问题。但是,氘-氘(D-D)聚变反应的实现需要 10 亿摄氏度左右的高温,比氘-氚(D-T)核聚变的温度几乎高一个数量级。现在还没有实现完全依靠氘-氘(D-D)核聚变的氢弹,即使这种武器的聚变燃料非常廉价。

在氘-氚(D-T)核聚变堆中,需要通过如下反应:

$$^{6}_{3}Li + ^{1}_{0}n \rightarrow ^{4}_{2}He + ^{3}_{1}T + 4.8\ MeV$$

$$^{7}_{3}Li + ^{1}_{0}n \rightarrow ^{4}_{2}He + ^{3}_{1}T + ^{1}_{0}n - 2.5\ MeV$$

即利用中子与锂的反应来生产氘-氚(D-T)核聚变反应所需的燃料氚。在天然锂(Li)中,$^{6}_{3}Li$ 与 $^{7}_{3}Li$ 的存在比例为 7.4∶92.6。地球上的锂资源也不是无限的,因此有人认为,只有在氘-氚(D-T)核聚变反应堆将锂资源消耗殆尽后,氘-氘(D-D)核聚变的重要性才会显现出来。[②]

氦-3-氘核聚变反应如下:

$$D + ^{3}He \rightarrow ^{1}H\ (14.68\ MeV) + ^{4}He\ (3.67\ MeV)$$

氦-3-氘核聚变中,最大的吸引力在于不会产生高能中子。从理论上来说,这样就可以在很大程度上避免因高能中子引发的材料辐照损伤问题。但是,地球上的氦-3 资源极其稀少,近乎忽略不计。而月球上存在较为丰富的氦-3 资源,这也是众多登月计划的重要目的之一。[③]因此,若要实现这种核聚变能源的开发与利用,完全实现月球与地球之间的运输通

---

① Dutton R, Moeck E O, Spinks N J, et al. Advanced technologies for CANDU reactors[J]. Nuclear Engineering and Design, 1993, 144(2): 269-281.

② Hulme H R. Nuclear fusion[M]. London: Wykeham Publications Ltd., 1969.

③ 邓柏权,彭利林,王龙. 月球氦-3 与未来的新能源[J]. 科技导报,2003(1): 13-16.

道是必不可少的前提条件。另外，这一核聚变反应的难度类似氘-氘(D-D)核聚变。

从工程应用的角度看，下面的质子与硼-11 的聚变反应似乎更加理想：

$$p + B^{11} \rightarrow 3^4He + 8.68\ MeV$$

在这个反应中，燃料和聚变反应产物都没有放射性，也不会产生中子。但是硼的高电荷，使这个聚变反应的实现更加困难。

根据图 0.1 中聚变反应的反应速率与温度的关系，可以比较这些聚变反应的难易程度。①

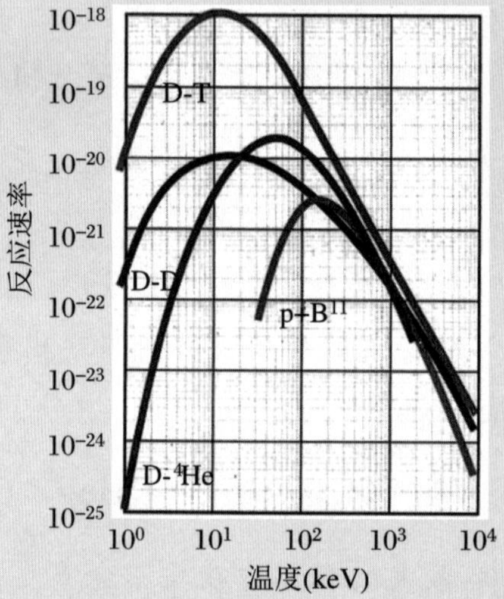

图 0.1　各种核聚变反应的反应速率与温度的关系

材料的辐照效应，主要指中子、带电粒子或电磁波等各类射线辐照与固体材料产生的相互作用现象。材料辐照效应的研究涉及许多领域。例如，核反应堆结构材料、离子探针、离子加工、离子改性等领域中的主要问题均与辐照效应密切联系。然而，与辐照效应研究同兴衰的主要还是核能的发展。材料问题也是制约核电发展的关键因素，尤其是在关乎核电站的经济性和安全性等方面，材料更起着举足轻重的作用。

① Lawrence M L. The trouble with fusion[J]. MIT Technology Review, 1983,86(7): 32-44

辐照损伤除了核材料开发的背景之外，还具有深远的晶体缺陷物理的学术背景。在晶体缺陷物理领域，过去最为热门的研究是线缺陷的位错理论，该理论以材料塑性变形的微观机制为主要研究对象，极大地丰富了材料物理知识体系。此时，晶体中的位错来源主要有两个：一是凝固过程中，晶体形成时的混乱现象；二是在应力作用下，晶体中出现的位错增殖。在以一般热力学平衡状态为前提的晶体点缺陷(point defect)理论中，以空位为主要内容的点缺陷的热力学平衡浓度很小，因而对材料性能的影响不是很大，且这些点缺陷理论一般不会涉及自间隙原子的问题。然而，在材料辐照损伤领域，情况有所不同。除了材料中已有的位错之外，辐照过程中产生的点缺陷也会聚集成平面状集合体，进而发展成位错线。需要注意的是，辐照形成的位错可以与制备晶体时形成的位错进行类比分析，但不应与应力下增殖的位错相提并论。换言之，位错的形成过程可以分为两个阶段：一是在晶体中引入位错的阶段；二是在应力作用下发生位错增殖的阶段。材料的变形组织包括了上述两个阶段，而辐照组织一般只与第一个阶段相对应。

另外，更重要的是，高能中子辐照下的结构材料会出现许多在非辐照状态下从未遇见的问题。辐照状态下所涉及的点缺陷的浓度远远超过非辐照时的热力学平衡状态，而且相比于空位，自间隙原子的作用更加明显。对于辐照研究而言，尤其应该关心点缺陷与位错的相互作用。而过去的一般位错理论对这一方面涉及不多。由于材料塑性变形的研究已经相当深入，与之相关的作为线缺陷的位错理论也发展得极为充分。然而，点缺陷理论目前仍存在许多有待深入研究的课题，原因之一可能是有关材料变形的实验相对简单易行，而有关材料辐照的实验则会受到更多的条件制约。

材料辐照损伤研究对晶体缺陷物理领域，乃至对整个材料物理学科的发展已经并将继续作出重要贡献。本书的目的之一，就是力图详细地说明这种贡献。

此前，国内外已经存在一些介绍材料辐照损伤的出版物。[①-⑤]本书在考虑了这些出版物内容的前提下，尽量写出自己的特色，即引导读者对该领域进行比较深入的思考。同时，在介绍辐照损伤实验现象时，也引入了笔者的一些想法，并将与同行分享自己的一些体会。虽然这些想法未必正确，但希望这些内容能够为以后的深入研究提供一些参考，起到“抛砖引玉”的作用。

本书只介绍电子、中子和离子辐照的情况，对γ射线等辐照没有涉及。材料方面则以金属结构材料为主，除个别例外，基本上没有叙述石墨、半导体和离子晶体等材料中的辐照损伤，即便它们也是晶体缺陷研究中的重要组成部分，有时甚至比金属中的缺陷行为更加丰富。

本书从辐照损伤对材料结构和性能的影响、辐照缺陷与辐照效应的关系等角度，探索有关金属材料中辐照效应的理论与机制。以辐照引起的材料组织结构和性能的变化，即辐照损伤为主要内容，系统地阐述高能粒子辐照引起的辐照缺陷、辐照脆性等有关材料结构、物性的变化，从材料科学的角度对有关辐照损伤的理论和实验进行深入分析。

限于笔者水平，本书难免存在一些不足，敬请各位读者提出宝贵的意见。

① Was G S. Fundamentals of radiation materials science: metals and alloys[M]. 2nd ed. New York: Springer, 2017.

② 石野栞. 照射損傷[M]. 東京:東京大学出版社,1979.

③ 万发荣. 金属材料的辐照损伤[M]. 北京: 科学出版社,1992.

④ 郭立平, 罗凤凤, 于雁霞. 核材料辐照位错环[M]. 北京: 国防工业出版社,2017.

⑤ 郁金南. 材料辐照效应[M]. 北京:化学工业出版社,2007.

目　录

第1章

绪　　论

1.1　材料辐照效应的分类

材料辐照效应研究的最主要背景是大规模地开发应用核能。核反应堆结构材料的一个显著特点就是会受到各种射线的辐照,这是它与其他工业材料的最大不同之处。与核能有关的射线的能量一般都非常高,中子射线的能量就达到 MeV 数量级。一般冶金学从热力学平衡的角度研究材料的变化,所涉及的能量只有几乃至几十 eV,与高能辐照射线的能量相比,相差近百万倍。可以想象,这些高能射线在材料中将会产生许多特殊的辐照效应,对其结构乃至物性产生重大影响。自然,这些辐照效应不仅与射线的类型和能量有关,而且也与材料的类型和结构有关。

高能射线对材料产生的辐照效应,按其作用时间的长短,一般可分为过渡效应、可逆效应和永久效应三种。

1. 过渡效应

过渡效应一般指射线在材料中产生的离子化和电子激发等现象。对于金属材料来说，这些效应最终主要转化成热量释放，一般不会给材料结构带来什么变化。但在半导体材料中，由于载流子和空穴被捕获，从而引发可逆效应。另外，离子晶体材料也会因电子激发而产生缺陷。

正确评价因电子激发而损失的能量，对于分析辐照缺陷的产生和分布具有十分重要的意义。同时，过渡效应所产生的热效应，会对辐照缺陷产生退火效应，进而对材料的辐照行为产生不可忽视的影响。

2. 可逆效应

材料中的原子受到射线辐照后，有可能被弹击出原来的晶格位置，产生晶体缺陷，从而影响材料的性能。由于可以通过适当温度的退火来消除这些因辐照而产生的晶体缺陷，故称之为可逆效应。

金属材料中的过渡效应是一种暂态效应，而可逆效应则是一种累积效应，它与射线的辐照剂量有着密切的关系。一般狭义上的"辐照损伤"，均是指这种效应。但是工程上所说的"辐照损伤"，通常涵盖所有因辐照引起的材料变化现象（如辐照脆化、辐照肿胀、辐照析出等）。这些现象无法通过常规方法恢复，属于人们不希望出现的效应，也很少考虑其是否可逆。

3. 永久效应

通常，辐照粒子的能量超过 MeV 量级，就有可能使靶材料的原子核发生核嬗变，继而生成新的原子核。在原子核物理学中常用反应式

$$A(x, y)B$$

来表示核嬗变反应，其意义为原子核 A 吸收一个入射粒子 x 后，放出粒子 y，同时原子核 A 嬗变为原子核 B。

例如，普通的镍-58（^{58}Ni）原子受到一个中子辐照后，会放出 γ 射线，同时生成自然界中并不存在的^{59}Ni，即

$$^{58}\mathrm{Ni}(\mathrm{n}, \gamma)^{59}\mathrm{Ni}$$

^{59}Ni 继续受到中子辐照后，引起以下核嬗变反应：

$$^{59}Ni(n,\alpha)\ ^{56}Fe$$

放出 α 粒子(氦核),同时生成具有放射性的原子核铁-Fe(^{56}Fe)。由此可见,这种核嬗变反应将会使材料的合金元素成分发生变化。此外,一些元素吸收热中子后,也会发生核嬗变反应。由于这种辐照效应不可能通过热处理等方法来消除,故称为不可逆效应。

在反应堆结构材料的合金设计中,必须考虑核嬗变引起的合金成分变化情况,以确保合金的性能不会遭受过大程度的损害,并尽可能降低材料因辐照而诱发产生的放射性影响。当前比较活跃的低活化结构材料的研究,就是针对这一需求而开展的。

(n,p)和(n,α)是材料辐照损伤研究中最重要的两类核嬗变反应。这两类核嬗变反应所产生的氢(H)、氦(He)等气体元素与辐照缺陷作用在一起,将对材料的结构和性能产生更加复杂的影响。它们一直是辐照损伤研究中的重要课题。

上述的辐照效应均是指辐照射线进入材料时产生的,被称为直接的辐照效应。

另外,材料还会因辐照产生一些间接的效应,其中最主要的是辐照对材料的腐蚀稳定性的影响。例如,腐蚀介质的成分由于辐照分解而发生变化,材料表面的保护性氧化膜因辐照出现损伤,材料表面参与化学反应的原子还会从辐照射线获得能量。这些现象往往会加快材料的腐蚀过程。

本书主要介绍辐照在材料中产生的直接可逆效应,即所谓狭义的"辐照损伤"。同时介绍一些有关核嬗变现象的辐照永久效应,并简单介绍一些过渡效应对于材料辐照损伤的作用。

1.2 辐照损伤研究的历史

辐照损伤研究的历史一般可以从核反应堆材料的研究、晶体缺陷的研究和辐照损伤理论的研究等三个方面进行分析。

从核反应堆工程来看,核反应堆第一次达到临界是在 1942 年。当时就有人预言了核反应堆材料中辐照损伤问题的重要性。1942 年之前,可以说是辐照损伤研究的黎明期。这段时期很少有人有目的地进行辐照损伤的研究,研究工作主要集中在对一些天然辐照现象的解释上。直到 1942 年以后,人们才开始认真研究辐照对材料可能产生的影响。在二次世界大战期间,作为曼哈顿计划(Manhattan Project)的一部分,美国利用离子加速器进行了大量的材料辐照损伤研究,积累了许多有关材料辐照损伤的数据。1955

年日内瓦会议后，开始了和平利用核能的新时代。随着核电事业的不断发展，辐照下材料性能的变化引起了人们广泛的兴趣。1967 年，人们第一次观察到了材料中的辐照空洞。[1]当时，普遍认为高温辐照时产生的点缺陷极易发生回复现象，完全没有预料到空位会相互聚集，进而形成空洞(void)。1973 年，人们第一次发现了合金元素在辐照下发生偏析的现象。[2]以 1970 年左右为标记，核聚变堆材料的研究在全世界范围内得到迅速发展。之后进一步发现了快中子反应堆和核聚变反应堆的高温辐照问题，尤其是核聚变堆第一壁材料和结构材料面临的辐照环境更为严酷。氘-氚(D-T)聚变反应时，出现的能量为 14 MeV 的中子辐照将对材料产生极其严重的辐照损伤问题。

随着国际热核聚变实验堆(International Thermonuclear Experimental Reactor，ITER)的建设，核聚变能的开发逐渐进入人们的视野。核聚变堆材料的辐照损伤问题已经成为这一领域发展的瓶颈。

从有关晶体缺陷的材料基础理论上来看，1950 年左右，人们仅仅将辐照作为研究点缺陷的一种有效手段，开始进行晶体缺陷的研究。这些研究的对象大多是空位点缺陷，即高温淬火冻结的点缺陷。进入 20 世纪 60 年代，由于辐照损伤的复杂性，研究工作停滞不前。如围绕辐照缺陷的第Ⅲ回复阶段的解释问题，展开了长达 20 余年的学术论争。直到进入 20 世纪 70 年代，诸如 X 射线散射、正电子湮灭、超高压电子显微镜、穆斯堡尔效应等各种有关晶体缺陷的新的实验手段得到应用，才为长久的有关第Ⅲ回复阶段论争画上了句号。这些学术论争，丰富了有关自间隙原子点缺陷的理论。20 世纪 70 年代之后，辐照空洞肿胀的发现，使得研究重点从以前的点缺陷低温回复的材料基础理论研究，逐渐转移到高温辐照时二次缺陷形成的材料工程应用研究。

在辐照损伤理论方面，20 世纪初，欧内斯特·卢瑟福(Ernest Rutherford)建立的 α 射线散射理论，奠定了以后离子辐照损伤理论的基础。20 世纪 30 年代，以哥廷根学派(Göttingen School)为中心的有关 X 射线的研究，最早将射线辐照与晶体缺陷联系在一起。1948 年发表的玻尔(Bohr)理论成为离子辐照损伤分析的基础。1952 年发表了有关级联碰撞的金钦-皮斯(Kinchin-Pease)模型。到 1955 年，有关辐照损伤的古典理论基本形成体系。1963 年，林哈德(Lindhard)等人提出的统一理论为更准确地计算辐照损伤奠定了基础。之后，人们利用大型计算机对辐照级联过程进行了非常细致的理论研究工作，取得了较大的进展。[3-6]

高能粒子辐照的特点是可以在材料的极小的区域内，于极短的时间内向材料施加能量。因此，经高能粒子辐照的材料会产生远远偏离热力学平衡的状态。这些非热平衡状态有可能催生非辐照方法无法实现的晶体结构或物性，故而可应用于材料改性或增加新的材料功能。离子注入法已在半导体改性、金属表面改性等方面得到应用，这一领域的研究为材料辐照损伤理论和实验都提供了诸多助力。

目前除了广泛地开展利用离子加速器模拟中子辐照的实验以外，各国都建立了许多用于辐照损伤研究的材料试验反应堆，以进行材料的中子辐照实验。此外，散裂中子源也可用于材料的中子辐照损伤研究，如我国最近建成的散裂中子源，必将为材料辐照损伤研究发挥重要作用。

1.3 辐照损伤研究的现状与意义

研究辐照损伤的主要应用背景在于发展核裂变和核聚变反应堆以及开发空间技术。从科学历史上看，辐照损伤的研究在理论模型、实验手段和基础知识累积等方面大大促进了材料科学的进步。国际材料科学界过去和现在都给予辐照损伤研究以极大的重视。

至今为止，有关辐照损伤的研究成果在核电站的设计中已经发挥了重要作用。然而，辐照损伤领域还有很多问题没有得到解决，人们对于材料辐照损伤的认识还不够深入，核反应堆的设计和运行因此不得不非常保守。在轻水堆核电站运行时，为了随时掌握压力容器的辐照脆化情况，工程技术人员只能将材料试样预先放置在堆内相应的位置，定期取出进行材料力学实验，以此作为判定压力容器材料可靠性的依据。如果辐照脆化严重，就有必要减低反应堆的运行功率，极端情况下甚至必须提前关闭反应堆。这些操作都将带来经济上的巨大损失。

处于辐照这种极端环境下的材料，是远离一般意义的热平衡状态的一种开放系统，它通过非平衡状态下的能量消散过程，实现材料结构的自组装过程，因此要把握这一过程的全貌，需要采用从纳米微观到宏观等多重视角的分析方法。过去开展了大量有关计算机模拟计算、辐照缺陷行为、与合金元素的相互作用、位错运动与辐照效应、辐照空洞肿胀等方面的研究，对于辐照现象的本质有了相当程度的理解。但是，就材料辐照损伤的理论研究来说，仍有许多工作要做。例如，需进一步明确模拟辐照在工程上的应用界限。受限于辐照装置的条件，高能中子辐照损伤方面的研究工作仍十分欠缺。合金材料辐照损伤中的晶体学因素以及击出损伤函数等研究，也是当下的主要课题。尽管辐照缺陷理论方面有金属物理和固体物理等理论基础，但仍然有不少基础性的问题没有解决，诸如空洞形核、偏压效应的定量化、自组装（空洞超点阵和气泡超点阵）与介观的组织形成、从点缺陷向位错环（dislocation loop）的转变等。目前，人们对于小空位团的结构和特性还知之甚少，对于体心立方（body-centered cubic，BCC）晶体和密排六方（hexagonal close packed，HCP）晶体中自间隙原子的结构和特性也不够了解，有关间隙型（extrinsic）

溶质原子与点缺陷的相互作用的研究工作也很少。辐照级联过程的分析现在还只能从计算机模拟上做些工作,难以获得实验方面的数据。

材料辐照损伤的研究,此前在国外非常热门。例如,日本金属学会 1987 年度春季大会共有口头发表论文 704 篇,其中涉及材料辐照效应的论文有 74 篇,占比约为 10%。在材料辐照损伤研究的历史中,一些重要的学术性会议发挥了关键作用。以在美国国内召开的名为 Effects of Radiation on Materials 的研讨会为例,这个会议的实际参会人员中,除了美国的研究人员之外,还有众多来自其他国家的参会人员。该会议自 20 世纪 50 年代起,每两年举办一次,已召开 20 多次。遗憾的是,该会议现已停办。日本物理学会自 1958 年起,每年举办一次关于晶体缺陷的研讨会,历史颇为悠久。前 30 年该会议名称为"晶格缺陷会议",从 1991 年起更名为"晶格缺陷论坛"(Lattice Defect Forum)。该会议至今仍在举办,对于凝聚日本国内的晶体缺陷领域研究力量起了重要作用。类似的材料辐照损伤研讨会在欧洲和苏联也曾举办过。近年来,材料辐照损伤的主题已或多或少地融入综合性的核能材料学术会议中,比如每两年举办一次的国际核材料大议(The Nuclear Materials Conference,NuMat)和国际聚变堆材料大会(International Conference on Fusion Reactor Materials,ICFRM)等。

由于世界性石油危机有所缓和,加之一些核电站发生事故,国际上(如美国、日本)核能的发展步伐慢了下来,因而给材料辐照损伤研究带来了科研经费不足等难题,导致后继人才不足。然而,对于那些年轻的还没有确立自己学术发展方向的人来说,可以开始考虑进入这一领域。因为熟悉辐照损伤的专家可能都已经或临近退休,而在核能快速发展时期辛苦积累的辐照损伤知识则有被遗忘的危险。[7]从长期能源战略视角来看,发展核能是人类无法回避的唯一选择。当前,气候问题引起世界范围关注,这也为核能发展创造了新的机遇。

对我国而言,辐照损伤研究更具迫切性。目前,我国的核电事业正处于快速的发展时期。在积极参加 ITER 计划的同时,我国正推动中国聚变工程实验堆(China Fusion Engineering Test Reactor,CFETR)的建设规划。此外,我国也在积极发展第四代先进反应堆,这对材料的抗辐照性能提出了更高要求。因此,我国的材料研究工作者必须,也一定能在辐照损伤研究领域作出应有的贡献。例如,2017 年 11 月在日本召开的第 18 届国际核聚变堆材料大会(ICFRM-18)上,400 余名代表中,中国代表占了四分之一。国际核材料学术杂志 *Journal of Nuclear Materials* 在 2024 年第 588 期至第 598 期中共发表 345 篇论文,我国国内单位发表的论文有 136 篇,占比 39%,可见目前我国该领域的学术活跃度颇高。当下,尤其需要尽可能地全面总结国内外材料辐照损伤研究的成果,结合我国国情,提出我们的发展方向。未来,在进一步活跃国内相关学术交流的基础上,由我国接力主办材料辐照损伤领域的系列国际研讨会,也是可以预见的。

参考文献

[1] Cawthorne C, Fulton E J. Voids in irradiated stainless steel[J]. Nature, 1967, 216(5115): 575-576.

[2] Okamoto P R, Harkness S D, Laidler J J. Solute segregation to voids during electron irradiation[J]. Transactions of the American Nuclear Society, 1973, 16: 70.

[3] Kinchin G H, Pease R S. The displacement of atoms in solids by radiation[J]. Reports on Progress in Physics, 1955, 18(1):1-51.

[4] Lindhard J, Scharff M, Schiott H E. Range concepts and heavy ion ranges[J]. Kgl. Danske Vidensk Selek Mat.-Fys. Medd., 1963, 33(14):1-42.

[5] Winterbon K B, Sigmund P, Sanders J B. Spatial distribution of energy deposited by atomic particles in elastic collisions[J]. Kgl. Danske Vidensk Selek Mat.-Fys. Medd., 1970, 37(14): 5-73.

[6] Glendenin L E. Determination of the energy of beta particles and photons by absorption[J]. Nucleonics, 1948, 2(1): 12-32.

[7] Williams D B, Carter C B. Transmission Electron Microscopy: A Textbook for Materials Science[M]. 2nd ed. New York: Springer, 2009:68.

第 2 章

辐照损伤与晶体缺陷

按几何维数来分，晶体缺陷可分为点缺陷(如空位)、线缺陷(如位错)、面缺陷(如层错)和体缺陷(如空洞)等几种。

晶体中的点缺陷有两种类型：空位(vacancy)和自间隙原子(self-interstitial atom, SIA)。自间隙原子又称为填隙原子，这里之所以称为自间隙原子，是为了与那些处于间隙位置的尺寸较小的外来杂质原子相区别。

空位是晶体中最简单的点缺陷。晶格中某个原子被移去后所形成的缺陷称为空位。自间隙原子则是指在正常排列的晶格原子位置之间插入的多余的原子。

关于点缺陷的研究，无论是从实验还是从理论角度看，离子晶体都比金属更早得到发展。有关点缺陷类型的一些定义，也来自离子晶体的研究。在离子晶体中，如果出现正离子的空位，在其周围必然会呈现电负性，从而导致晶体的静电能增加。为了避免这一现象，一方面，需要在其周围产生同样数量的负离子的空位，以满足电中性。这种正负成对的空位，称为肖特基缺陷(Schottky defect)。另一方面，如果在正离子空位的附近，形成正离子的间隙原子，也同样可以维持电中性。这种成对的空位和间隙原子则称为弗伦克尔缺陷(Frenkel defect)对。又由于离子晶体中负离子半径往往比正离子大得多，故弗伦克尔缺陷对只可能是正离子空位和正离子间隙原子。

在金属中，只有金属离子一种情况，基本上不用考虑上述正负电荷的缺陷组合。高能粒子的辐照可以在晶体中同时形成自间隙原子和空位，延续以前的离子晶体的说法，习惯上也将这种成对的自间隙原子和空位称为弗伦克尔缺陷对。至于高温淬火实验在晶体中形成大量的过饱和空位，习惯上也将这些空位点缺陷称为肖特基缺陷，但与原来离子晶体中包含两种空位缺陷的肖特基缺陷的定义相比，则有较大区别。

目前还没有哪种实验方法能够在晶体中仅形成自间隙原子，但不同时形成空位。所以对于单纯的自间隙原子点缺陷而言，并不存在一个以研究人员的名字来命名的专用名词。

非辐照实验方法与辐照实验方法相比，最大的不同之处在于是否存在大量的自间隙原子点缺陷。有些研究为了避开辐照实验的困难，采用非辐照实验方法来模拟辐照情况下的缺陷行为，此时就有可能因缺少自间隙原子而导致错误的实验结果。

点缺陷是构成所有辐照缺陷的基础。不管多么复杂的辐照缺陷问题，归根结底，都是辐照产生的点缺陷引起的。辐照产生的两种点缺陷，即自间隙原子和空位，“同生却不一定同死”。它们在形成之后所面临的不同命运，是影响材料辐照损伤性能的关键。

关于晶体缺陷的教科书已有不少[1-4]，但这些内容大多建立在非辐照实验方法基础上。材料辐照损伤研究之前的点缺陷研究，主要集中在点缺陷的一些基本性质，目的是阐明材料中扩散的机制。而辐照损伤导致材料性质发生巨大变化，则是推动对晶体中的点缺陷进行全面而深入的研究的主要动力。本章重点介绍与辐照损伤有关的部分知识，这些知识在其他书中往往叙述得过于简单。

2.1 点缺陷的形态与表征参数

表征空位特性的有两个参数：空位形成能 E_{fv}和空位迁移能 E_{mv}。空位形成能 E_{fv}与晶体材料的熔点 T_m成正比：

$$\frac{E_{fv}}{kT_m} \approx 10 \tag{2.1}$$

式中，k 为玻尔兹曼常数。空位在室温下一般都较稳定，温度再高一些便开始迁移。空位的迁移能 E_{mv}与晶体结构有关。面心立方（face-centered cubic，FCC）晶体的 E_{mv}与其

E_{fv}大致相等，BCC 晶体的 E_{mv}则等于其 E_{fv}的二分之一，金刚石结构的硅(Si)的 E_{mv}约为其 E_{fv}的十分之一。可以看出，晶体结构是影响材料辐照损伤行为的主要因素。

表 2.1 为部分晶体材料中的空位形成能和空位迁移能。值得注意的是，由于实验方法不同，不同参考文献给出的数值有较大区别。

表 2.1　空位形成能和空位迁移能(eV)[5-9]

结构	FCC	FCC	FCC	FCC	FCC	FCC	BCC	BCC	BCC	HCP	HCP	HCP	金刚石	金刚石
金属	Au	Ag	Cu	Pt	Ni	Al	W	Mo	Fe	Ti	Be	Zr	Si	Ge
E_{fv}	0.98	1.03	1.0	1.51	1.4	0.76	3.3	3.2	1.8	2.02	0.86	3.0	3.85	2.80
E_{mv}	0.82	0.88	1.0	1.38	1.5	0.62	1.93	1.3	1.3	—	—	1.0	0.45	0.8

自间隙原子的情况比较复杂，它的存在方式一般有以下三种：

(1) 单个存在于晶格中某个较大的间隙位置(如八面体间隙或四面体间隙)中的间隙原子，又称简单间隙原子，图 2.1 为 FCC 晶体和 BCC 晶体中的几种简单间隙原子的示意图。这种简单间隙原子常见于小尺寸杂质原子存在于基体的情形。例如，铁(Fe)中的碳(C)原子就是以简单间隙原子的形式存在的。然而同类原子(即自间隙原子)很难以这种简单间隙原子的形式存在。例如，铁原子很难以简单间隙原子的形式存在于铁基体中。在基体中，同类原子构成的自间隙原子主要以哑铃型(dumbbell)、挤列型(crowdion)的形式存在。

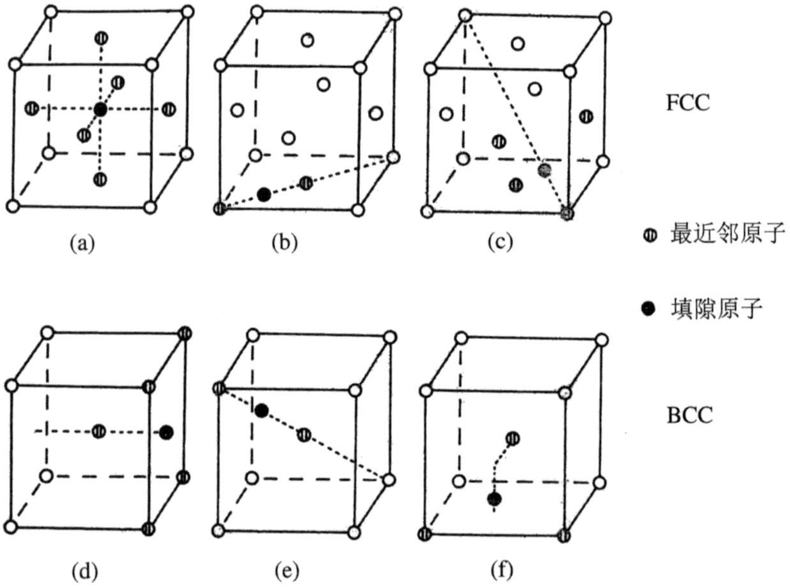

图 2.1　FCC 和 BCC 中的简单自间隙原子

(2) 两个原子共同占有一个晶格位置出现的自间隙原子对，称为哑铃型自间隙原子，有时也称作双开型(split)自间隙原子。哑铃型自间隙原子中的这两个原子总是按一定的晶体学方向排列。通常用哑铃的轴方向表示该哑铃型自间隙原子的类型，如〈100〉哑铃型自间隙原子、〈110〉哑铃型自间隙原子和〈111〉哑铃型自间隙原子等(图 2.2)。不过要知道究竟哪一种哑铃型更稳定，除了运用计算机模拟计算方法外，要通过实验给出证明，还是非常困难的。例如，可以利用 8.6 节中的 X 射线漫散射(黄昆散射)方法来证明。一般来说，哑铃型自间隙原子常常是晶体中最稳定的自间隙原子。HCP 的哑铃型自间隙原子一般则为〈0001〉。

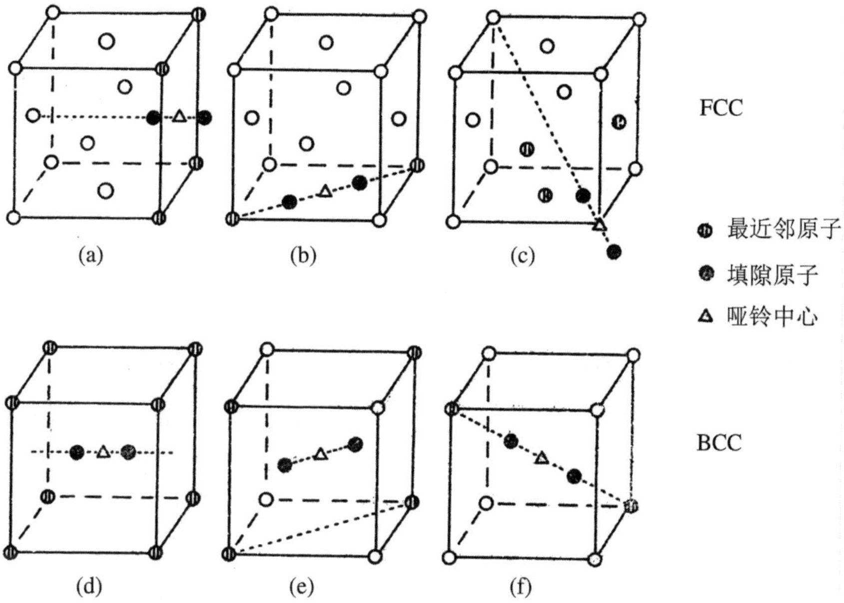

图 2.2　FCC 和 BCC 中的哑铃型自间隙原子

(3) 插进最密排方向的原子列之间的自间隙原子，称为挤列型自间隙原子。在挤列型自间隙原子中，有 $N+1$ 个原子共同占据原来 N 个原子的晶格位置。图 2.3 所示为 FCC 晶体中〈110〉方向的挤列型自间隙原子，在这里有 8 个原子共同占据原来 7 个原子的晶格位置。

要指出的是，哑铃型或挤列型自间隙原子与简单间隙原子一样，都只比正常晶格的排列多一个原子；不同之处是周围原子的晶格位置发生的变化不一样。这三种不同类型的自间隙原子的形成能、迁移能都各有不同。这三种不同类型的自间隙原子，都会产生极性很强的晶格弛豫，这也是间隙原子的一个重要特征。8.6 节介绍的 X 射线漫散射等针对自间隙原子的实验方法，也多是利用了这一特征。

实际上，哑铃型与挤列型之间也难以严格分开来。例如，BCC 结构中沿密排原子列

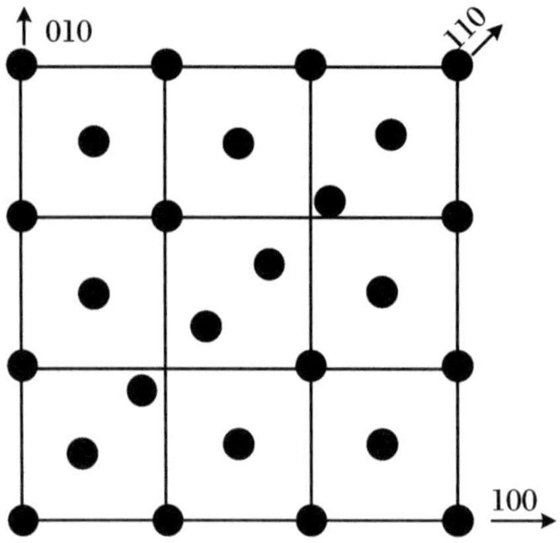

图 2.3 FCC 中的挤列型自间隙原子

方向⟨111⟩的哑铃型，原来是 2 个原子共享 1 个晶格。如果稍微扩展一点，变为 4 个原子共享 3 个晶格，就成为挤列型了。或者可以说，哑铃型是受影响的晶格位置 $N=1$ 的挤列型，挤列型则是 $N>1$ 的哑铃型。只不过常将最密排方向的自间隙原子作为挤列型，而将其他方向的自间隙原子作为哑铃型。

有的哑铃型自间隙原子聚集在一起会形成团簇与位错环，但并不是每种哑铃型自间隙原子都能够形成团簇乃至位错环。如图 2.2 所示，BCC 和 FCC 中均有⟨100⟩、⟨110⟩、⟨111⟩三种哑铃型自间隙原子，但是，BCC 一般只有 $\boldsymbol{b}=\langle100\rangle$ 和 $\boldsymbol{b}=\langle111\rangle$ 两种位错环，很少有在实验中观察到 $\boldsymbol{b}=\langle110\rangle$ 的位错环。虽然如表 2.2 所示，⟨110⟩自间隙原子具有最低的形成能，但有报告称，⟨110⟩团簇在一定尺寸（约 5 个自间隙原子）时就会转变为⟨111⟩类型。[10]

表 2.2 不同类型的自间隙原子形成能 (eV)[14-15]

晶体	⟨110⟩哑铃型	⟨111⟩哑铃型	⟨100⟩哑铃型	挤列型	八面体间隙	四面体间隙
V	4.23	4.72	4.98	4.70	4.84	4.82
Nb	4.54	4.88	4.85	4.95	4.91	4.95
Ta	6.97	7.31	8.16	7.31	8.08	7.75
Cr	4.14	3.58	3.99	3.58	4.04	4.09
Mo	7.08	7.28	7.23	7.24	7.61	7.58
W	9.71	9.02	9.88	8.99	10.66	10.05
Fe	3.93	3.98	4.75	3.99	4.77	4.43
Al	1.869	1.959	1.579	—	1.978	1.790
Ni	4.99	4.69	4.07	—	4.25	4.69

Eyre 和 Bullough 解释了 BCC 金属中辐照位错环的形成机制，又称 Eyre-Bullough 机制。[11] Eyre-Bullough 机制认为，〈110〉哑铃状的自间隙原子在面间距最大的{110}面上沿平面聚集，首先形成间隙型$\frac{1}{2}$〈110〉位错环。由于此时存在高能量的{110}层错，因而通过 2.6 节中的层错反应式(2.6)和(2.7)，变成不含层错的$\frac{1}{2}$〈111〉和〈100〉两个位错环。层错能是这些位错反应的驱动力。从这两个公式可知，后者需要更高的能量。因此只要不是高温条件，最后大多形成$\frac{1}{2}$〈111〉位错环。但是，Eyre-Bullough 机制没有考虑自间隙原子团簇的形成过程。这些团簇的类型不仅与最终能量状态有关，也与自间隙原子的聚集迁移过程有关，也应该考虑自间隙原子团簇几何形状的影响。实际上，〈111〉挤列自间隙原子也有可能直接聚集成挤列团簇后，再形成$\frac{1}{2}$〈111〉位错环。

另一方面，FCC 中只有 $\boldsymbol{b}$ = 〈110〉和 $\boldsymbol{b}$ = 〈111〉两种位错环，没有 $\boldsymbol{b}$ = 〈100〉位错环。自间隙原子也可能在不同方向的哑铃型之间，以及哑铃型与挤列型之间发生转换。例如，在 BCC 铁中，应力会使得自间隙原子从〈111〉转动到〈100〉。[12] 不同晶体中自间隙原子的存在形式可能不一样。表 2.2 是部分材料中各种类型的自间隙原子形成能 E_{fi}。那些具有最低形成能的自间隙原子类型是该晶体中最稳定的自间隙原子的存在方式。当然，这些数值都是通过计算机模拟方法获得的。另外，合金元素的存在，可能导致出现混合哑铃型自间隙原子，从而使得最稳定的自间隙原子类型又发生变化。例如，有许多有关铁中的铬(Cr)、铜(Cu)等合金元素影响自间隙原子类型的研究。

由于理想的 HCP 晶体结构($c/a = 1.633$)与实际的 HCP 结构金属有一定的差距，因此即使同为 HCP 结构，其稳定的自间隙原子结构也可能有所不同。例如，对于锆(Zr，$c/a = 1.593$)来说，几种自间隙原子的形成能分别为：基面内八面体型(basal octahedral) = 2.73 eV，基面内哑铃型(basal split) = 2.79 eV，沿 c 轴八面体(octahedral) = 2.93 eV，沿 c 轴的〈0001〉哑铃型(split dumbbell) = 3.05 eV。也就是说，此时最稳定的自间隙原子是基面内八面体，而不是〈0001〉哑铃型。[13]

空位的存在会使周围的原子多少发生一些移位，但晶格整体的排列基本维持原样。而自间隙原子的存在将使周围的原子产生很大的移位。自间隙原子的形成能 E_{fi} 较大，约为空位形成能 E_{fv} 的 2 倍以上。例如，铁中的自间隙原子的形成能为 4 eV 左右，而空位的形成能只有 1.8 eV。这两种点缺陷形成能之间的差异，导致自间隙原子聚集在一起时只能形成二维结构的位错环，而空位聚集时则可以形成三维结构的空洞。

自间隙原子的形成能之所以高，原因在于晶体结构。表 2.3 所示为不同晶体结构中的自间隙原子的数据。大多数金属具有稠密填充结构，如 FCC、HCP，或者接近稠密填充的结构，如 BCC。在刚球模型中，其致密度（填充率）高达 74%（FCC，HCP），或者 68%（BCC）。如此高的致密度，导致自间隙原子具有很高的形成能。对于远低于稠密填充的晶体结构，情况可能就不会这样。具有金刚石结构的晶体（刚球模型的致密度为 34%），点缺陷的情况则与金属相差很大，如硅、锗（Ge）。

表 2.3　不同晶体结构中的空位与自间隙原子的参数比较[6,15-19,25]

晶体	Si	Ge	Fe	Mo	W	Cu	Al	Pt
晶体结构	金刚石	金刚石	BCC	BCC	BCC	FCC	FCC	FCC
致密度	0.34	0.34	0.68	0.68	0.68	0.74	0.74	0.74
空位形成能(eV)	3.85	2.80	1.8	2.96	3.56	1.27	0.66	1.51
空位迁移能(eV)	0.45	0.88	0.66	1.28	1.78	0.8	0.62	1.43
自间隙原子形成能(eV)	4.8	2.92	4.0	7.42	9.55	2.2	3.2	3.5
自间隙原子迁移能(eV)	0.49	—	0.33	0.08	0.085	0.12	0.12	0.06

自间隙原子的迁移能 E_{mi} 比空位迁移能 E_{mv} 低得多。在多数金属中，自间隙原子的迁移能 E_{mi} 小于 0.2 eV，因此自间隙原子即使在液氮温度下仍能以很快的速率移动。在研究自间隙原子的迁移性能时，有时甚至需要在液氦的温度下进行辐照，然后再逐渐升温，观测可能的变化。空位迁移能与自间隙原子迁移能之间的巨大差异，是影响材料辐照损伤性能的主要原因。不同晶体结构材料中的这种差异，FCC 最大，BCC 的铁较小，金刚石结构则最小。表 2.3 给出了部分不同晶体结构的数据，其中自间隙原子的数据对应的是最低能量构型。由于参考文献的来源不同，表 2.3 的部分数据与表 2.1 有所不同，如铁的空位迁移能。值得注意的是，钨（W）中空位迁移能与自间隙原子迁移能之间的差值比较特殊。

在低能等离子体的辐照情况下，从撞击能量来说，应该不会产生辐照缺陷。但是，等离子体的辐照会在材料表面形成局部高温，因此该局部有可能形成高浓度的空位，并在局部高温消失后，也能维持这些过饱和的空位。此外，在高通量的低能氦等离子体辐照过程中，氦原子的积聚同样会导致晶格原子的移位，产生空位和自间隙原子对，这些空位会被氦原子所占据。

肖特基缺陷和弗伦克尔缺陷的重要差别之一在于，前者的生成需要一个像晶界、位错或表面之类的晶格混乱区域，使得内部的质点能够逐步移到这些区域，并在原来的位置上留下空位，但弗伦克尔缺陷的产生并无此限制。当肖特基缺陷的浓度较高时，基于比重法所测得的密度显著地低于基于 X 射线分析的晶胞大小数据计算得到的密度。

2.2 点缺陷的迁移与扩散

材料辐照损伤过程中，点缺陷的扩散起着十分重要的作用。此时，点缺陷扩散的动力来自点缺陷浓度差和点缺陷阱(sink)，也可译为尾闾或位闾)的吸引力。另外，在非辐照状态下的材料成分等扩散过程中，点缺陷，尤其是空位的作用不可缺少。因此，也可以通过非辐照状态的材料扩散实验，获得有关点缺陷迁移的参数。表征点缺陷迁移性能的参数可以从如下有关自扩散系数 D_{SD}的实验获得：

$$D_{SD} = D_{SD}^0 \exp\left(-\frac{Q_{SD}}{kT}\right) \tag{2.2}$$

对于自间隙原子，有

$$D_{SD}^0 = \frac{\delta^2}{6} D_0 f_i Z \exp\left(\frac{\Delta S_{fi} + \Delta S_{mi}}{k}\right)$$

$$Q_{SD} = E_{fi} + E_{mi}$$

对于空位，有

$$D_{SD}^0 = \frac{\delta^2}{6} D_0 f_v Z \exp\left(\frac{\Delta S_{fv} + \Delta S_{mv}}{k}\right)$$

$$Q_{SD} = E_{fv} + E_{mv}$$

式中，Q_{SD}为自扩散激活能，f_i、f_v 分别为自间隙原子和空位扩散的相关常数，ΔS_{fi}、ΔS_{fv}分别为自间隙原子和空位的振动熵，ΔS_{mi}、ΔS_{mv}分别为自间隙原子和空位的平动熵，δ 为自由程，Z 为扩散原子的近邻位置数。

需要特别指出的是，空位扩散(空位迁移)与通过空位机制的自扩散之间存在区别，前者是点缺陷的移动，后者则是溶质元素的移动。空位机制的自扩散关注的是原子本身的迁移，其跃迁频率取决于该跃迁原子的相邻晶格位置出现空位的概率，即空位浓度。所以，对于空位机制自扩散的跃迁来说，跃迁原子的相邻晶格处必须有空位。但是，如果追踪空位本身的迁移，空位的跃迁概率则取决于该空位的相邻晶格位置出现原子的概率。除了极特殊情况，这个概率总等于 1。因此，空位迁移率与空位自扩散迁移率之间，差一个因子：空位浓度。同样，自间隙原子迁移率与自间隙原子自扩散迁移率之间也存在这种关系。

根据对铜(Cu)的估算,由于自间隙原子的迁移能很低,自间隙原子扩散系数 D_i 与空位扩散系数 D_v 的比值 $D_i/D_v \approx 10^4$。又因自间隙原子的形成能很高,自间隙原子机制自扩散系数 D_a^i 与空位机制自扩散系数 D_a^v 的比值 $D_a^i/D_a^v \approx 10^{-3}$。这两个比值之间相差 7 个数量级。

上述估算说明,虽然自间隙原子非常容易迁移、扩散,但要以自间隙原子为媒介,在扩散过程中实现元素成分的再分布,即要实现自间隙原子机制的自扩散,几乎不可能。

之所以关注自扩散系数,是因为一般扩散实验观察到的元素成分的变化,就是自扩散引起的现象。而通过直接关注辐照缺陷变化(或与缺陷相关的性能变化,如电阻、比热等)的实验,则可以直接获得点缺陷扩散系数(点缺陷迁移能)。

特别要注意的是,所谓的自间隙原子的迁移并不意味着某一个特定的自间隙原子会不停地做长距离移动,以实现自间隙原子机制的自扩散。自间隙原子在迁移时,它将与相邻的处在正常晶格位置上的原子互换位置,其结果是原来的自间隙原子回到正常的晶格位置上,而原本处于正常的晶格位置上的原子却被挤了出来,变成了自间隙原子。这样看起来,好像自间隙原子移动了一个原子距离,但实际上每一次迁移都如同接力赛,参与迁移的原子每次都不一样。这一点对于有序合金和金属间化合物这样的晶体结构来说,具有重要意义。

图 2.4 为 FCC 晶体和 BCC 晶体中的哑铃型自间隙原子的移动示意图。迁移发生时,哑铃型自间隙原子的其中一个原子首先回到正确的晶格位置上,另一个原子则被挤出,向近邻原子的晶格位置迁移,最后与该近邻原子一起组成一个新的哑铃型自间隙原子。所以说,晶体缺陷的迁移,并不意味着特定原子的迁移。这一点是晶体缺陷的一个重要的概念。空位以及位错等其他缺陷的运动也具有这个特征。

点缺陷的移动会大大帮助溶质原子的移动。辐照点缺陷的扩散,将导致合金元素的偏析或出现新的析出物相。这些现象主要发生在材料表面、晶界和析出物截面等点缺陷湮灭的地方。这些现象可以根据溶质原子的尺寸效应[20],通过点缺陷与溶质原子的相互作用来解释。在点缺陷处,会出现溶质原子的浓缩或枯竭现象。

例如,在奥氏体不锈钢中,铬相较于铁,原子直径更大,属于大型(oversize)原子,铬原子周围存在压应力场。因为与空位相互作用可以缓和这种晶格应变,铬的扩散通过与空位进行位置交换来实现,其移动方向与空位移动相反,其浓度在点缺陷阱处下降。与此对应,镍(Ni)相较于铁,原子尺寸更小,属于小型(undersize)原子,其移动通过镍与自间隙原子组成的混合哑铃机构来实现,其浓度在点缺陷阱处增加。这种辐照诱导偏析,不仅受到点缺陷的移动性能影响,也受到具有中性偏压的晶界的性质与结构的影响,甚至受到二次点缺陷的影响。溶质原子通过空位进行的扩散,即柯肯达尔效应(Kirkendall

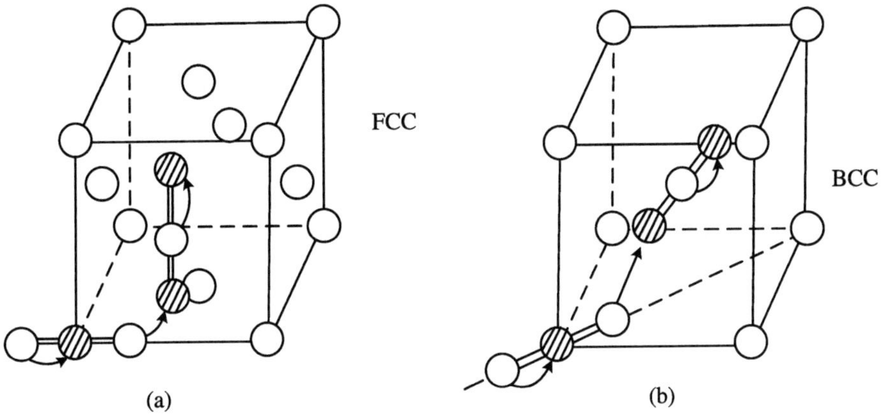

图 2.4　哑铃型自间隙原子的迁移示意图

effect)，在非辐照环境下也会发生。然而，溶质原子通过自间隙原子进行的扩散，在非辐照环境下则不会发生。

先看空位的情况，假定空位能够与溶质原子结合在一起形成一个复合体，在空位的帮助下，此时溶质原子有两种移动方式。第一种方式，空位与溶质原子的复合体不发生分解，但空位可以在溶质原子的周围移动，并与溶质原子交换位置，如图 2.5(a)所示，这种移动方式多于溶质原子向点缺陷阱聚集时出现。本来没有空位时，溶质原子也能移向点缺陷阱，而空位大大促进了溶质原子的这一移动。第二种方式，自由的空位移动时，恰巧与溶质原子相碰。这样溶质原子就会向空位移动的反方向进行迁移，如图 2.5(b)所示。上述两种移动方式中，溶质原子的迁移能均与空位的迁移能相近。这种溶质原子向空位移动的反方向的迁移现象，就是扩散理论中的著名的柯肯达尔效应。

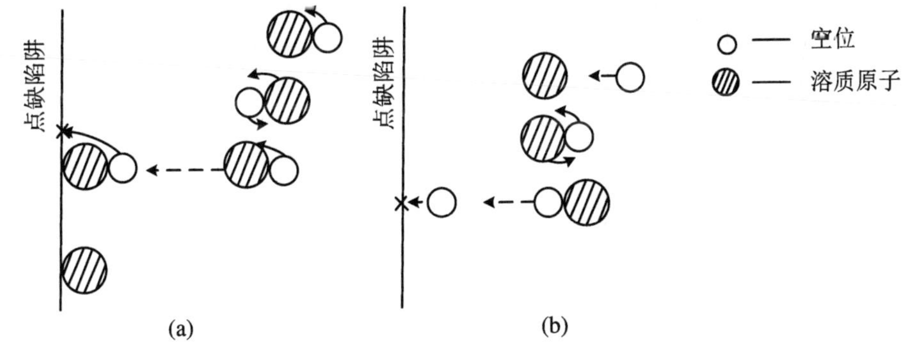

图 2.5　空位对溶质原子迁移的影响

扩散是引起固体材料中成分浓度变化的重要现象。为了解释固体材料中的扩散过程，很早以前就提出了直接交换机制(exchange mechanism)和环交换机制(ring mechanism)。这两种交换机制都不需要点缺陷存在。鉴于这两种交换机制会使得周围原子产生很大的位移,因此需要很大的激活能。二者之中,环交换机制所需的激活能相对较小,但它仍需要 3～5 个原子协同运动,而这种协同运动的概率却很低。而且,根据交换机制进行推导,将会得出不同金属的 A 原子和 B 原子的扩散系数必然相等,且两种金属之间的原始界面不会移动的结论。

后来,柯肯达尔(Ernest O. Kirkendall)在实验中发现,不同金属之间形成的界面在扩散过程中会发生移动。利用直接交换机制或环交换机制,都无法解释这种界面移动现象。而利用空位帮助下的扩散机制则可以很好地解释这种现象,因为对于不同的金属原子,空位协助其进行扩散的能力可以是不同的,正是这种差异导致了界面移动。

在柯肯达尔效应发现之前,曾利用前面两种交换机制来解释一些扩散实验现象。然而后来利用柯肯达尔效应,不仅能够重新解释这些实验现象,而且精度更高。至今还没有发现只有交换机制能够解释,而柯肯达尔效应不能解释的扩散现象。所以,只需要柯肯达尔扩散机制(即空位扩散机制)就足以解释扩散问题。在含有空位点缺陷的晶体中,扩散都不是通过前面两个交换机制来实现的。尤其重要的是,材料中总是存在空位点缺陷。柯肯达尔效应的重要性怎样评估都不过分,至今仍是固体材料扩散领域的重要研究内容。[21]

合金元素不仅可能影响自间隙原子的稳定性,也可能影响自间隙原子的移动,因为哑铃型或挤列型的稳定性有可能受到合金元素的影响。这些合金元素与基体原子一起构成的哑铃型或挤列型自间隙原子,有可能改变纯金属中同类自间隙原子的形成能。这样形成的哑铃型自间隙原子又叫作混合哑铃型自间隙原子(mixed dumb-bell interstitial)。这种混合哑铃型自间隙原子的移动对溶质原子的迁移也会产生很大影响。图 2.6 展现了铁中合金元素铜对自间隙原子的影响。[22]铜原子的存在会降低〈110〉哑铃与〈111〉哑铃之间的能量差值,从而使得哑铃转动迁移更容易发生。

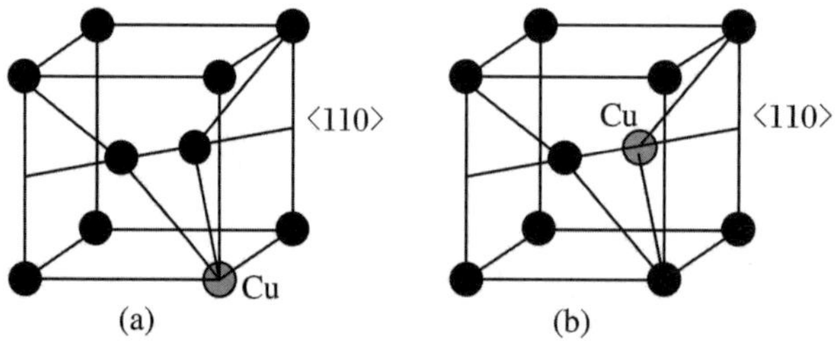

图 2.6 铁中自间隙原子结构与铜的位置

注:黑色为铁原子,灰色为铜原子。

混合哑铃型在迁移时，如果不拆散，其扩散的情况可以分析如下：以溶质原子为中心，改变哑铃轴的取向，可以出现自间隙原子的移动。如图 2.7 所示，在 FCC 晶体中，原子 3 与溶质原子 2 组成混合型哑铃自间隙原子。原子 3 将离开原来的晶格位置而被挤到位置 1。混合型哑铃自间隙原子中的溶质原子可以不断地改变位置（即移到其他的原子 2 的位置），分别与周围的原子（其他的原子 3）组成各种不同方向的混合型哑铃自间隙原子。这时，溶质原子像一只笼中的小鸟，不断地改变运动方向，却总也飞不出鸟笼。因此这种运动又被称为鸟笼运动（cage motion）。

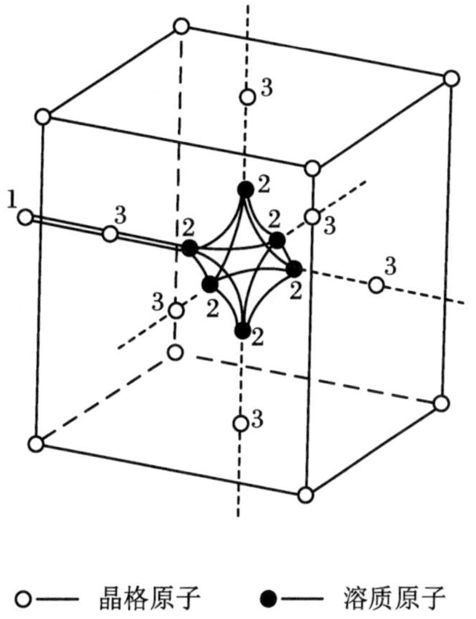

图 2.7　FCC 中的混合哑铃型自间隙原子的鸟笼运动

混合哑铃型自间隙原子作长距离移动时也有两种方式[23]，如图 2.8 所示。图 2.8(a)所示为第一种移动方式：首先溶质原子从位置 1 到位置 2 作鸟笼运动，然后从位置 2 到位置 3 做旋转运动。经过这两步运动，“鸟笼”移动到了下面虚线的位置。第二种移动方式如图 2.8(b)所示：首先溶质原子从位置 1 到位置 2 做鸟笼运动。在位置 2，混合哑铃型自间隙原子的哑铃发生分解，溶质原子占据正常点阵位置，被挤出来的自间隙原子运动到位置 3，形成一个新的哑铃型自间隙原子。这个哑铃型自间隙原子又经位置 4 和位置 1，最后重新与溶质原子结合，再次形成混合哑铃型自间隙原子。但此时溶质原子已经移入了另一个“鸟笼”。

在自间隙原子的迁移方式中，还有一个重要形式，就是自间隙原子形成团簇后，以团簇整体的形式进行一维方向迁移。

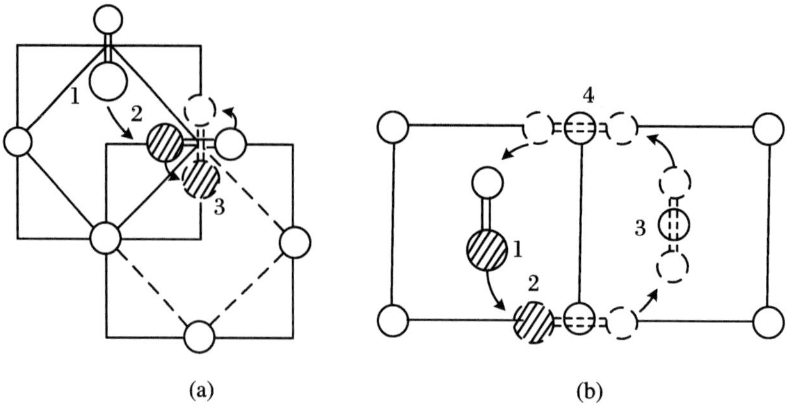

图 2.8　哑铃型自间隙原子的长距离迁移方式

2.3　点缺陷的产生

像空位和自间隙原子这样的点缺陷，在热力学平衡状态下，总是有一定的数量存在，其浓度可由下式表示：

$$C = A\exp\left(\frac{-E_{\mathrm{f}}}{kT}\right) \tag{2.3}$$

即温度越高，点缺陷的浓度越大。在式(2.3)中，A 值的范围一般为 1～10。

2.1 节中的式(2.1)只是根据熔点估算空位形成能。如果要准确获得空位形成能，还必须利用式(2.3)。热平衡状态下能够存在的点缺陷大多只有空位，自间隙原子很难形成。一般来说，金属的自间隙原子的形成能为 2.5～4 eV，空位的形成能为 1 eV。因此热平衡时形成的自间隙原子的浓度低到可以忽略的地步。表 2.4 所示为几种金属在略低于熔点的温度下的空位浓度[4]，从表中可知，在略低于熔点的温度下，空位浓度一般为 10^{-4} 左右。将式(2.1)代入式(2.3)，也能得到有关熔点附近空位浓度的类似结果。而在同样的熔点温度下，自间隙原子的热力学平衡浓度只有 10^{-15}。

表 2.4　各种金属在略低于熔点的温度下的热力学平衡空位浓度

金属	Au	Ag	Cu	Al	W	Mo
浓度 (10^{-4})	7.2	1.7	2.0	9.4	1.1	0.5

表 2.5 给出纯铜的空位与自间隙原子的形成能，以及几个温度下的热平衡浓度的概算值。[24] 从该表可知，与空位相比，自间隙原子的平衡浓度可以忽略。铜在室温(27 ℃)下自间隙原子浓度为 10^{-53}，这一数值小得难以想象。

表 2.5 铜中空位与自间隙原子的平衡浓度

温度(℃)	27	527	1027
空位(形成能 = 1 eV)	4×10^{-18}	3×10^{-7}	10^{-4}
自间隙原子(形成能 = 3 eV)	8×10^{-53}	3×10^{-20}	9×10^{-13}

在热力学平衡状态下，如果含有 1 个自间隙原子，那么该铜块中的原子数量为 $1/(8\times10^{-53}) = 1.25\times10^{52}$ 个，铜的晶格常数为 0.36147 nm，一个 FCC 结构的铜晶胞有 4 个铜原子，则总体积为 $1.25\times10^{52}\times0.36147^3/4\ \text{nm}^3 = 0.04723\times1.25\times10^{52}/4\ \text{nm}^3 = 1.476\times10^{50}\ \text{nm}^3 = 1.476\times10^{23}\ \text{m}^3 = 1.476\times10^{14}\ \text{km}^3$。

另一估算方法如下：根据阿伏伽德罗常数 $N_A = 6.022\times10^{23}\ \text{mol}^{-1}$，铜的相对原子质量为 63.54，铜的密度为 8.96 g/cm^3，其物质的量 $= 1.25\times10^{52}/(6.022\times10^{23})\text{mol} = 2.09\times10^{28}\ \text{mol}$，其质量 $= 2.09\times10^{28}\times63.54\ \text{g} = 1.33\times10^{30}\ \text{g}$，其体积 $= 1.33\times10^{30}/8.96\ \text{cm}^3 = 1.48\times10^{29}\ \text{cm}^3 = 1.48\times10^{23}\ \text{m}^3 = 1.48\times10^{14}\ \text{km}^3$。

也就是说，大概在一个边长为 5×10^4 km 的立方体铜块中，只有一个自间隙原子！这也表明，要在非辐照条件下研究与自间隙原子相关的辐照问题，是多么困难。

即便在高温的铜熔点附近，自间隙原子的平衡浓度 10^{-13} 也小得无法测定。另有估算表明，室温时铝(Al)中的自间隙原子的平衡浓度为 10^{-51}，熔点附近时为 10^{-14}。[25]

虽然自间隙原子的形成能比空位的形成能大很多，但在辐照状态下，这两种点缺陷却是成对产生的。因此，高能粒子对固体材料进行辐照时，在材料中会产生大量的自间隙原子，这是材料辐照损伤过程的重要特征。

式(2.3)表明，温度越高，空位浓度越大。因此，通常采用淬火的方法来产生过饱和浓度的点缺陷，即将高温状态的晶体急剧冷却到低温。这样高温下处于热力学平衡状态的空位来不及扩散就会被冻结，材料中将产生高于低温热平衡状态时的空位浓度。但淬火的方式一般不能将过饱和浓度的自间隙原子冻结，因为自间隙原子的迁移能太小。当然，这些过饱和浓度的自间隙原子数量本身也太少。

不同的金属，其室温(27 ℃)下的空位浓度 C 可以相差 10 个数量级以上。但是，各自的熔点附近的空位浓度 $C(T_m)$ 则基本相同，为 $10^{-3}\sim10^{-4}$，即大概几千个晶格中有 1 个空位。

加热时形成空位，此时与这些空位对应的那些自间隙原子到哪儿去了？应该是在高温状态下，迁移到材料表面去了。温度降低后，空位浓度降低，表面的原子又进入材料，作为自间隙原子扩散到空位处来填补这些空位。这个过程中的自间隙原子的扩散性需要高温来保证。如果迅速淬火到低温，来自表面的自间隙原子来不及扩散到空位处，就可能在材料中形成过饱和的空位浓度，也就形成了肖特基缺陷。

根据空位或自间隙原子的周围晶格畸变和电子能级的变化，可以从理论上求得形成能。结果都是自间隙原子的形成能比空位的形成能要大几倍。由于在计算中要采用许多近似或假设，所以很难期待获得非常准确的计算结果。不过，这些理论对于实验仍具有重要的指导意义。

通过测定不同温度下的空位浓度，然后通过式(2.3)，可以得到空位形成能。以前测量时多采用与空位浓度直接相关的物性值，如电阻、比热等，但在实验中很难得到高精度结果。其中，高精度实验结果来自同时测定棒状样品（长度数十厘米）引起的长度变化（$\Delta L/L$）与晶格常数的变化（$\Delta a/a$），在各向同性的前提下，根据下式计算空位浓度（二者的差值相当于空位引起的样品膨胀）[26-27]：

$$C_V(T) = 3\left(\frac{\Delta L}{L} - \frac{\Delta a}{a}\right)$$

通过冷加工使晶体发生塑性变形时，螺型位错在滑移面与其他螺型位错发生交叉，产生割阶，拉开后便形成点缺陷。可以通过冷加工后的回复试验来确认这些点缺陷的存在。只是冷加工产生的晶体缺陷主要是位错，点缺陷所占的比例很少。在位错难以运动的剧烈塑性变形（severe plastic deformation，SPD）条件下，材料中会形成大量的空位和空位团簇。[28-29]

在低温状态的材料上蒸镀金属时，所得的金属膜中存在大量的复杂缺陷，其中也有点缺陷。半导体晶体中的杂质扩散也会引起点缺陷的产生。

除了上述产生点缺陷的方法外，高能粒子的辐照是一种产生非热力学平衡的点缺陷的有效方法。

高能粒子辐照晶体材料时，会与晶体中的原子发生碰撞，把能量传递给晶体原子。如果这些晶体原子得到的能量足够大，就会从正常的晶格位置被弹击出来，成为自间隙原子。原来的晶格位置上则会相应地出现一个空位，即形成弗伦克尔点缺陷对。这是对辐照缺陷形成的最简单的描述。在这一过程中生成的自间隙原子和空位两种点缺陷总是成对出现的。值得注意的是，弗伦克尔点缺陷对的形成能，即空位形成能与自间隙原子形成能之和。虽然这个数值很大（主要是自间隙原子形成能大），但是通过辐照产生弗伦克尔点缺陷对所需的最低能量，即击出能量阈值却还要远大于这一数值。例如，铁的空位形成能为 1.8 eV，自间隙原子形成能为 4 eV，然而铁中辐照产生弗伦克尔点缺陷对所需的击出能量阈值却为 25 eV 左右，远大于 5.8(=1.8+4) eV。其原因是空位形成能与自间隙原子形成能表示的是准静态下的能量，而击出能量阈值却是绝热状态下的能量，后者比前者要大得多。换句话说，当因辐照形成了点缺陷自间隙原子和空位后，如果这两个点缺陷的距离太近，二者就会相互结合。只有使得这一距离足够远，才能形成稳定的弗伦克尔点缺陷对。所谓击出能量阈值，不仅包括自间隙原子和空位的形成能，还包含将自间隙原子与空位之间的距离迁移到足够远所需的能量。

另外，值得关注的是亚阈值损伤的概念。[30] 对于击出能量低于击出能量阈值 E_d 的碰撞过程，一个很重要的问题是电子激发引起的辐照效应。如在 1980 年，经常讨论半导体的亚阈值辐照效应。这里关注的是材料表面和界面的亚阈值辐照效应。[31] 当击出能量低于弗伦克尔点缺陷对所需的阈值时，通常是不可能形成辐照缺陷的。但是，如果这一击出能量作用于材料表面的原子附近，该材料表面对于短暂产生的弗伦克尔点缺陷对的自间隙原子具有很强的吸引力，使其消失于表面，此时即使自间隙原子与空位之间的距离不大，也能够在材料表面层内形成稳定的空位。另外，某些界面的存在也可能有利于将自间隙原子与空位分离开，从而在较低的击出能量下产生辐照效应。例如，较低能量的电子束辐照能够使形状记忆合金中的马氏体转变为奥氏体[32]，其原因可能也是这种亚阈值损伤。通过形状记忆合金的相变过程原位观察实验发现[33-34]，马氏体向奥氏体的转变，实际上只是奥氏体的长大过程，而没有经过奥氏体的形核阶段。也就是说，在形状记忆合金中，奥氏体向马氏体的转变存在形核-长大过程。但马氏体向奥氏体的转变则只有长大过程，没有形核过程。奥氏体向马氏体的转变不可能百分之百地完成，总是会残留一点奥氏体。当马氏体向奥氏体发生逆相变时，这些残留奥氏体长大恢复原状。所谓“形状记忆”，只是“记忆了奥氏体状态下的形状”，即高温状态下的形状。所以，电子束辐照促进马氏体向奥氏体的转变，可能就是亚阈值损伤对于二者界面移动的促进。

第 3 章将详细介绍击出能量阈值。

当然，辐照损伤的形成过程并不是仅仅利用上述点缺陷对的形成就可以完全解释的。一般只有在非常特殊的场合(如利用超高压电子显微镜进行电子辐照时)才可以只考虑单纯的弗伦克尔点缺陷对。被高能粒子撞击出晶格位置的原子常常带有很高的能量，它自己又可以作为入射粒子，去碰撞其他晶格位置的原子，由此出现重复的晶体缺陷产生的过程称为级联过程(cascade)。级联过程对辐照损伤的形成极为重要，它将产生远比单个点缺陷更为复杂的晶体缺陷。此外，辐照产生的晶体缺陷的扩散还将引起晶体缺陷的湮灭或聚集，导致二次缺陷的形成。空位可以聚集形成位错环、层错四面体、空洞等二次缺陷，而自间隙原子聚集形成的二次缺陷则只有位错环一种。辐照产生的晶体缺陷还将与其他种类的缺陷，如晶界、析出物等相互作用，进而引发一系列的变化。

自间隙原子形成能虽然远大于空位形成能，但由于辐照时形成弗伦克尔点缺陷对，所以会产生同样数量的自间隙原子与空位,二者的总数量相等。自间隙原子与空位相互结合后,晶体则会恢复到生成点缺陷之前的状态。假如自间隙原子与空位的性能基本相同,它们之间就会很容易复合以至湮灭,这些点缺陷就难以进一步演化成缺陷团簇,材料辐照损伤问题也就不会成为严重的问题。从这个思路来说,尽量提高弗伦克尔点缺陷对的复合比例,是提高材料抗辐照性能的关键。

不巧的是,自间隙原子与空位的特性有很大不同。例如,自间隙原子的形成能远大于空位的形成能,而自间隙原子的迁移能又远小于空位的迁移能。实际上在材料中形成的自间隙原子浓度 C_i 远远低于空位的浓度 C_v。在讨论材料辐照损伤时,一定要牢记这一现象。

在辐照缺陷的形成与演化过程中,有不少因素使得这两种点缺陷呈现很不相同的行为。这种差异一般称为偏压(bias)。关于点缺陷的偏压有两种:产生偏压(production bias)和陷阱偏压(sink bias)。在辐照级联过程所产生的自间隙原子与空位的分布区域中,有一个很明显的特征:在这个区域中心附近的点缺陷主要是大量的空位,而自间隙原子则分布在空位区域的周围。这样形成的空位和自间隙原子的浓度差异,称为产生偏压。产生偏压的存在,对于辐照肿胀时的空洞形核具有重要意义。材料中能够大量吸收点缺陷的地方称为点缺陷阱。一般来说,被点缺陷阱吸收的自间隙原子的数量要多于空位的数量,表征这一差异的量是陷阱偏压。陷阱偏压越大,意味着该点缺陷阱吸收的自间隙原子越多,从而导致残留在基体内的空位浓度远大于自间隙原子浓度。

与空位相比,自间隙原子更容易扩散迁移,也更容易聚集形成团簇。与多种形式的空位团簇不同,自间隙原子形成的团簇形式比较单一,只有间隙型位错环。只有通过辐照的方法才可以形成间隙型位错环。对于致密度高的金属材料来说,除了辐照实验外,暂无其他方法能够在材料中大量形成点缺陷自间隙原子。也就是说,要通过实验来研究自间隙原子的性质,辐照实验是唯一的方法。如果利用一般的热时效方法来模拟研究诸如核电站压力容器钢的辐照脆性等材料辐照损伤问题,则需要格外注意那些由自间隙原子引起的特殊现象。

2.4 点缺陷与线缺陷

众所周知,晶体的塑性变形主要是由滑移变形引起的。所谓滑移变形,是指在一定晶面上沿着特定的方向产生的位移。这种滑移并不是在晶面的每一个位置同时发生的,而是有点像小虫蠕动，或者说像展平地毯的皱纹一样，只是在局部的地方出现滑移。在滑移已经通过的部分和尚未通过的部分的边界处有一块线状的混乱区域，这就是位错(dislocation)。从几何属性来看，位错属于线缺陷。滑移已经通过的晶体部分必须回复原来整齐排列的晶体结构，否则这部分晶体将处于能量不稳定状态。所以滑移引起的晶体位移的矢量(又叫柏氏矢量)必须是晶体的格子矢量。相反，位错滑移过后将产生一个二维的混乱区域，即面缺陷。

如图 2.9 所示，设位错线方向的单位矢量为 $\delta \boldsymbol{l}$，柏氏矢量为 $\boldsymbol{b}$，$\delta \boldsymbol{l}$ 与 $\boldsymbol{b}$ 垂直的位错即刃型位错，$\delta \boldsymbol{l}$ 与 $\boldsymbol{b}$ 平行的位错即螺型位错。

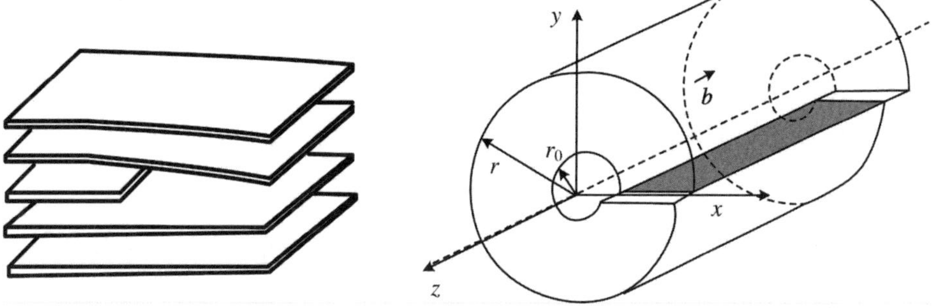

图 2.9　刃型位错(左)、螺型位错(右)与柏氏矢量的关系

位错的 $\delta \boldsymbol{l}$ 与 $\boldsymbol{b}$ 所构成的平面，称为位错的滑移面。若位错在滑移面以外的平面上运动，这种运动被称为位错的攀移(climb)，又称为非守恒运动(non-conservation motion)。当位错发生这种运动时，会伴随原子数目的变化，即出现点缺陷的释放或吸收现象，也就是说，位错攀移是一种可以改变晶格点阵数目的机制。由此可见，位错既可以不断地向外产生点缺陷，也可以不断地吸收点缺陷。位错的单位长度具有的能量，与柏氏矢量大小的平方成正比。

关于位错理论，已经有许多书籍作过详细介绍。作为晶体塑性变形的基础，位错研究已有很长的历史。在晶体制备的熔融凝固过程中产生的位错，一直存在于晶体之中，在应力作用下，这些位错会出现增殖。另外，晶体的辐照也会形成位错。对于这两种情况，前者反映了晶体塑性变形的本质。与其对应的是，在后者的辐照情况下，除了既有位错(grown-in dislocation)之外，还会因辐照而引入新的位错。认识这一点十分重要。也就是说，辐照引入的点缺陷发生迁移和聚集，其结果主要是形成自间隙原子的平面状集合体，这些集合体长大、合并，形成位错网络。当然，处于此状态下的样品如果受到应力作用，包括既有位错、辐照引入位错在内的位错都会发生增殖。既有位错作为线缺陷进行分析时，一般不会考虑其与点缺陷的关系，然而，辐照引入位错是由点缺陷形成的，必然要与点缺陷发生关联。在开展辐照研究时，实际上在不经意间就已经开启了对位错的点缺陷特性的研究。与晶体形变关联的位错运动一般是滑移，只是在高温等很少数的情况下，才涉及攀移。然而在辐照状态下经常遇到的却是位错的攀移（位错环的长大或缩小），位错的滑移反而是有点稀罕的现象（如位错环一维迁移）。

基于这一背景，从与点缺陷相互作用的角度，对过去的晶体位错理论重新进行整理，是很有意义的。这样，作为核材料基础研究的一部分，点缺陷理论与位错理论结合在一起，开拓了一个全新且庞大的研究领域。期待该领域的学术进展在未来能与核聚变堆材料的开发研究进一步紧密结合。[35]

2.5　刃型位错与螺型位错

关于刃型位错与螺型位错，一般位错理论书中都有详细介绍。这里主要从点缺陷的角度，再作一些说明。

对于刃型位错，通常在滑移面的上方存在一个剩余原子面，而且在考虑位错滑移问题时，一般不会将这个剩余原子面分解开来。而自间隙原子（挤列）的平面团簇的尺寸扩大到极致时，就是刃型位错。此时考虑问题时，总是经常会意识到构成剩余原子面的每个挤列的存在。另外，在点缺陷这个基础上考虑问题时，也是同样的原则。根据挤列的性质，离开位错中心的距离越大，越接近完整晶体。

如果改变刃型位错的位错线方向，可以接近螺型位错的状态。从点缺陷，即挤列的状态变化来观察这种从刃型位错向螺型位错的变化过程，十分重要。这一情况如图2.10和图 2.11 所示。[36]在图 2.10 中，将挤列团簇所在的平面分成两半，朝着相反方向，将两半分别移动到试样的前后表面，刃型位错消失后，形成一个螺型位错。如果在半途停止移动，则成为混合位错。这个过程表明，从刃型位错扫除挤列性质，即点缺陷性质后，就能得到螺型位错。换句话说，螺型位错是丧失了挤列性质的奇异点。刃型位错具有挤列的易移动性，而丧失这一特性后则为螺型位错，这一点反映了派纳（Peierls）应力的大小，非常重要。在此过程中，如图 2.11 所示，存在混合位错。此时的挤列间隔大于刃型位错的情况，但仍与刃型位错一样，保留挤列性质。刃型位错的运动常用地毯皱纹伸展的例子来说明，图 2.12 中采用同样的模型说明螺型位错的移动过程。此时，将皱纹分为两半，沿相反方向移动后，形成为螺型位错。在这些模型说明中必须注意的是，当离开滑移面后，挤列的性质发生变化，会接近完整晶体。即如图 2.10 和图 2.11 所示，在表面形成的台阶本来是刃型位错的滑移面，只出现在图的水平方向，不会出现在图的垂直方向。从几何形态学观点来说，以前将缺陷分类为点缺陷、线缺陷，但是如果考虑到作为其结构元素的点缺陷挤列，则很自然地会将点缺陷（挤列）、位错环、刃型位错分成一类，而将螺型位错分为另外一类。

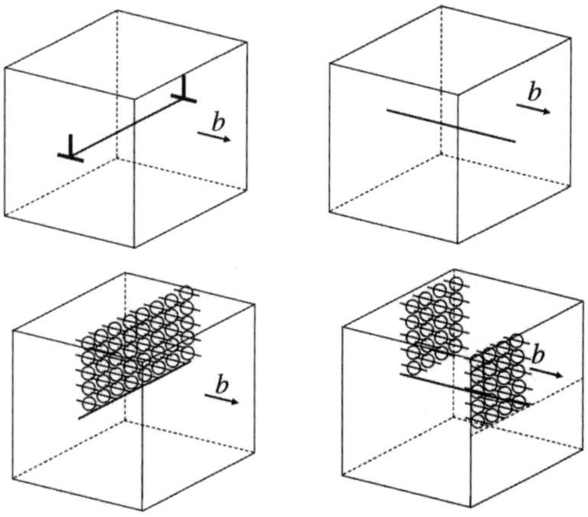

图 2.10　刃型位错（左）、螺型位错（右）与挤列团簇的关系（1）[36]

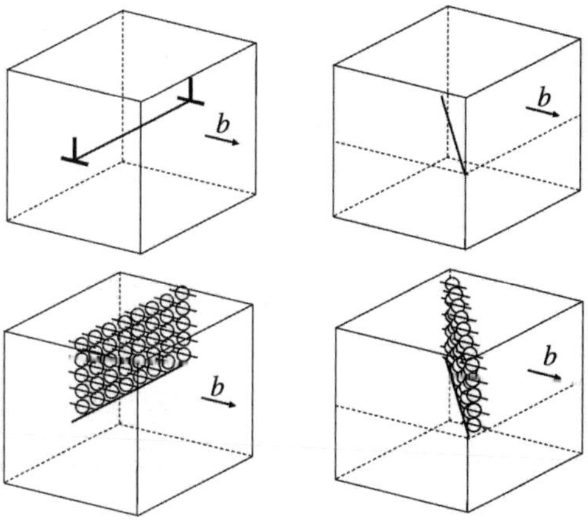

图 2.11　刃型位错（左）、螺型位错（右）与挤列团簇的关系（2）[36]

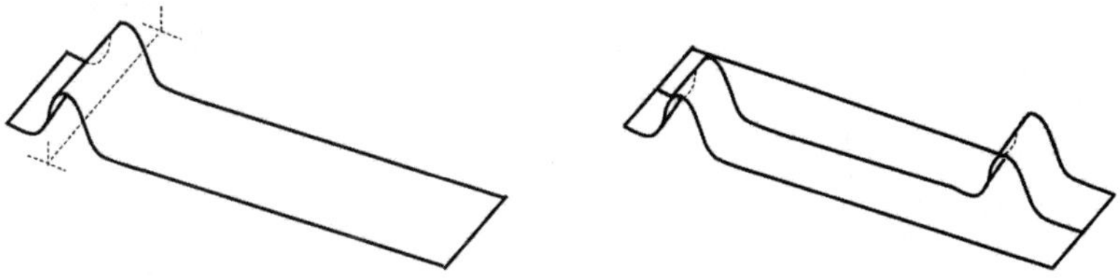

图 2.12　刃型位错（左）、螺型位错（右）的移动与地毯皱纹伸展的关系

一般的位错理论中，刃型位错与螺型位错的主要区别在于可在其上滑移的晶面数目不同，由于交滑移机制的存在，螺位错更易向前运动。不过这种说法仅在 FCC 晶体结构中成立，在 BCC 中则不成立，因为在 BCC 中螺型位错的派纳应力远大于刃型位错。在材料辐照损伤理论中，应更关注刃型位错与螺型位错的应力场的区别。与刃型位错不同的是，螺型位错只有剪应力场，没有正应力场，因此不能与点缺陷产生相互作用。显然，对于常见的辐照缺陷团簇之一位错环来说，可以有纯刃型位错环，但不可能存在纯螺型位错环。

2.6　层错与位错环

在位错理论中，与辐照损伤关联较大的部分是层错与位错环，尤其是二者之间的关系。

晶体缺陷理论一直是金属物理中的传统内容，而对于非辐照环境的传统材料来说，传统位错理论已经发展到非常成熟的阶段。但是，辐照环境下的位错，尤其是由自间隙原子团簇构成的位错环，具有许多特殊的问题，需要认真分析。

刃型位错线两侧的晶体，都被认为是理想晶体，虽然二者的原子面数量不同。此时，只有刃型位错线附近的原子排列出现混乱，故称为线缺陷。然而，当一维缺陷的位错线闭合成圆圈形状，即位错环后，就认为环外侧的晶体部分为理想晶体，而环内侧的晶体部分则是点缺陷聚集而成的团簇，即面缺陷。[25]

自间隙原子的平面状集合体有两种类型：由挤列束（bundled crowdion）构成的可动位错环（glissile dislocation loop）和其他的不可动位错环（sessile dislocation loop）。这里所说的“束”所具有的性质，是指构成挤列的轴汇齐在一起的意思。后一种位错环与前一种不同，其应变方向不同于沿原子列方向伸延的自间隙原子束。但是，前一种位错环的挤列类型中，除了沿着最近邻方向发生应变的基本挤列外，还存在沿其他方向延伸的挤列。例如在 BCC 中，〈111〉挤列属于基本挤列，也存在沿〈100〉方向的挤列自间隙原子。BCC 中，存在着这两种自间隙原子组成的平面状集合体，这两种都是可动位错环。FCC 的情况有所不同，对于〈110〉挤列束而言，与 BCC 情况类似，其对应的位错环属于可动位错环，而对于弗兰克位错环（Frank type dislocation loop）而言，其对应的位错环则属于不可动位错环。该位错环是在{111}平面层之间，作为新的平面，插入到自间隙原子的平面状集合体。在此位错环内，具有层错缺陷。从其形成的过程可知，应变方向当然也是

⟨111⟩方向，而不是原子列的方向，不能看作挤列束。这种类型的位错环也可以由空位沿平面聚集而成。当弗兰克位错环的尺寸增大、层错消失后，就变成完全位错环，即可动位错环。

上述内容虽然没有将挤列束和位错环区别开来，但仍需要考虑它们的区别。当团簇很小时，其组成部分的挤列很接近挤列原来的状态，可以认为是挤列束。然而，若团簇的尺寸变大，其中心附近的挤列则与原来的挤列性质有很大区别，应变向两侧扩展，接近完整晶体，即类似刃型位错线的情况，此时，与其说是挤列束，不如说是位错环。也就是说，原来的挤列束变为更加稳定的结构。其结果是除了环周围的位错芯部分以外，其他部分都转变为完整晶体。离开芯部 10 个原子距离后，基本上就没有挤列的痕迹。所以对于 300 个左右的挤列团簇，中心部接近完整晶体，应该称为位错环。

在辐照损伤过程中，位错常常以位错环的形式存在。首先点缺陷聚集在一起，形成层错。然后通过位错反应，层错消失而转变成位错环。

FCC 晶体的情况比较简单。在 FCC 晶体中，辐照时产生的空位优先沿着{111}面聚集成一个空位圆板。当圆板直径足够大时，上下的原子面发生崩塌，便形成一个层错。假设{111}原子面原来是以 ABCA：CABC 顺序堆积的（这里的"："表示有空位聚集成的圆板）。当空位面崩塌时，原子面堆积顺序为 ABCACABC，就出现了一个层错。层错的周界有一圈刃型的不全位错，其柏氏矢量为$\frac{1}{3}\langle 111\rangle$。这个刃型位错不在{111}滑移面上面，因而不能滑移，只能攀移，称为弗兰克不全位错（Frank sessile dislocation）。由此形成的位错环称为弗兰克位错环或层错环（faulted loop）。另外，如果空位圆板在崩塌时，不改变原来的原子面堆积顺序，仍然为 ABCABCABC，由此产生的晶格畸变全部集中在四周的位错环上，位错环的柏氏矢量则为$\frac{1}{2}\langle 110\rangle$。这个柏氏矢量是 FCC 晶体的简单晶格矢量，因此这种位错称为全位错（perfect dislocation）。由于这种位错环在棱柱面上滑移，又称为棱柱位错环（prismatic dislocation loop），这种位错环的周界往往是六角形的。

在不同的 FCC 金属中，层错能也有很大差异。[1]例如，金的层错能为 30 erg/cm^2，铝的层错能为 200 erg/cm^2，不锈钢的层错能为 13 erg/cm^2，在不锈钢及黄铜中可以看到大量的层错，在铝中则根本看不到层错，而金、银、铜等则介于其间。

层错环长大到一定尺寸后就会转变成完全位错环。此时，首先在位错环内形成肖克莱（Shockley）半位错$\left(\text{即 } \boldsymbol{b}=\frac{1}{2}\langle 112\rangle\right)$的圆环，然后长大与弗兰克不全位错发生如下位错反应而形成全位错环：

$$\frac{1}{3}[\bar{1}\bar{1}1]+\frac{1}{6}[\bar{1}21]\rightarrow\frac{1}{2}[\bar{1}01] \tag{2.4}$$

这一过程是层错消失的过程，对于空洞等辐照损伤的形成具有重要的意义。

层错环和全位错环既可以由空位聚集形成，也可以由自间隙原子聚集形成。FCC 晶体中，哑铃型自间隙原子聚集形成层插入的层错，然后通过式(2.5)的位错反应，使层错消失，形成位错环：

$$\frac{1}{3}[\bar{1}\bar{1}\bar{1}]+\frac{1}{6}[11\bar{2}]+\frac{1}{6}[1\bar{2}1]\rightarrow\frac{1}{2}[0\bar{1}\bar{1}] \tag{2.5}$$

BCC 晶体的情况比较复杂。在 BCC 晶体中，$\langle 110\rangle$ 哑铃型自间隙原子沿着最密排原子面$\{110\}$聚集，形成柏氏矢量为$\frac{1}{2}\langle 110\rangle$的位错环(层错)，再通过式(2.6)、式(2.7)的两种位错反应中的某一个反应而使层错消失，形成位错环：

$$\frac{1}{2}[110]+\frac{1}{2}[001]\rightarrow\frac{1}{2}[111] \tag{2.6}$$

$$\frac{1}{2}[110]+\frac{1}{2}[1\bar{1}0]\rightarrow[100] \tag{2.7}$$

上述层错反应就是 2.1 节所说的 BCC 金属中位错环形成的 Eyre-Bullough 机制。由于 BCC 晶体的层错能很高，因而层错消失的位错反应比在 FCC 晶体中更易发生。

层错的生长方向具有各向异性的特点。在 HCP 晶体中，空位沿$\{\bar{1}010\}$面聚集成层错，而后通过式(2.8)所示的位错反应使层错消失，形成位错环：

$$\frac{1}{2}[\bar{1}010]+\frac{1}{6}[1\bar{2}10]\rightarrow\frac{1}{3}[\bar{1}\bar{1}20] \tag{2.8}$$

$\boldsymbol{b}=\frac{1}{3}\langle 1120\rangle$的位错是全位错。

辐照产生的间隙型位错环是辐照损伤过程中的点缺陷阱偏压的主要来源。不同柏氏矢量的间隙型位错环所具有的点缺陷阱偏压也不同。如式(2.6)和式(2.7)所示，在 BCC 结构材料中的间隙型位错环，主要有两种柏氏矢量，$\boldsymbol{b}=\frac{1}{2}\langle 111\rangle$和 $\boldsymbol{b}=\langle 100\rangle$。不仅间隙型位错环如此，空位型(intrinsic)位错环也有这两种形式。这一点后文将有介绍。影响这样两种位错环数量比例的因素有很多，如合金成分、辐照温度、辐照方式(中子、电子、不同离子)等。但是这两种位错环中究竟哪种优先形成，对于该晶体材料的辐照损伤来说，关系重大。[37] BCC 铁中的 $\boldsymbol{b}=\langle 100\rangle$的位错环的形成机制仍不是很清楚。有许多说法，如在级联过程中直接形成$\langle 100\rangle$，或通过两个$\langle 111\rangle$的位错反应形成$\langle 100\rangle$，但都还需要进一步研究。判定辐照形成的位错环的柏氏矢量，对于研究 BCC 晶体的抗辐照肿胀性能十分重要，其原因主要是后面介绍的偏压问题。已经证明，一般 BCC 结构的铁素体钢所具有的独特的抗辐照肿胀性能来自 $\boldsymbol{b}=\langle 100\rangle$ 的位错环形成。然而，从位错能量来说，$\boldsymbol{b}=\langle 100\rangle$ 的位错能量却比 $\boldsymbol{b}=\frac{1}{2}\langle 111\rangle$ 的位错能量大。有报告认为，$\boldsymbol{b}=\langle 100\rangle$ 的位错环可能不如式(2.7)所示那样，$\boldsymbol{b}=\frac{1}{2}\langle 110\rangle$ 的层错环沿$\{110\}$面剪切移动形成，而可能直接由$\langle 100\rangle$哑铃型自间隙原子聚集长大形成。

Konobeev 等[38]对铁铬(Fe-Cr)二元合金在 400 ℃进行高剂量 25.8 dpa 的中子辐照，发现所有位错环均为 $\boldsymbol{b}=\langle 100\rangle$类型。Lavrentiev 等[39]通过第一性原理计算方法，研究了Fe-Cr合金中空位及空位与铬原子的相互作用。研究结果显示，铬原子可以和空位结合在一起，形成稳定的结构，铬原子在该结构中占据能量最低的位置。在其中的一种铬与空位组成的结构中包含两个铬原子和两个空位，此时两个铬原子沿$\langle 100\rangle$方向排列能量最低。他们的计算结果在一定程度上与该研究的实验结果一致。另一方面，Fe-Cr 合金在 450 ℃以上温度电子辐照产生的位错环类型主要是 $\boldsymbol{b}=\langle 100\rangle$型。Fe-9Cr 合金经过室温加速器注氢，再分别在 400 ℃、500 ℃、550 ℃退火后，$\boldsymbol{b}=\langle 100\rangle$型位错环所占比例分别为 16.48%、92.78%、100%。[40]但是也有不同的研究结果。有研究通过铁离子辐照实验研究了高纯铁(5N)和 Fe-9Cr 样品中的两种位错环的数量比例，发现纯铁中 $\boldsymbol{b}=\langle 100\rangle$的位错环更多，并认为这是 $\boldsymbol{b}=\frac{1}{2}\langle 111\rangle$的位错环更容易滑移的结果。[41]而在 Fe-Cr 合金中，铬的存在阻碍了 $\boldsymbol{b}=\frac{1}{2}\langle 111\rangle$的位错环的滑移，使得所观察到的 $\boldsymbol{b}=\langle 100\rangle$的位错环的数量比例降低。需要指出的是，对于同样为 BCC 结构的钒(V)，分析了氢离子辐照后形成的位错环，发现在所分析的 76 个位错环中，$\boldsymbol{b}=\frac{1}{2}\langle 111\rangle$的位错环有 70 个，$\boldsymbol{b}=\langle 110\rangle$的位错环则只有 6 个，没有发现 $\boldsymbol{b}=\langle 100\rangle$的位错环。[42] 2.1 节中曾提到，在 BCC 结构中难以形成 $\boldsymbol{b}=\langle 110\rangle$位错环，因此这一数据值得继续关注。这里，$\boldsymbol{b}=\langle 110\rangle$位错环的形成，可能意味着钒中的层错能比较低，也可能是存在杂质原子氢的缘故。

需要关注的是，位错环的柏氏矢量有可能发生变化。例如，在高应力状态下，材料变形引起位错线滑移时，会在特定位错滑移面上清除既有的缺陷团簇(位错环)。[43]这样就会在含有大量辐照缺陷的微观组织中，形成一条几乎没有缺陷的位错通道(dislocation channeling)。这种位错通道的现象最早于 20 世纪 60 年代在 BCC 金属中被发现，后来在 FCC 和 HCP 晶体中也有发现。[25]图 2.13 为这种位错通道的透射电镜照片。[25]在同一个滑移面上，所有的滑移位错线的柏氏矢量是完全相同的。然而，BCC

金属中辐照产生的 $\boldsymbol{b}=\frac{1}{2}\langle 111\rangle$ 位错环却具有各种等价类型，例如，$\frac{1}{2}[11\bar{1}]$，$\frac{1}{2}[1\bar{1}1]$，$\frac{1}{2}[1\bar{1}\bar{1}]$ 等。当柏氏矢量 $\boldsymbol{b}=\frac{1}{2}[111]$ 的滑移位错线与同样柏氏矢量 $\boldsymbol{b}=\frac{1}{2}[111]$ 的位错环相互作用时，这个位错环将会被清除。但是，$\boldsymbol{b}=\frac{1}{2}[111]$ 的滑移位错线不能清除其他等价类型，例如 $\boldsymbol{b}=\frac{1}{2}[11\bar{1}]$ 的位错环。此时为了清除所有的位错环，位错环的 $\boldsymbol{b}=\frac{1}{2}[11\bar{1}]$ 应该在高应力场的作用下，首先转变为 $\boldsymbol{b}=\frac{1}{2}[111]$，然后再与该滑移位错线发生相互作用。由于辐照时形成的位错环还存在 $\boldsymbol{b}=\langle 100\rangle$ 类型，这意味着此时 $\boldsymbol{b}=\langle 100\rangle$ 位错环也需要转变为 $\boldsymbol{b}=\frac{1}{2}\langle 111\rangle$ 位错环。实际上，已有实验观察到了在加热条件下，$\boldsymbol{b}=\frac{1}{2}\langle 111\rangle$ 位错环转变为 $\boldsymbol{b}=\langle 100\rangle$ 位错环[44]，或者 $\boldsymbol{b}=\langle 100\rangle$ 位错环与 $\boldsymbol{b}=\frac{1}{2}\langle 111\rangle$ 位错环之间的相互转换。[45]不过，对于应力场作用下的位错环柏氏矢量的转变现象，还需要进一步的观察实验或者计算机模拟实验的验证。

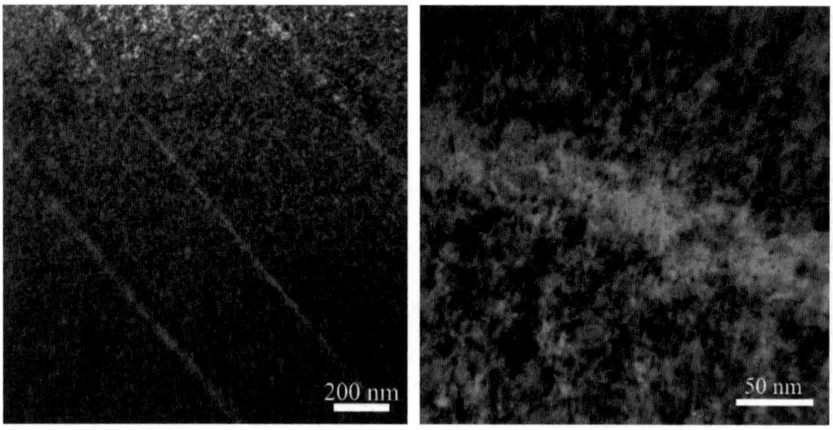

图 2.13　质子辐照 Fe-18Cr-12Ni 中的位错通道结构[25]

另一个非常有趣的现象，是两个层错环重叠在一起形成双层错环（double layer stacking fault loop）的情况。图 2.14 所示为急冷铝中观察到的空位型双层错环。从图 2.14 可以看出，这种双层错环图像的特点是在一个六角形层错环内侧，包含有另外的三角形层错环。对于这种空位型双层错环，由于三角形层错环的内侧与外侧的层错缺陷，产生条纹花样的位置错动。图 2.15 是该双层错环的结构。[46]另外，外侧的层错环不是三角形，内侧的层错环则是三角形，其理由如下所述[46]：

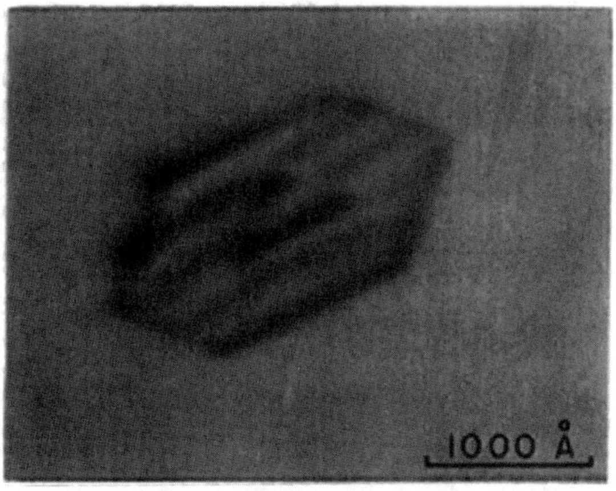

图 2.14　急冷铝中的空位型双层错环

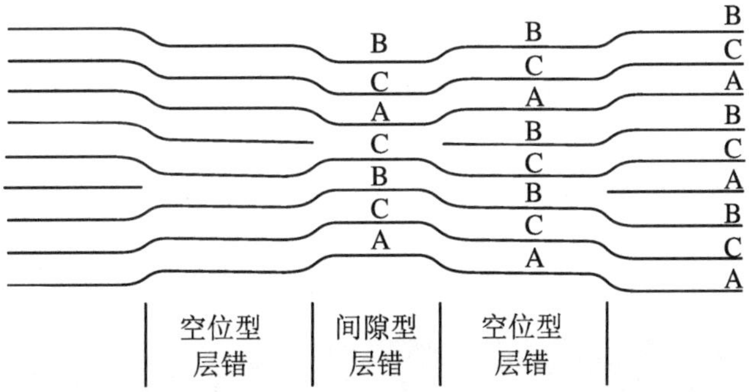

图 2.15　空位型双层错环的结构

图 2.16 中，假设内侧的层错环为六角形，沿着与层错环面垂直的方向，观察层错环面上以及附近相邻的两个原子面上的原子位置时的投影效果。从图 2.16 可以清楚地看出，在构成内侧层错环的弗兰克不动位错的芯附近的原子排列的六条边中，每隔一边则显示出相同排列，因此可以将其分成两种类型。由于位错芯处的原子排列的不同，使得这两类层错具有不同的位错芯能量。为了在长大时尽可能维持稳定结构，需要形成三角形。[46]这种双层错环在 150 ℃左右退火时，外侧一层的层错环将释放空位，尺寸变小。内侧的层错环则相反，会吸收空位，从而完全成为由两层层错环构成的空位型双层错环。这一现象表明，这种间隙型层错能远远小于 2 倍的空位型层错能。[47]

作为这种空位型双层错环的形成机制[48]，在层错缺陷面上稳定地形成微小空位团簇，而在杂质原子位置处产生的位错环是形成双层错环的原因，其证据是急冷铝盐(Al-Mn)合金。[49]当利用 200 keV 电子束辐照纯铝时，观察到了间隙型双层错环。如图 2.17 所示，内侧的层错环仍然是三角形，三角形层错环的内侧与外侧出现因层错缺陷引起的条纹花样的位置错动。

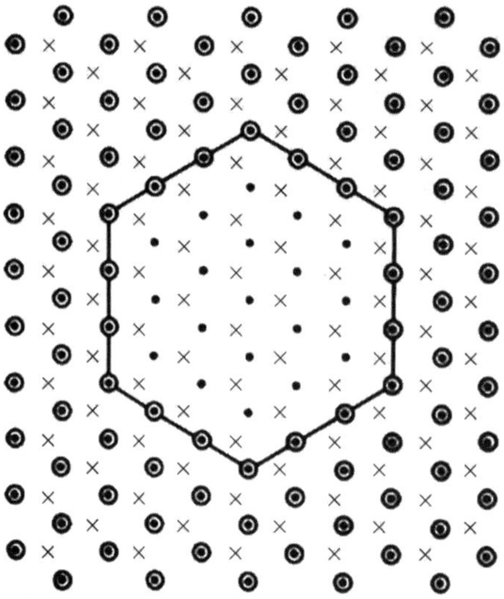

图 2.16　空位型双层错环的内侧

注:空位型双层错环的内侧为六角形,从〈111〉方向观察时的位错线附近原子排列六角形的边朝向〈110〉方向。•、×为靠近层错环的面,○为层错环面上的原子位置。

图 2.17　200 keV 电子束辐照纯铝时的间隙型双层错环

注:包含三角形层错环,照片为暗场像。

图 2.18 所示为纯铝中的这种双层错环的结构。[50]将含有间隙型双层错环的厚度为 150 nm左右的试样在 150 ℃加热时,发现第 1 层和第 2 层的间隙型层错环的缩小速度完全不同。[50]这一现象表明了一个重大事实,即至少对于双层错环的内侧环来说,间隙型层

错环的缩小机制是由吸收热平衡空位所引起的。

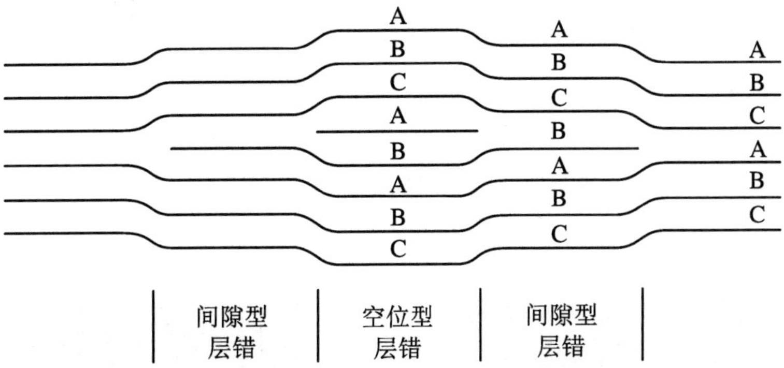

图 2.18 纯铝中的间隙型双位错环的结构

在 FCC 的纯镍中观察到了类似的双层错环图像。[51] 如图 2.19 所示，此时外侧环为空位型层错环，而内侧环为间隙型层错环。也就是说，内侧环是没有层错的完整晶体。与此相对应的是后文中图 6.1 所示的情况。在 Fe-10Cr-14Ni 奥氏体钢中，由于间隙型层错环长大速度的各项异性，形成外侧的间隙型层错环和内侧的空位型层错环。这样，同样为 FCC 结构，出现了两种不同类型的双层错环。它们的形成机制、与辐照实验方法的关系，以及对材料辐照损伤的影响，都值得关注。

在 HCP 结构中，也曾观察到双层的位错环，6.3 节将详细介绍这一内容。

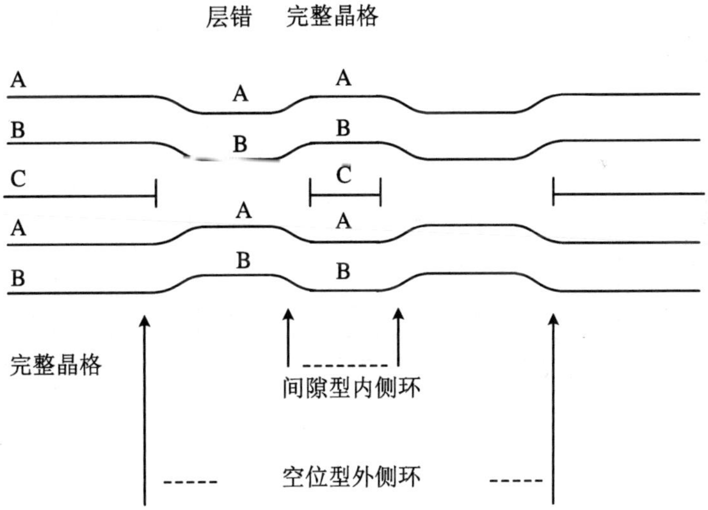

图 2.19 纯镍中的双层错环

间隙型位错环的形成，与自间隙原子的结构，如哑铃型、挤列型以及它们的取向有关。研究不同类型的间隙型位错环的比例与材料辐照肿胀量的关系，是提高材料的抗辐照肿胀性能的思路之一。

由于间隙型位错环的上下平面附近存在的压应力，从弛豫压应力的角度来看，在该区域形成一个小的空位型位错环，似乎更加有利。但是，还没有发现类似的实验报告。有意思的是，最近在 550 ℃、0.1 dpa、2.8 MeV 的二价铁离子（Fe^{2+}）辐照 BCC 结构的纯铬中，发现了一种嵌套（nested loop）位错环[52]，如图 2.20 所示。在该文献提出的新颖的嵌套位错环的形成机制中，小尺寸的空位型位错环通过一维迁移，进入了大尺寸的间隙型位错环，或者小尺寸的间隙型位错环进入了大尺寸的空位型位错环。[52]

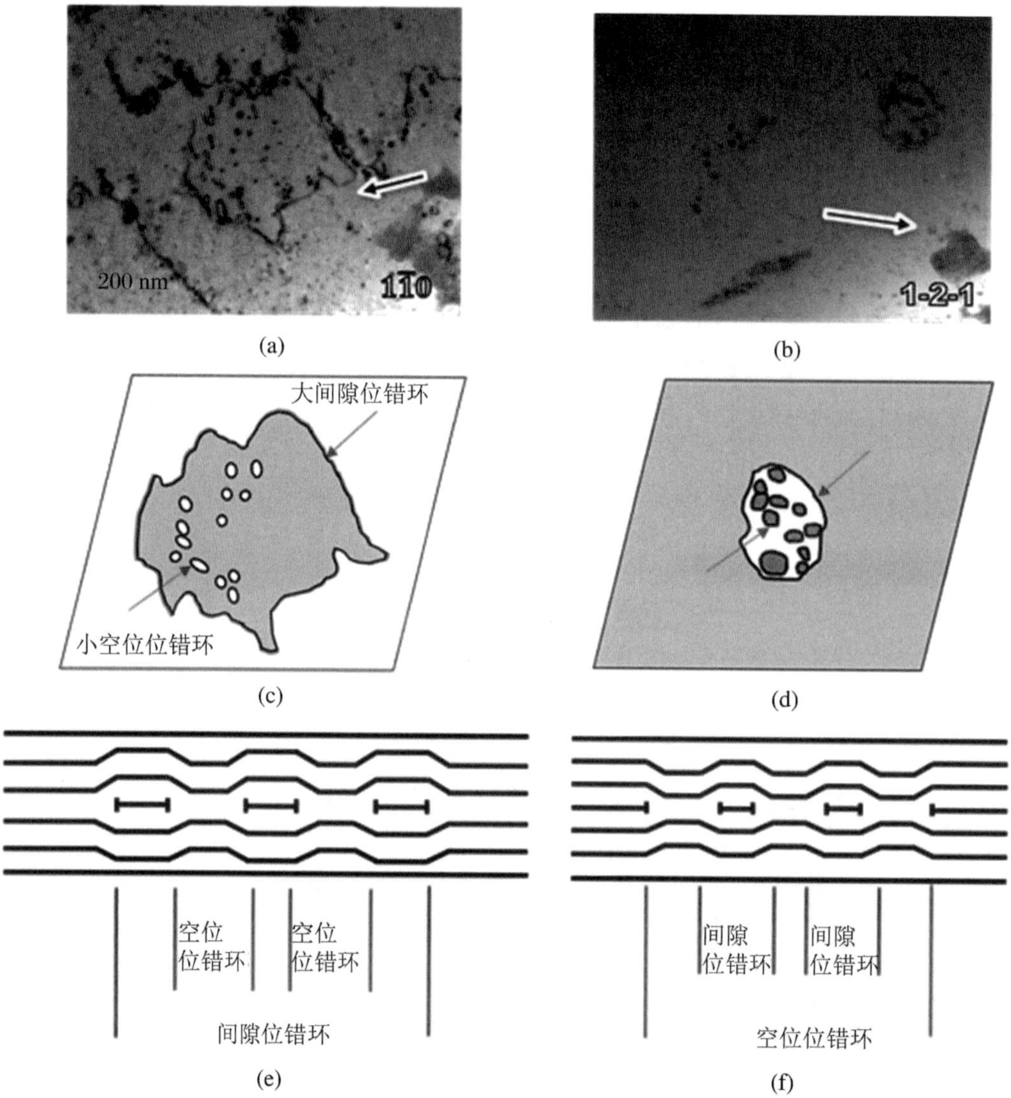

图 2.20　Fe^{2+} 离子辐照铬中形成的嵌套位错环

注：其 TEM 明场像分别是(a)和(b)；示意图分别是(c)和(d)；晶体截面示意图分别是(e)和(f)。

总之，对于上述包含有内侧环和外侧环的位错环（层错环），应该给予更多的关注。如果观察到辐照形成的类似位错环图像时，最好利用透射电镜的内衬-外衬法（inside-outside）对其结构进行详细分析。

2.7 层错四面体

层错四面体（stacking fault tetrahedra）是FCC晶体中常见的一种空位聚合体（空位团）的晶体缺陷结构，四面体结构的晶体缺陷是很常见的。如果三个空位组成一个平面三角形，以此三角形作为四面体的底面，位于四面体顶点位置的原子则往下移动一点位置，就形成了一个最原始的三空位四面体的晶体缺陷。这个三空位四面体的顶点由四个空位组成，中心位置有一个自间隙原子（图2.21）。

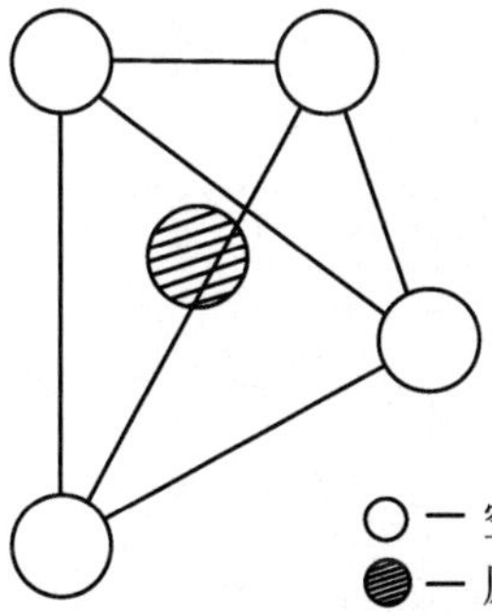

图2.21　三空位四面体示意图

由四个空位型的层错环组成的四面体称为层错四面体。层错四面体的结构与图2.21所示的三空位四面体相似，只是每一个面不再仅仅是三个空位，而是一片较大的层错。层错四面体中心也不再只是一个原子，而是有一块四面体形状的晶体。图2.22是在电镜下观察到的金晶体中从1000 ℃淬火得到的层错四面体的图像。1959年，Silcox和Hirsch就在淬火金晶体中发现了这种层错四面体的存在。[53]

关于层错四面体的形成机制至少有弗兰克空位型位错环的滑移、空位团簇演化以及空洞坍塌（void collapse）等三种说法，一直存在争议。[54-55]

第一种机制中，$\boldsymbol{b}=\frac{1}{3}\langle 111\rangle$的弗兰克空位型位错环按如下公式，先分解成面角位错和肖克莱不全位错：

$$\frac{1}{3}[111] \rightarrow \frac{1}{6}[101] + \frac{1}{6}[121] \tag{2.9}$$

然后，通过上述位错分解反应形成的肖克莱不全位错相互吸引，发生如下位错反应：

$$\frac{1}{6}[\bar{1}\bar{1}\bar{2}] + \frac{1}{6}[121] \rightarrow \frac{1}{6}[1\bar{1}0] \tag{2.10}$$

形成面角位错，最后形成层错四面体。

图 2.22　1000 ℃下淬火的金中的层错四面体

图 2.23 展示了这种层错四面体的形成过程。利用汤普森位错反应四面体模型，可以比较清楚地解释上述两个位错反应。[56] 在该弗兰克位错环分解机制中，空位型的弗兰克位错环位于一个{111}平面，被弗兰克不全位错$\frac{1}{3}\langle 111\rangle$包围，形成一个三角形位错环，各边沿着$\langle 110\rangle$方向。形成三角形三条边的三个不全位错$\frac{1}{3}\langle 111\rangle$各自分解出一个肖克莱不全位错$\frac{1}{6}\langle 112\rangle$，并滑移离开该弗兰克位错环平面，同时各自在该位错环平面留下一

段不全位错$\frac{1}{3}\langle 110\rangle$。三个肖克莱不全位错在相应的{111}平面上滑移，各自形成一片层错。当它们成对汇合时，形成三段$\frac{1}{6}\langle 110\rangle$位错线。最终，形成由四个{111}平面上的层错构成的层错四面体，四面体的四条棱均为$\frac{1}{6}\langle 110\rangle$位错线，称为梯杆位错（stair rod dislocation）。

第二种机制是作为空位团簇的层错四面体的长大机制。

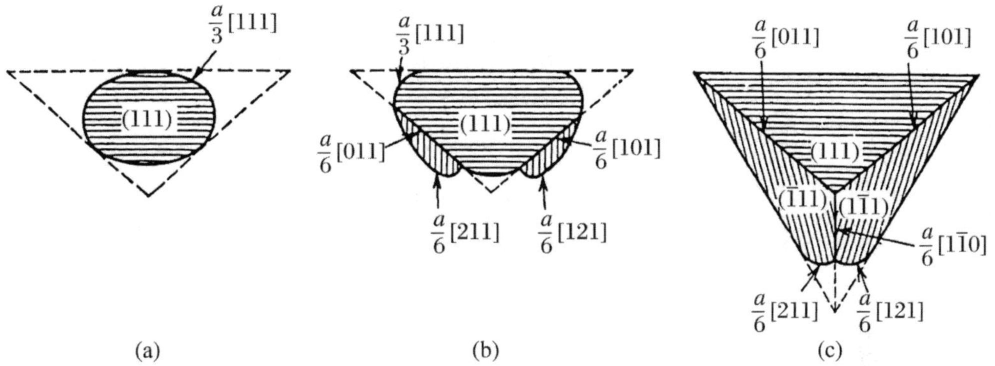

图 2.23　汤普森位错反应中的层错四面体的形成过程

第三种机制直接由空洞坍塌而成。

上述弗兰克空位型位错滑移机制又称为 Silcox-Hirsch 机制，其优点在于能够从层错四面体的尺寸推算出层错能，且与其他实验值比较吻合；缺点则是至今没有观察到这种层错四面体形成过程中的滑移现象，这也是该机制常被质疑的原因之一。在这个机制中，只是单纯考虑了缺陷团簇的能量，认为小尺寸团簇时层错四面体的能量低，大尺寸团簇时层错环的能量低。看起来弗兰克空位型位错滑移机制最不容易发生，主要是由于一开始形成所需的三角形位错环具有很高的弹性能，这是该机制难以说服人的关键所在。空洞坍塌机制虽然有可能发生，但只会出现在级联辐照区域。因而从只有几个空位的小团簇开始长大的层错四面体长大机制，似乎是所有辐照类型中最占优势的形成机制，更符合辐照实际情况。

层错类型中，如果是由于抽出一层后形成的，例如 ABCABABCABC 那样，中间抽掉了一层 C，则称为空位型层错。如果是由于插入一层后形成的，例如ABCABACABC那样，中间插入了一层 A，则称为间隙型层错。

在常温或低温辐照时，层错四面体是 FCC 晶体中常见的一种空位团簇，而 FCC 晶体则不会出现层错四面体。如果三个空位组成一个平面三角形，以此三角形作为四面体的底面，位于四面体顶点位置的原子则往下移动一点位置，就形成了一个最原始的三空位四面体的晶体缺陷。淬火、塑性变形以及各种辐照都能够产生层错四面体。层错四面体的四个面占据 FCC 结构中的四个{111}面，因此一般情况下，层错四面体一旦形成，便非常稳定。受到层错能的限制，层错四面体的尺寸有一个上限，不能无限制长大。一般情况下，层错四面体的边长不超过 50 nm。[1]根据弗兰克位错分解机制，根据所增加的层错能和减少的位错能，可以得出在金中的层错四面体最大尺寸不能超过 40 nm，与实际观察值非常接近。[1]

比较层错四面体形成前后的能量，可以粗略估计产生这一过程的能量条件为

$$\frac{\sqrt{3}}{4}l^2\gamma+\frac{3}{2}\mu\boldsymbol{b}_1^2 l>\sqrt{3}\,l^2\gamma+\frac{6}{2}\mu\boldsymbol{b}_2^2 l \tag{2.11}$$

式中，左边为一个三角形层错的层错能和三条边长为 l 的全位错 $\boldsymbol{b}_1$ 的位错能，右边为层错四面体的四个三角形层错的层错能和六条边长为 l 的 $\boldsymbol{b}_2$ 的位错能。

通常组成层错四面体的都是空位型层错环。可以说到现在为止，所观察到的层错四面体都是空位型。[57]由于层错四面体是由空位型层错环组成的，所以四面体的内部并不是空心的，而是有一块四面体形状的晶体。虽然理论上并未排除由间隙型层错环组成层错四面体的可能性，但实验上还未观察到这种层错四面体。尽管时有研究说观察到了间隙型层错四面体[58]，但进一步的实验仍然给予了否定。[59]经常能看到其他一些有关自间隙原子的三维团簇的研究，如在铁中，对应 C15-Laves 相结构的自间隙原子三维团簇具有很低的形成能，且非常难迁移[60]，但这些计算机模拟研究的结果还需要从实验方面进行验证。

从实验条件来说，一般中子辐照产生的层错四面体尺寸很小，约 2 nm，接近透射电镜的衍射衬度的分辨能力，观察实验的难度较大。而淬火金中产生的层错四面体尺寸较大，且可以通过控制热处理条件来控制层错四面体的尺寸。至今，淬火金仍然还是常用的研究层错四面体的实验方法。

一个淬火金的实验结果如图 2.24 所示。在有关位错线与层错四面体的相互作用中，原来的层错四面体被切割后，其顶点不变，但变成了一个更小的层错四面体。[61]也就是说，层错四面体被位错线切断后，只有基座部分消失，而顶点一侧保留下来，成为一个尺寸更小的层错四面体。这种淬火金在透射电镜中拉伸的实验，与 1959 年 Silcox 和Hirsch 的实验方法[53]完全一样，在 60 年后仍能获得相当前沿的研究成果，确实令人感叹。

以前一直没有在铝中观察到层错四面体的形成，从而解释为铝中的层错能很高，所以不能形成层错四面体。但是值得注意的是，在对铝进行低温高能辐照时，发现了层错四面体的形成。[62]另外，在铝及铝合金的拉伸断裂部附近会形成高浓度的空位，也会形成

层错四面体。[63]这表明如果空位浓度足够高，在铝中也能形成层错四面体。

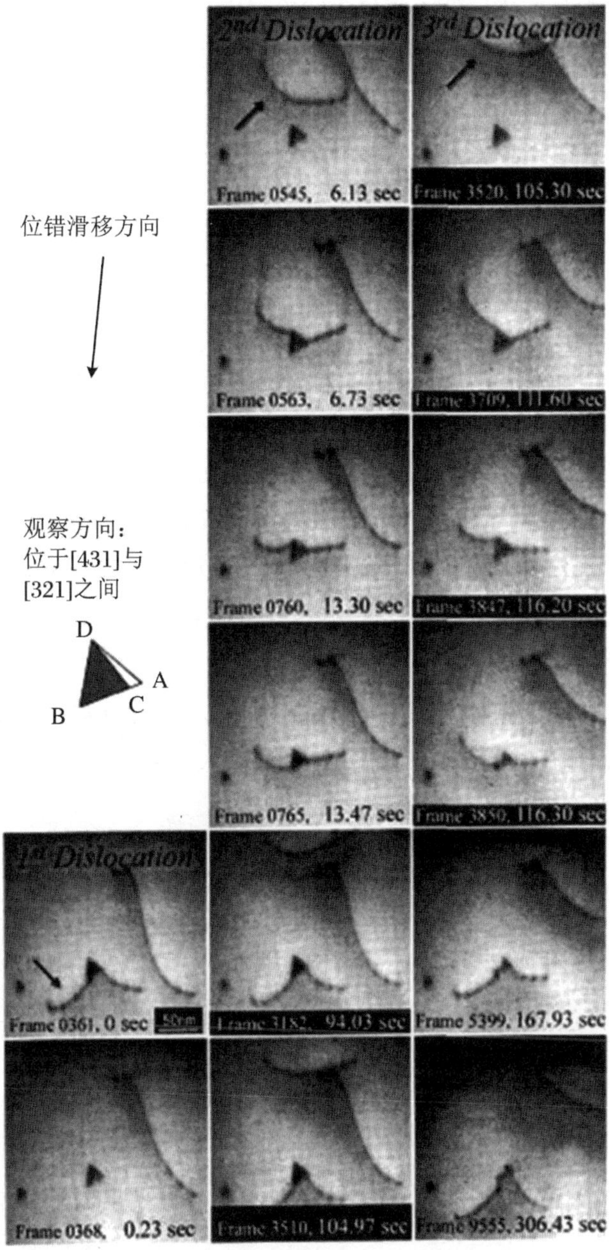

图 2.24　位错与层错四面体的相互作用[61]

由于点缺陷容易与杂质原子相结合，因此容易在杂质原子的位置处优先形成团簇。这一倾向最初由 Segall 和 Clarebrough 在急冷纯金中的层错四面体的形成中得以发现。[64]接着，Siegel 发现，即使是高纯度样品，在 700～900 ℃急冷的试样中，层错四面体也都是在杂质位置处优先形成的。[65] 因此，我们需要常常注意这种点缺陷团簇的异质(heterogeneous)形成性。杂质原子不仅是点缺陷团簇的优先形成位置，也是所有的不同结构的团簇的形成位置。

2.8 空洞

由于点缺陷周围存在应变场，如果点缺陷聚集在一起形成团簇，与单个的点缺陷相比，将能降低应变能。空位团簇与自间隙原子团簇的行为也有着很大差异。

空位团簇的形式比较复杂，一般有空洞、层错四面体、位错环等几种。

在较高温度($0.3\sim0.6T_m$)下，空位点缺陷沿三维方向聚集在一起，可以形成尺寸更大的三维的空洞。图 2.25 为八面体空洞示意图。空洞一般都不是圆球形，而是多面体，其内表面由表面能较低的低指数晶面组成。要注意“空洞”与“空孔”(cavity)的区别。空孔的概念更加广泛，包括了气泡(bubble)和空洞。图 2.25 所示为一个以 {111} 为内表面的八面体空洞。与层错四面体不同，空洞的内部确实不存在晶格原子。所以形成一个同样尺度的空洞所需的空位数量比层错四面体的要大得多。

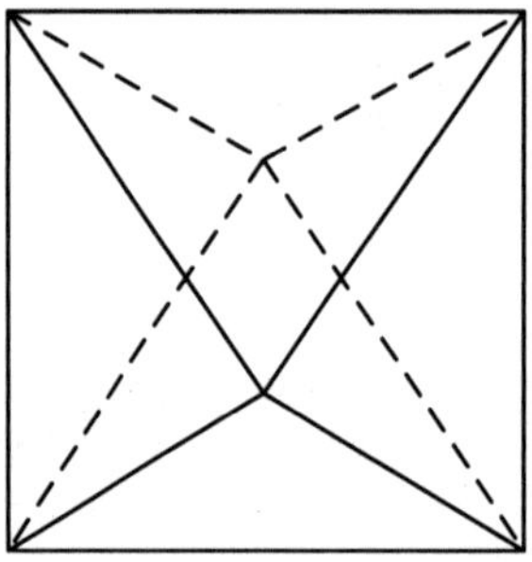

图 2.25 八面体空洞示意图

对于晶体来说，空洞并不一定是能量最低的空位聚集方式，但在辐照时，大多数材料中都会出现空洞。

由于材料的原子总数不会改变，所以对应于空洞的产生，宏观上材料的体积将会增加，因而出现了所谓的“辐照肿胀”(irradiation swelling)。空洞和层错四面体都是由空位聚集形成的二次缺陷。层错四面体易在较低的温度下形成，而空洞则易在较高的温度下形成。

空洞的体积对应着辐照产生的点缺陷最终能够残留在基体内的空位数量，同时也意味着，相应数量的自间隙原子从空洞体积处逃逸出去，被晶界或位错吸收，最终被输运到材料外部表面。

有关材料辐照空洞及其引起的辐照肿胀的研究数量非常庞大，研究工作也十分深入。一般认为，高浓度空位是空洞形核与长大的主要的热力学驱动力，而影响这一空位浓度的主要因素是位错等点缺陷阱对自间隙原子的吸收，即偏压(bias)。在点缺陷阱的偏压驱动体系中，对于空位聚集及其辐照肿胀来说，位错起着主要的作用。

在核聚变堆材料，尤其是结构材料的开发研究中，像空洞肿胀这样的有数量众多的研究人员投身其中的课题，也是很少见的。一般的结构材料中，不会有这种随着时间的推移而体积增大的现象，然而在裂变堆和聚变堆这样的中子辐照环境下使用的结构材料中，就会发生这种奇异现象。结构材料只有在保证其尺寸稳定性的前提下，才能够称得上所谓的"结构材料"，因此抑制辐照肿胀是急需研究的课题。所以，探明辐照肿胀发生的机制，对于学术发展和工程需要两方面来说，都非常重要。4.2 节将详细介绍辐照肿胀。

2.9 晶体缺陷之间的相互作用

2.9.1 缺陷反应

晶体缺陷之间通过应变场的媒介能够发生相互作用。这些相互作用可以发生在同种晶体缺陷之间，也可以发生在不同的晶体缺陷之间。通常将晶体缺陷之间的这种相互作用称为缺陷反应。分析缺陷反应时常用的有气相反应中的反应速度过程(reaction-rate limited process)和气相固相反应中的扩散过程(diffusion controlled process)两种理论。

假设 V 表示空位，I 表示自间隙原子，S 表示位错或空洞等点缺陷阱，一般可以考虑有下列缺陷反应：

$$V + I \rightarrow 0$$

$$V + S \rightarrow S$$

$$I + S \rightarrow S$$

点缺陷之间的反应则包括：

$$I + I \rightarrow I_2$$

$$I_2 + V \rightarrow I$$

$$I + I_2 \rightarrow I_3$$

$$V + V \rightarrow V_2$$

由此，点缺陷能够聚集形成较大的缺陷团簇（defect cluster），这些缺陷团簇对于辐照损伤分析十分重要。

辐照产生的空位和自间隙原子这两种点缺陷，会重新相互结合从而同时消失，或者迁移扩散至点缺陷阱，如位错、界面，进而导致点缺陷的湮灭。同类型的点缺陷也能聚集在一起，形成二次缺陷，如位错环、层错四面体以及空洞。

影响辐照缺陷演化的因素主要有两个：产生的点缺陷对的总数和这些点缺陷及各种点缺陷阱的分布情况。

2.9.2 同类点缺陷的相互作用

首先研究 FCC 晶体中常见的双空位（divacancy）情况。双空位是由两个空位结合在一起的缺陷复合体。其缺陷反应式如下：

$$V + V \rightarrow V_2 \tag{2.12}$$

令 C_v、C_{v_2} 分别表示单空位、双空位的浓度，k_1、k_2 分别为双空位的形成和分解反应速度常数，则

$$\frac{dC_{v_2}}{dt} = k_1 C_v^2 - k_2 C_{v_2}$$

在 FCC 晶体中，空位的最近邻位置有 12 个，这 12 个最近邻位置有 84 种通道与其近邻的空位交换而形成双空位。所以

$$k_1 = 84 v_0 \exp\left(-\frac{E_{mv}}{kT}\right) \tag{2.13}$$

式中，v_0 为晶体原子的振动频率。

若双空位中的任意一个空位回到次近邻位置，则认为双空位发生了分解，则有

$$k_2 = \frac{2 \times 84}{12} v_0 \exp\left(-\frac{E_{mv} + B}{kT}\right) = 14 v_0 \exp\left(-\frac{E_{mv} + B}{kT}\right) \tag{2.14}$$

B 为双空位的结合能。双空位的结合能等于双空位结合前后的形成能的差值，即

$$B = E_{fv_2} - 2E_{fv} \tag{2.15}$$

双空位的形成能一般为 0.15～0.35 eV 。值得注意的是，双空位的迁移能比单空位的迁移能还要小，往往只有单空位迁移能的一半。[66] 例如，金(Au)的双空位的迁移能小于0.6 eV，银(Ag)为 0.57 eV，铜小于 0.58 eV。

三个空位组成的空位复合体叫作“三空位”(trivacancy)。FCC 晶体中可能的三空位结构有四种，如图 2.26 所示。这四种三空位分别称为 60°三空位、90°三空位、120°三空位和 180°三空位。后三种三空位由于其特别的形状又统称为狗腿型(dog-leg)三空位。60°三空位的三角形平面上方的原子很容易掉下来，形成 2.7 节中介绍过的三空位四面体。四种三空位中，结合能最大的是 60°三空位(2.12 eV)，依次为 90°三空位(1.65 eV)、180°三空位(1.30 eV)和 120°三空位(1.14 eV)。[67] 三空位的迁移能为 2 eV 左右。三空位在迁移过程中，会不断地改变结构，这样可能得到较低的迁移能，加快空位的移动。

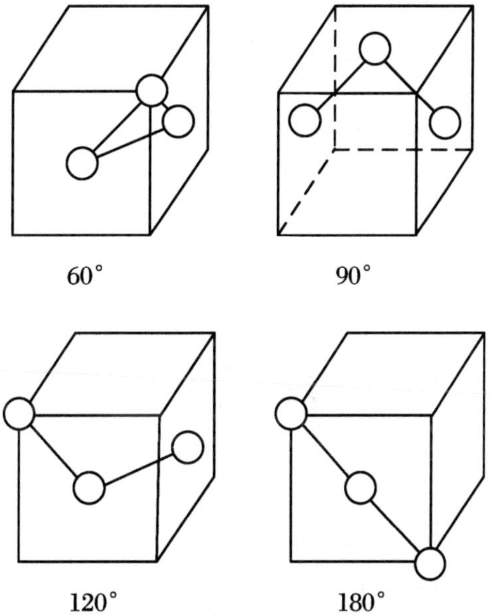

图 2.26　FCC 中的四种三空位结构

四个空位组成在一起的复合体称为四空位(tetravacancy)，如图 2.27 所示。常见的四空位结构有四面体结构[图 2.27(a)]、正方形结构[图 2.27(b)]和金刚石结构[图 2.27(c)]。其中最稳定的是金刚石结构。[67]

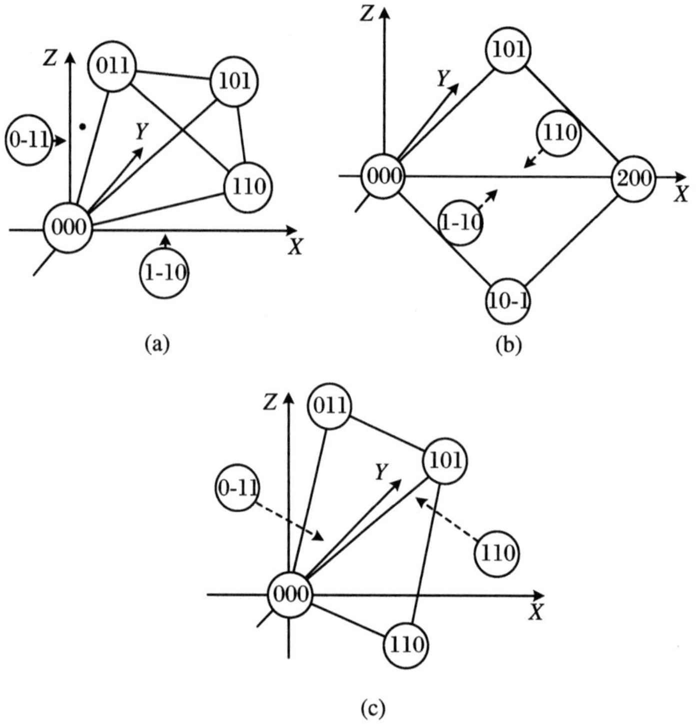

图 2.27　FCC 中的四空位结构

自间隙原子和空位一样，也会结合在一起形成各种复合体。图 2.28 为二间隙原子的结构示意图。

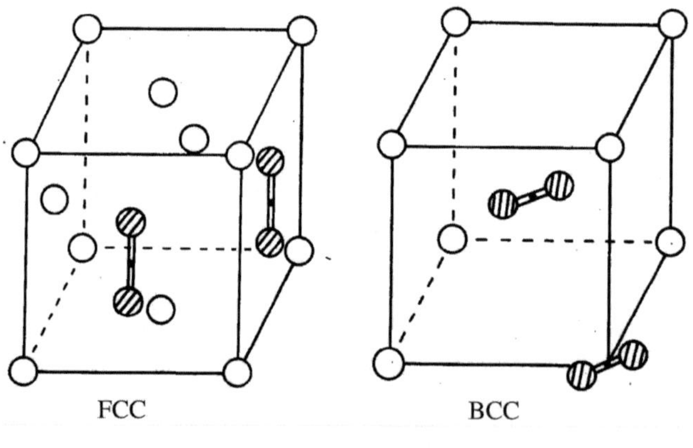

图 2.28　二间隙原子结构

2.9.3 点缺陷与位错的相互作用

在辐照损伤中，点缺陷与位错的相互作用，具有十分重要的意义。而这一点，在既往的晶体缺陷书籍中很少有详细介绍，有些关于位错的著作甚至没有包含位错与点缺陷的相互作用的内容。[35]

位错可以通过应力场与点缺陷发生相互作用，吸引点缺陷不断地流向位错，即点缺陷阱。图 2.29 所示为位错的点缺陷阱模型。在位错线周围有一个圆筒状区域。圆筒状区域的圆截面大小等于 Z_{id}（自间隙原子与位错相互作用时）或 Z_{vd}（空位与位错相互作用时）个晶格面积。在这个模型中，假定点缺陷一旦进入这个圆筒状区域就一定会消失。同时假定位错线与位错线之间的距离足够大，可以不考虑它们之间的相互作用，也不考虑位错与点缺陷的长距离的相互作用。

Z_{id}和 Z_{vd}意味着位错对点缺陷的点缺陷阱作用的强度，与晶体结构和柏氏矢量有关。

由于自间隙原子产生的体积应变要比空位的大许多，所以位错对自间隙原子的吸引力一般都远大于对空位的吸引力，即 $Z_{id} \gg Z_{vd}$。

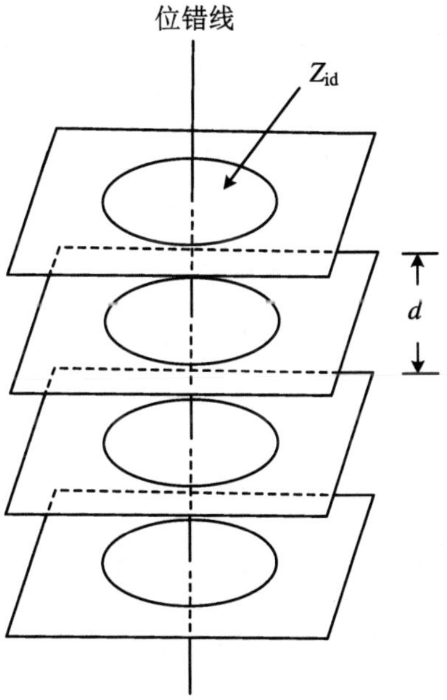

图 2.29 位错的点缺陷阱模型

在辐照损伤形成过程中，位错吸收点缺陷的性质起着非常重要的作用。常用偏压参量 s 来表示位错对两种点缺陷的点缺陷阱强度的差别，即

$$s = \frac{Z_{id} - Z_{vd}}{Z_{id}} \tag{2.16}$$

也有文献在上述偏压参量 s 的定义公式中，将 Z_{vd} 作为分母。[68] 此时，不会影响偏压参量的正负特性，但会影响数值的大小。因此，在比较来自不同文献的偏压参量的数值时，应该注意其定义公式中的分母是否一致。

位错的偏压参量 s 是影响辐照空洞形成的主要因素。偏压强度的分析比较复杂，一般可以认为，柏氏矢量较大的刃型位错，其偏压强度也比较大。因此，$\boldsymbol{b}=\frac{1}{2}\langle 111\rangle$ 刃型位错的偏压小于 $\boldsymbol{b}=\langle 100\rangle$ 刃型位错的偏压。但是，有文献认为铁中 $\boldsymbol{b}=\frac{1}{2}\langle 111\rangle$ 刃型位错的偏压大于 $\boldsymbol{b}=\langle 100\rangle$ 刃型位错的偏压。[68] 因此，通过控制这两种刃型位错出现的比例，有可能影响辐照空洞的长大，进而影响材料的辐照肿胀性能。有报道说，在 Fe-Cr 合金中，这两种刃型位错的比例与合金中铬的成分有关。[68]

冷加工形成的位错与辐照形成的位错的区别在于，前者容易形成大量的螺型位错。所以，辐照形成的位错（主要是位错环）会促进空洞肿胀，对于材料辐照性能来说是有害的。而冷加工形成的位错中含有大量的螺型位错，所以能够抑制空洞肿胀，会有利于改善材料辐照性能。

位错的偏压，不是什么玄乎的概念，而是在辐照实验中能够确实体验到的性质。在高压电镜的电子束辐照实验中，位错环由于不断吸收辐照产生的自间隙原子而不停地长大。这种长大速度就与该位错环的偏压直接相关，偏压越大，吸收的自间隙原子就越多，对于间隙型位错环来说，就长大得越快。在高压电镜的电子束辐照实验中，可以直接观察到这些位错环的长大现象。当然，位错环的长大快慢，除了受自身偏压影响外，还与自间隙原子的产生速率（辐照速率）、自间隙原子的迁移能力（受温度影响）有关。第 7 章将详细介绍高压电镜的电子束辐照实验。

点缺陷阱实际吸收的点缺陷种类与数量不仅与它的偏压有关，而且与两种点缺陷的浓度 C_i、C_v 及迁移率 M_i、M_v 都有关系，可以简单地表达为如下公式：

$$N = C_i M_i Z_{id} - C_v M_v Z_{vd} \tag{2.17}$$

式中，当 $N>0$ 时，表明该点缺陷阱吸收的点缺陷为自间隙原子；当 $N<0$ 时，吸收的则是空位。

根据式(2.16)，因为 $Z_{id}>Z_{vd}$，所以点缺陷阱的偏压数值 s 一般都大于 0，还没有哪种点缺陷阱的偏压小于 0，也就是说，没有哪种点缺陷阱的吸引空位的能力会大于吸引自间隙原子的能力。

当空位浓度 C_v 远远大于自间隙原子浓度 C_i 时，即使偏压大于 0，即 $Z_{id} > Z_{vd}$，也有可能出现吸收的空位数量多于自间隙原子数量的情况。例如，在淬火材料中，只存在空位（肖特基缺陷），而没有自间隙原子。此时，不管点缺陷阱的偏压如何大，它能够吸收的点缺陷只有空位，不会有自间隙原子。

空洞的偏压 s 略大于 0，然而它吸收点缺陷的情况则比较复杂。在高温（此时 M_v 足够大）辐照下，空位浓度 C_v 远大于自间隙原子浓度 C_i，空洞能够不断吸收空位而长大。然而当辐照温度很低，如室温时，M_v 可能等于 0。此时如果样品中早已存在空洞，在室温辐照下，就能够观察到这些空洞由于吸收自间隙原子而不断缩小，乃至消失。[69] 根据这种低温辐照下既存空洞的缩小现象，可能获得点缺陷迁移率 M_i、M_v 的信息，对于材料辐照损伤效应的基础研究很有意义，且有可能为将来修复材料的辐照肿胀提供思路。

另外，要注意的是，即使如螺型位错那样，没有正应力场，Z_{id}、Z_{vd} 都为 0，也是有可能吸收点缺陷的。此时，点缺陷的吸附不是由对点缺陷的吸引力产生的，而是因点缺陷浓度的存在自然引起的。例如，我们都知道带有静电的物体很容易吸引微尘。但是，不带电的物体上面也是会落有微尘的，尤其是当环境中微尘数量特别多的时候。

已知螺型位错吸收空位后，会形成蜷线位错（helical dislocation）。[70] 辐照点缺陷同样会使螺型位错发生螺旋化。螺型位错吸收点缺陷后形成割阶（jog），这个割阶是刃型位错（图 2.30 左），它的偏压不再如螺型位错那样为 0。由于位错的偏压效应，这一刃型位错更容易与间隙原子发生相互作用，从而会促进之后源源不断的点缺陷吸附。这样，割阶部分吸收的间隙原子多于空位（图 2.30 中），最终由于位错线的张力，形成螺旋卷曲形状的位错，即蜷线位错（图 2.30 右）。[71]

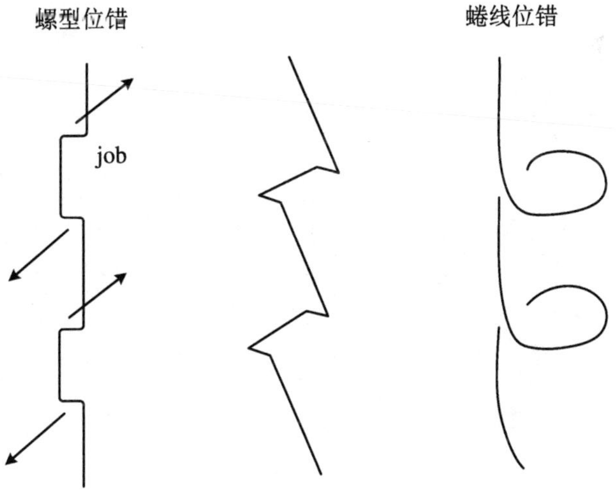

图 2.30　螺型位错发生螺旋化的模拟图

注：箭头为吸收自间隙原子导致的刃型位错上升运动的方向。

图 2.31 所示为中子辐照镍中观察到的螺型位错由于螺旋化形成的蜷线位错。[71] 图 2.32所示为纯铁样品经过变形引入〈111〉方向的螺型位错后，在 276 ℃进行电子辐照时，螺型位错吸收点缺陷后，发生螺旋化连续变形的过程。[72] 由于是薄膜样品，螺型位错的两端固定在试样表面。螺型位错吸收点缺陷的同时，螺旋的半径逐渐变大。最初螺旋圈数较多，螺旋峰高较小。随着电子辐照的继续，螺旋峰高增大，其圈数减少。在中子辐照 Fe-9Cr 合金中，发现形成有蜷线位错。[73] 图 2.33 所示为用于确定这种蜷线位错的柏氏矢量的 ***g*** 矢量条件。该蜷线位错是由螺型位错吸收空位而形成的。在这些蜷线位错的螺旋内部，形成大量小尺寸的间隙型〈111〉位错环。

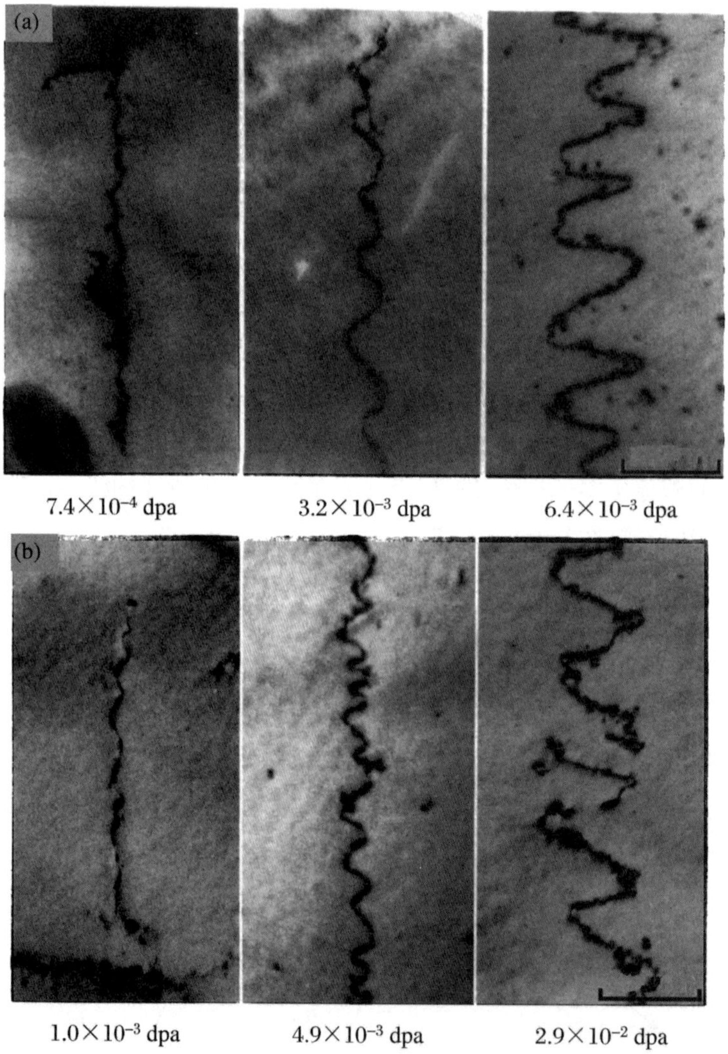

图 2.31　290 ℃的 14 MeV 中子(a)和 300 ℃的裂变中子(b)辐照后镍中的蜷线位错

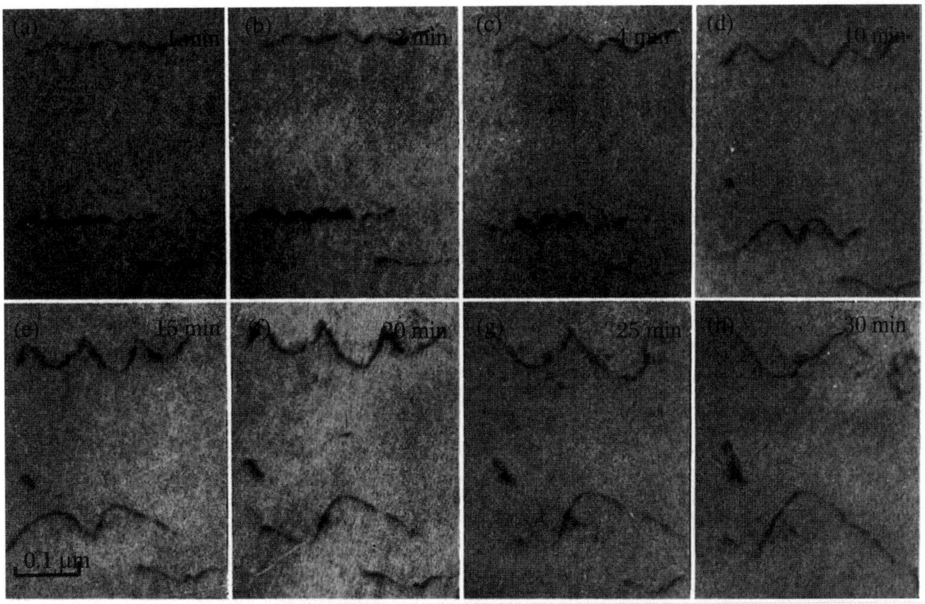

图 2.32　高纯铁的电子束辐照

注：点缺陷与螺型位错的相互作用。辐照条件：加速电压 650 kV，辐照速率 2.7×10^{18} e/(cm^2 · s)。

2.10　自间隙原子团簇的一维迁移

很早以前，在铝、铜和镍等 FCC 金属的中子辐照实验中，发现一个重要现象，即在低剂量下可以产生高肿胀量，然而此时的位错密度却非常低。因此人们认识到，辐照肿胀现象不能只通过“位错陷阱偏压”来解释。此时需要采用所谓“产生偏压”，即自间隙原子团簇的一维迁移(one dimension migration)机制来解释。[74]

近些年，自间隙原子团簇的一维迁移是一个比较热门的话题。[75]作为单个点缺陷，自间隙原子与空位的迁移能之间存在巨大差异，这种差异也是引起材料辐照损伤的主要原因。关于点缺陷团簇的情况，一般来说空位团簇的迁移性能远低于单个的空位。但是，自间隙原子聚集在一起形成团簇后，会出现一维迁移现象，它所具有的自间隙原子输送能力远超过单个点缺陷的三维扩散所能够实现的自间隙原子输送能力，因此有可能持续地将自间隙原子移送到晶界或材料表面，从而加剧基体内两种点缺陷浓度之间的不平衡，其对材料辐照损伤的影响不容忽视。

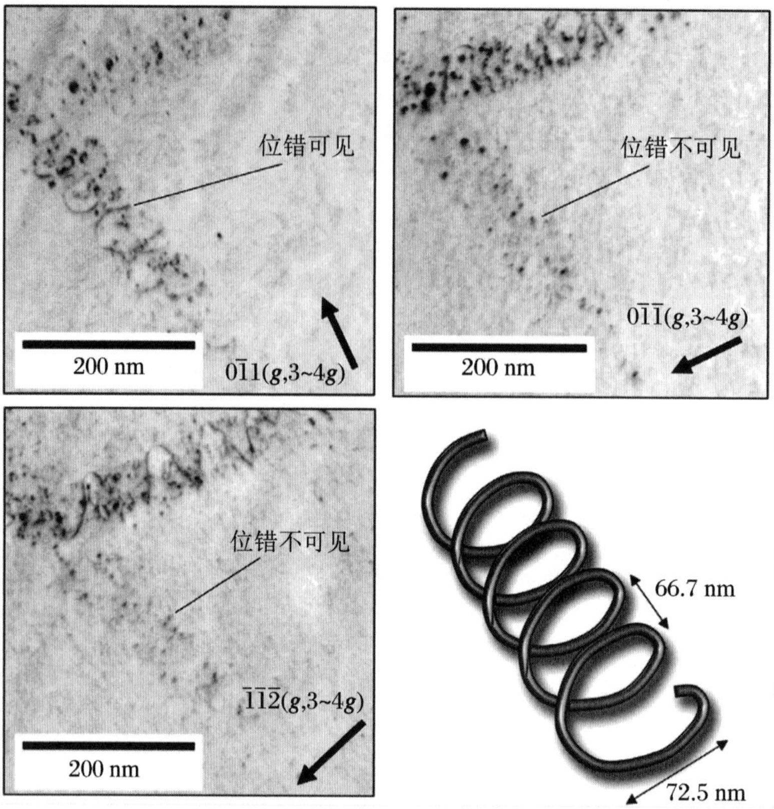

图 2.33　表示用于确定蜷线位错的柏氏矢量的 g 矢量条件[73]

上述提到的两种偏压，即位错陷阱偏压与产生偏压的区别在于，前者是通过三维运动吸收单个的自间隙原子，后者则通过一维迁移方式吸收自间隙原子团簇。在中子辐照时，两种偏压都会发挥作用，但二者作用各占的比例大小则与材料基体状态有关。按照纯金属、简单合金、实用钢种的顺序，自间隙原子团簇的一维迁移的平均距离会逐渐减小，因此产生偏压的重要性也随之降低。

图 2.34 所示为在辐照级联过程中出现的自间隙原子团簇的一维迁移现象。[76]当自间隙原子团簇通过一维移动离开级联损伤区域后，自间隙原子浓度与空位浓度之间的差距进一步增大，其结果是增大了所谓的产生偏压。此时，空位的扩散方式是单个空位逐个晶格的随机运动。而自间隙原子成为团簇，以直线的一维迁移方式从级联区域迅速扩散出去。这样，空位更加容易残留在级联区域，从而使得空洞更容易形核和长大。以前一般认为，刃型位错具有的位错偏压(dislocation bias)效应才是空洞形成的主要原因。然而实际上在那些没有观察到刃型位错的地方，也可能有空洞形成，此时的空洞形成原因就是自间隙原子团簇的一维迁移。

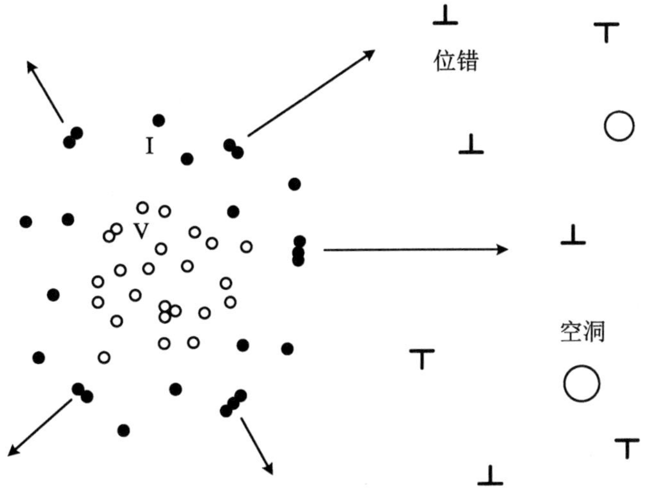

图 2.34 级联过程中的自间隙原子团簇的一维迁移

虽然自间隙原子团簇会形成一个位错环，但一维迁移现象中所包含的原子协同扩散机制在传统的位错理论中并没有涉及。因为一个位错环中相向部分的位错线段的性质总是相反的，因此不可能在同一个外加的剪应力作用下，整个位错环朝着同一个方向滑移。由于位错环各处的柏氏矢量相同，如果对位错环的左右两端施加同一个剪应力，位错环会随着应力方向变形，而位错环的重心则不能移动。然而在一维迁移过程中，由于热激活的原因，构成位错环的自间隙原子（挤列）沿着柏氏矢量方向滑移。这种一维迁移的方向，在 FCC 金属中为〈110〉方向，而在 BCC 金属中则为〈111〉方向。另外，在传统的位错理论中，认为位错的移动需要克服皮尔斯－纳巴罗（Peierls-Nabarro）阻力。这一看法也阻碍了人们对自间隙原子团簇的一维迁移现象的理解。有研究发现，即使没有用以驱动位错环的应力，α 铁中的 $\boldsymbol{b}=\frac{1}{2}\langle 111\rangle$ 的纳米尺度的位错环也会出现一维迁移。[77]团簇尺寸与一维迁移之间存在密切的关系，只有那些尺寸很小的自间隙位错环才能够发生一维迁移，其迁移性与团簇中的自间隙原子数量的平方根成反比。[78]单质金属如 α 铁中，尺寸较大（大于 5.9 nm）的自间隙位错环在热激发下也能发生一维迁移。

有人说，因为从能量上看，刃型位错环更容易攀移，而不是滑移。这样说是有点问题的。实际上，刃型位错环在外加应力下不可能滑移。因为在同一外加应力作用下，位错环左右两端的运动方向刚好相反。但是，位错环的一维迁移也是滑移，并没有很大能量问题。如 7.3 节所述，位错环的一维迁移的驱动力不是外加应力，而是点缺陷浓度梯度。所以说，刃型位错环的滑移面临的不是能量问题，而是驱动力问题。如果驱动力合适的话，这个力并不需要很大。在辐照下更经常观察到的确实是刃型位错环攀移（刃型位错环的长大或缩小），这是因为不断产生的辐照点缺陷与刃型位错环发生相互作用。由于辐照实验中一般不会产生能够推动位错环一维迁移的点缺陷浓度梯度，所以很少观察到一维迁移现象。

一般来说，很难在实验中观察到图 2.34 所示的级联过程中的一维迁移现象。现在的一维迁移研究大多采用分子动力学等计算机模拟方法。[78-79] Kuramato 利用静态弛豫法计算了自间隙原子位错环的迁移能，发现当位错环很小时，其迁移能小于单个自间隙原子的迁移能，表明这种位错环的移动确实属于热激活过程的原子团簇运动。[80]

关于自间隙位错团簇的一维迁移与空洞长大之间的相关性，实验上的直接证明不多。以前发现的附近没有位错的晶界旁边也会出现空洞长大，因为无法利用位错偏压的机制来说明，从而需要利用一维迁移机制来解释。对于目前核材料研究领域比较热门的高熵合金，卢晨阳等认为，自间隙型位错环的一维迁移性能的降低，即自间隙原子团簇从长程一维迁移变为短程三维迁移，可以有更高的几率与空位回复，进而抑制辐照损伤，这是高熵合金抗辐照性能得以提高的原因。[81-82] 关于高熵合金中的自间隙原子团簇一维迁移现象，除了计算机模拟计算研究[81-82]，也在原位离子辐照实验中获得了初步结果。[83-84]

超高压透射电镜在自间隙原子团簇的一维迁移观察实验中发挥了很大的作用。此时利用电子束辐照产生自间隙原子团簇（位错环），然后利用录像原位观察这些位错环的变化。对于铁等一般材料来说，使用的是加速电压为 1000 kV 的高压电镜。而对于钨，由于其离位能高（E_d>40 eV），需要使用加速电压为 2000 kV 的高压电镜。[85] 在铁试样电子辐照实验中，观察到自间隙原子团簇会出现瞬发的不规则的一维迁移（沿一个方向的移动或往复运动）。一般认为，产生这种一维迁移现象的原因是，在自间隙原子团簇处被捕获的杂质原子，即柯垂尔气团（Cottrell atmosphere）受到高能电子辐照后，从这些团簇脱离出去，从而使得原本静止的自间隙原子团簇能够迁移。通过不同纯度的铁试样，发现这种一维迁移受到杂质原子的影响。[86-87] 就铁中合金元素的影响来说，硅和铜都会减少这种一维迁移的频率和行程。[87] 纯钒和 V-5Ti 合金的实验发现，关于自间隙原子位错环一维迁移的影响程度，V-5Ti 合金要小于纯钒。[88] 随着温度的降低，一维迁移的移动距离显著变短。在 −23～27 ℃范围内钉扎位错环的是杂质原子，而在 −163～−73 ℃范围内钉扎位错环的则是高浓度空位。[89]

不过，柯垂尔气团虽然可以用来解释对一维迁移的阻碍作用，但这种解释存在两个问题。一是将杂质原子从捕获位置撞击出去，不同于将晶格原子从晶格位置撞击出去，不需要太高的击出能量，因为杂质原子与自间隙原子的结合能比较小。此时，为了击出柯垂尔气团中的杂质原子，并不一定需要超高压电镜的电子束辐照。另外，柯垂尔气团不止是一个杂质原子，电子束辐照时不可能同时击出气团中的所有杂质原子，总还是有部分杂质原子仍然吸附在位错环上。因此，不可能瞬间使得位错环脱离柯垂尔气团所有杂质原子的吸附。二是脱离了杂质捕获的位错环，在进行一维迁移时，迁移方向可能与柏氏矢量方向平行，也可能与柏氏矢量方向反平行，因此还是无法从柯垂尔气团的角度来解释实际观察到的一维迁移现象。[90] 7.3 节将详细讨论这一问题，主要观点认为一维迁移的驱动力来自点缺陷浓度梯度。

对于国内缺乏超高压透射电镜实验条件的研究人员来说，普通的加速电压为 200 kV 的低压透射电镜也有可能作为电子束辐照源。例如，纯铝的击出能量阈值 E_d 为 16 eV，而加速电压为 200 kV 的电子在铝中能够产生的最大损伤能量为 19.5 eV。[91] 实际上，利用低压透射电镜在铝中观察到了辐照产生的位错环。[92] 从这点来说，可以利用一般的低压透射电镜和纯铝样品，开展自间隙原子团簇的一维迁移实验的观察实验。7.3 节详细介绍了纯铝中观察到的位错环的一维迁移现象。

另一种观察一维迁移现象的实验方法，是利用离子加速器与低压透射电镜的联机装置进行原位离子辐照。离子加速器的离子辐照用于产生位错环，并促进位错环脱离钉扎位置进行一维迁移。低压透射电镜则可以对位错环进行原位观察，记录所发生的一维迁移现象。[83] 随着国内同类装置的投入运行[93]，将有可能推进国内的此项研究。

以前一般认为，只有自间隙原子团簇才会出现一维迁移现象。但是，现在也有关于空位型位错环的一维迁移现象的研究。[94] 该研究发现，一个空位团簇在两个空位型层错四面体之间来回进行一维迁移，最后本身也形成一个层错四面体。根据该研究的估算，金中的单个空位的迁移能为 0.85 eV，空位型位错环一维迁移的有效迁移能为 0.22～0.23 eV，可见空位型位错环一维迁移的有效迁移能远低于单个空位的迁移能，表明该空位型位错环的一维迁移确实与单个空位的运动无关。产生一维迁移的自间隙原子团簇是由挤列构成的，虽然空位型位错环不会有挤列，但仍可以认为它们会出现与挤列类似的(如稀疏排列的“疏列”，voidion)原子结构。

这里还有一个涉及一维迁移的猜想。例如，位错环发生一维迁移时的运动速度，就可能会与辐照损伤速率发生关系。如果第一个级联过程产生的自间隙原子位错环，在通过一维迁移运动到晶界的过程中，不与第二个级联过程相遇，那么第一个级联过程就是有效的。如果辐照损伤速率低于这两个级联过程的时间间隔(或称为临界速率)，那么这种低辐照损伤速率就是有效的。当辐照损伤速率大于临界速率，两个级联过程将会发生相互影响，从而需要低估辐照损伤速率的影响。这里的临界速率，不仅取决于一维迁移的运动速度，也取决于晶粒尺寸，即达到晶界的距离。一维迁移的运动速度越大，或者晶粒尺寸越小，临界速率就随之增加。

总之，关于点缺陷团簇的一维迁移，还存在太多的未知问题，有待今后进一步探明。

参考文献

[1] 冯端，等. 金属物理学第一卷：结构与缺陷[M]. 北京：科学出版社，1987.

[2] Agullo-Lopez F, Catlow C R A, Townsend P D. Point Defect in Materials[M]. New York: Academic Press, 1988.

[3] Hull D, Bacon D J. Introduction to Dislocations[M]. 3rd ed. Oxford: Pergamon Press, 1984.

[4] 铃木秀次. 格子欠陥[M]. 東京：共立出版社，1978.

[5] 石野栞. 照射損傷[M]. 東京：東京大学出版社，1979.

[6] Suezawa M, Fukata N, Iijima Y, et al. Formation and migration energies of a vacancy and an interstitial in a high-purity Si crystal determined by detecting complesxes of point defects and hydrogen: evaluation of activation energies of self-diffusion[J]. Japanese Journal of Applied Physics, 2014, 53(9): 91302.

[7] Woo C H. Frank W. Void growth and vacancy migration enthalpy in alpha-iron[J]. Radiation Effects and Defects in Solids, 1983, 77(1-2): 49-55.

[8] 鈴木啓史，大久保忠恒. ZrおよびTiに対する原子間ポテンシャルの評価[J]. Journal of Society Mataterials Science Japan, 2000, 49(3): 282-289.

[9] Bachurin D V, Stihl C, Vladimirov P V. Ab initio study of hydrogen in titanium beryllides[J]. Computational Materials Science, 2024, 231: 112419.

[10] Willaime F, Fu C C, Marinica M C, et al. Stability and mobility of self-interstitials and small interstitial clusters in α-iron: ab initio and empirical potential calculations[J]. Nuclear Instruments and Methods in Physics Research Section B: Beam Interactions with Materials and Atoms, 2005, 228(1): 92-99.

[11] Eyre B L, Bullough R. On the formation of interstitial loops in b.c.c. metals[J]. Philosophical Magazine, 1965,12(115): 31-39.

[12] Chen Z, Kioussis N, Ghoniem N, et al. Strain-field effects on the formation and migration energies of self interstitials in α-Fe from first principles[J]. Physical Review B: Condensed Matter and Materials Physics, 2010, 81(9): 94102.

[13] Peng Q, Ji W, Huang H, et al. Stability of self-interstitial atoms in hcp-Zr[J]. Journal of Nuclear Materials, 2012, 429(1-3): 233-236.

[14] Harder J M, Bacon D J. The structure of small interstitial clusters in b.c.c metals modelled with N-body potentials[J]. Philosophical Magazine A, 1988, 58(1): 165-178.

[15] Dudarev S L. Density functional theory models for radiation damage[J]. Annual Review of Materials Research, 2013, 43(1): 35-61.

[16] Johnson R A. Interstitial and vacancies in α iron[J]. Physical Review, 1964, 134(5A): A1329.

［17］ 神山栄治，末冈浩治. 中性真性点欠陥形成エネルギーのSi/Ge 比較［C］//日本第 60 届応用物理学会春季大会論文集，2013.

［18］ Amino T，Arakawa K，Mori H. Activation energy for long-range migration of self-interstitial atoms in tungsten obtained by direct measurement of radiation-induced point-defect clusters［J］. Philosophical Magazine Letters，2011，91(2)：86-96.

［19］ Ullmaier H. Atomic Defects in Metals［M］. Berlin：Springer，1991.

［20］ Okamoto P R，Wiedersich H. Segregation of alloying elements to free surfaces during irradiation［J］. Journal of Nuclear Materials，1974，53：336-345.

［21］ 中嶋英雄. Kirkendall 効果の発見にまつわるエピソード［J］. Materia Japan，1995，34(4)：461-467.

［22］ Domain C，Becquart C S. Ab initio calculations of defects in Fe and dilute Fe-Cu alloys［J］. Physical Review，2001，65(2)：24103.

［23］ Corbett J W. Low-temperature recovery in irradiated copper［J］. Physical Review，1965，137 (6A)：1806.

［24］ 美浦康弘. 結晶格子欠陥入門［J］. Materia Japan，2006，45(4)：283-288.

［25］ Was G S. Fundamentals of Radiation Materials Scienceimetals and Alloys［M］. 2nd ed. New York：Springer，2017.

［26］ Simmons R O，Balluffi R W. Measurements of equilibrium vacancy concentrations in aluminum ［J］. Physical Review，1960，117(1)：52.

［27］ Simmons R O，Balluffi R W. Measurement of the equilibrium concentration of lattice vacancies in silver near the melting point［J］. Physical Review，1960，119(2)：600.

［28］ Kiritani M，Satoh Y，Kizuka Y，et al. Anomalous production of vacancy clusters and the possibility of plastic deformation of crystalline metals without dislocations［J］. Philosophical Magazine Letters，1999，79(10)：797-804.

［29］ Kiritani M，Sota T，Tawara T，et al. Defect structures introduced in FCC metals by high-speed deformation［J］. Radiation Effects and Defects in Solids，2002，157(1-2)：53-74.

［30］ Gao L，Yi X，Wilde M，et al. Early-stage structure and evolution mechanism of hydrogen supersaturated surface layers on tungsten under low-energy plasma exposure［J］. Acta Materialia，2023，256：119137.

［31］ 伊藤憲昭. はじき出しを起こさない固体内衝突による照射効果［J］. 応用物理，1998，67(6)：638-647.

［32］ Zu X T，Wan F R，Zhu S，et al. Irradiation-induced martensitic transformation of TiNi shape memory alloys［J］. Physica B：Condensed Matter，2004，351(1-2)：59-62.

［33］ Lei Y，Qin X，Wan F R，et al. In-situ observation of martensitic transformation in Cu-Al-Mn cryogenic shape memory alloy［J］. Fusion Engineering and Design，2017，125：603-607.

[34] Bian Z Y, Song J, Liu P P, et al. In situ observation of thermoelastic martensitic transformation of Cu-Al-Mn cryogenic shape memory alloy with compressive stress[J]. Materials, 2022, 15(11): 3794.

[35] 钱临照. 晶体中的位错[M]. 北京: 北京大学出版社,2014.

[36] 蔵元英一. 結晶転位論の基礎[J]. Materia Japan,2009, 48(4): 181-184.

[37] Little E A, Bullough R, Wood M H. On the swelling resistance of ferritic steel[C]. Proceedings of the Royal Society of London. A, 1980, 372(1751): 565-579.

[38] Konobeev Y V, Dvoriashin A M, Porollo S I, et al. Swelling and microstructure of pure Fe and Fe-Cr alloys after neutron irradiation to 26 dpa at 400 ℃[J]. Journal of Nuclear Materials, 2006, 355(1-3): 124-130.

[39] Lavrentiev M Y, Nguyen-Manh D, Dudarev S L. Chromium-vacancy clusters in dilute bcc Fe-Cr alloys: an ab initio study[J]. Journal of Nuclear Materials, 2018, 499(7): 613-621.

[40] 杜玉峰,崔丽娟,万发荣. 室温注氢 Fe-Cr 合金在不同温度退火后位错环的表征[J]. 工程科学学报, 2015, 37(1): 1-8.

[41] Yao Z, Hernandez-Mayoral M, Jenkins M L, et al. Heavy-ion irradiations of Fe and Fe-Cr model alloys Part 1: damage evolution in thin-foils at lower doses[J]. Philosophical Magazine, 2009, 88(21):2851.

[42] 崔丽娟,高进,杜玉峰,等. 氢离子辐照纯钒中形成的位错环[J]. 物理学报. 2016,65(6): 066102.

[43] Xu C, Lu Y, Fu Z Y, et al. In-situ TEM characterization of the tensile deformation of ionirradiated HT-UPS steel at RT and 400 ℃[J]. Journal of Nuclear Materials, 2020, 529(C): 151911.

[44] Du Y F, Yoshida K, Shimada Y, et al. In-situ WB-STEM observation of dislocation loop behavior in reactor pressure vessel steel during post-irradiation annealing[J]. Materialia, 2020, 12: 100778.

[45] Arakawa K, Hatanaka M, Kuramoto E, et al. Changes in the burgers vector of perfect dislocation loops without contact with the external dislocations[J]. Physical Review Letters, 2006, 96(12): 125506.

[46] Yoshida S, Shimomura Y. New type dislocation loops in quenched aluminum[J]. Journal of the Physical Society of Japan, 1963, 18(11): 1590-1593.

[47] Shimomura Y. Annealing of secondary defects in quenched aluminum[J]. Journal of the Physical Society of Japan, 1965, 20(6): 965-979.

[48] Shimomura Y, Yoshida Y. Formation of double layer stacking fault dislocation loops[J]. Journal of the Physical Society of Japan, 1965, 20(9): 1667-1673.

[49] Edington J W, West D R. Four-layer defects in quenched aluminium[J]. The Philosophical

Magazine, 1967, 15(134): 229-236.

[50] Shimomura Y, Manmoto Y, Yoshida S. Effects of atmospheres on the formation of secondary defects in quenched pure aluminum[J]. Journal of the Physical Society of Japan, 1966, 21(2): 396.

[51] Ma K, Décamps B, Fraczkiewicz A, et al. Drastic influence of micro-alloying on Frank loop nature in Ni and Ni-based model alloy[J]. Materials Research Letters, 2020, 8(5): 201-207.

[52] Cui L J, Du Y F, Yang H L, et al. Nested loops explain low irradiation-induced swelling rate [J]. Acta Materialia, 2024, 267: 119700.

[53] Silcox J, Hirsch P B. Direct observations of defects in quenched gold[J]. Philosophical Magazine, 1959, 4(37): 72-89.

[54] Schibli R, Schäublin R. On the formation of stacking fault tetrahedra in irradiated austenitic stainless steels: a literature review [J]. Journal of Nuclear Materials, 2013, 442 (1-3): S761-S767.

[55] Loretto M H, Phillips P J, Mills M J. Stacking fault tetrahedra in metals[J]. Scripta Materialia, 2015, 94: 1-4.

[56] Smallman R E. 现代物理冶金学[M]. 张人佶,译.北京:冶金工业出版社,1980.

[57] 坂公恭. 結晶転位論[M].東京:丸善出版社,2015.

[58] Hardy G J, Jenkins M L. Evidence for stacking-fault tetrahedra formed from self-interstitials in electron-irradiated silver[J]. Philosophical Magazine A, 1985, 52(2): L19-L23.

[59] 小島聡.電子顕微鏡法による面心立方金属・合金の照射損傷とその点欠陥素過程の研究[D]. 札幌:北海道大学,1988.

[60] Marinica M C, Willaime F, Crocombette J P. Irradiation-induced formation of nanocrystallites with C15 laves phase structure in bcc iron[J]. Physical Review Letters, 2012, 108(2): 25501.

[61] 松川义孝, Zinkle S J. 転位と積層欠陥四面体の相互作用過程の動的観察[J]. Materia Japan, 2004, 43(12): 1005.

[62] Satoh Y, Yoshiie T, Mori H, et al. Formation of stacking-fault tetrahedra in aluminum irradiated with high-energy particles at low-temperatures[J]. Physical Review B, 2004, 69 (9): 94108.

[63] 佐藤裕樹,義家敏正. アルミニウムおよびアルミニウム合金の高速変形組織[J]. 軽金属, 2007, 57(2): 80-87.

[64] Segall R L, ClarebroughL M. Influence of oxidizing and reducing treatments on vacancy clustering in gold[J]. Philosophical Magazine, 1964, 9(101): 865-877.

[65] Siegel R W. An investigation of the vacancy annealing kinetics and precipitate structure in quenched gold[J]. Philosophical Magazine, 1966, 13(122): 337-358.

[66] Baluffi R W. Vacancy defect mobilities and binding energies obtained from annealing studies

[J]. Journal of Nuclear Materials, 1978, 69-70: 240-263.

[67] Jong M D, Koehler J S. Annealing of pure gold quenched from above 800 ℃ [J]. Physical Review, 1963, 129(1): 49.

[68] Chang Z W, Terentyev D, Sandberg N, et al. Anomalous bias factors of dislocations in bcc iron[J]. Journal of Nuclear Materials, 2015, 461: 221-229.

[69] Fan C, Sreekar A R G, Shang Z, et al. Radiation induced nanovoid shrinkage in Cu at room temperature: an in situ study[J]. Scripta Materialia, 2019, 166:112-116.

[70] Hirth J P, Lothe J. Theory of dislocations[M]. New Work: McGraw-Hill, 1968: 569.

[71] 義家敏正. FCC金属中の既存欠陥を用いた中性子照射損傷構造発達過程の研究[J]. 電子顕微鏡, 2002, 37(3): 172-177.

[72] 竹山太郎. 超高圧電子顕微鏡による電子線照射損傷と材料科学[J]. 電子顕微鏡, 1976, 11(1): 21-28.

[73] Haley J C, Liu F, Tarleton E, et al. Helical dislocations: observation of vacancy defect bias of screw dislocations in neutron irradiated Fe-9Cr[J]. Acta Materialia, 2019, 181: 173-184.

[74] Singh B N, Zinkle S J. Defect accumulation in pure fcc metals in the transient regime: a review [J]. Journal of Nuclear Materials, 1993, 206(2-3): 212-229.

[75] Wirth B D. How does radiation damage materials? [J]. Science, 2007, 318:923.

[76] 石野栞,蔵元英一,曾根田直樹. 原子のはじき出しと照射欠陥[J]. Journal of Plasma and Fusion Research, 2008, 84(5):258.

[77] Arakawa K, Ono K, Isshiki M, et al. Observation of the one-dimensional diffusion of nanometer-sized dislocation loops[J]. Science, 2007, 318(5852):956.

[78] Derlet P M, Gilbert M R, Dudarev S L. Simulating dislocation loop internal dynamics and collective diffusion using stochastic differential equations[J]. Physical Review B, 2011, 84(13): 134109.

[79] Li Y, Boleininger M, Robertson C, et al. Diffusion and interaction of prismatic dislocation loops simulated by stochastic discrete dislocation dynamics[J]. Physical Review Materials, 2019, 3(7): 73805.

[80] Kuramoto E. Computer simulation of fundamental behaviors of interstitial clusters in Fe and Ni [J]. Journal of Nuclear Materials, 2000, 276(1-3): 143-153.

[81] Lu C Y, Niu L L, Chen N J, et al. Enhancing radiation tolerance by controlling defect mobility and migration pathways in multicomponent single-phase alloys[J]. Nature Communications, 2016, 7(7):13564.

[82] Lu C Y, Yang T N, Niu L L, et al. Interstitial migration behavior and defect evolution in ion irradiated pure nickel and Ni-xFe binary alloys[J]. Journal of Nuclear Materials, 2018, 509(C): 237-244.

[83] Shi S, Bei H B, Robertson I M. Impact of alloy composition on one-dimensional glide of small dislocation loops in concentrated solid solution alloys[J]. Materials Science and Engineering: A, 2017, 700: 617-621.

[84] Yang G, Wu Y K, Ding Y F, et al. Effect of ion flux on one-dimensional migration of dislocation loops in Fe9Cr1.5W0.4Si F/M steel during in-situ Fe^{+} irradiation[J]. Journal of Nuclear Materials, 2023, 579: 154412.

[85] Amino T, Arakawa K, Mori H. Detection of one-dimensional migration of single self-interstitial atoms in tungsten using high-voltage electron microscopy[J]. Scientific Reports, 2016, 1 (1):26099.

[86] Satoh Y, Matsui H, Hamaoka T. Effects of impurities on one-dimensional migration of interstitial clusters in iron under electron irradiation[J]. Physical Review B, 2008, 77(9):094135.

[87] Hamaoka T, Satoh Y, Matsui H. One-dimensional motion of interstitial clusters in iron-based binary alloys observed using a high-voltage electron microscope[J]. Journal of Nuclear Materials, 2013, 443(1-3): 180-187.

[88] Hayashi T, Fukumuto K, Matsui H. In situ observation of glide motions of SIA-type loops in vanadium and V-5Ti under HVEM irradiation[J]. Journal of Nuclear Materials, 2002, 307 (Part b): 993-997.

[89] Satoh Y, Abe Y, Abe H, et al. Vacancy effects on one-dimensional migration of interstitial clusters in iron under electron irradiation at low temperatures[J]. Philosophical Magazine. 2016, 96(21):2219.

[90] 李然然,张一帆,殷玉鹏,等. 注氢纯铝中间隙型位错环一维迁移现象的原位观察[J]. 物理学报, 2022, 71(1): 191-200.

[91] Williams D B, Carter C B. Transmission Electron Microscopy[M]. 2nd ed. New York: Springer, 2009.

[92] 李杰,高进,万发荣. 电子束辐照下的注氘铝的结构变化[J]. 物理学报, 2016, 65(2): 266-272.

[93] Huang M J, Li Y P, Ran G, et al. Cr coated Zr-4 alloy prepared by electroplating and its in-situ He+ irradiation behavior[J]. Journal of Nuclear Materials, 2020, 538: 152240.

[94] Matsukawa Y, Zinkle S J. One-dimensional fast migration of vacancy clusters in metals[J]. Science, 2007, 318(5852): 959-962.

第 3 章

辐照过程分析的初步理论

辐照损伤的基本理论建立在二体碰撞的基础上，并假定碰撞物体为没有复杂结构的单一固体。这一理论在 20 世纪 50 年代末期就已大体完成。后来，随着计算机技术的不断发展，许多复杂效应的计算成为可能，辐照损伤理论逐渐趋于完善，同时变得更加复杂。然而，初步理论中已经包括了辐照损伤的一些基本物理概念，借助这些初步理论，无需计算机就可以估算出辐照损伤量的大小。

3.1 辐照损伤分析的基本概念

3.1.1 辐照过程的碰撞问题

辐照过程的碰撞是一个非常复杂的问题。为了便于分析，常常需要作一些简化。

1. 二体碰撞

辐照中的碰撞实际上是一个多体问题。与固体物性的其他现象一样，材料中的原子之间都会发生作用。然而，在处理辐照的碰撞现象时，一般只考虑直接参与碰撞的两个物体，即入射粒子和被碰撞的靶原子，忽略材料中其他相邻原子对这一碰撞的影响。

2. 原子碰撞和原子核碰撞

原子的尺度等于其轨道电子产生的电子云的尺度，约为 10^{-8} cm，而原子核的尺度只有 10^{-12} cm。入射粒子先与靶原子的电子云碰撞，穿过电子云后才能与靶原子核发生碰撞。前者称为原子碰撞(或电子碰撞)，后者称为原子核碰撞。原子碰撞的结果是将靶原子的电子激发到高能量状态。原子核碰撞的结果常会将靶原子弹击出晶格位置。入射中子因为本身不带电荷，辐照时主要是原子核碰撞。而入射离子和电子均带有电荷，入射能量的大部分都将消耗于原子碰撞，只有很少一部分能量作用在原子核碰撞上。

3. 弹性碰撞和非弹性碰撞

在弹性碰撞假定中，入射粒子与靶原子相互碰撞后，不会放出新的粒子，自身也不会被激发或嬗变成其他粒子，也就是说两个碰撞物体的内部状态不会发生任何变化，碰撞前后两个物体的动能以及动量仍然满足守恒定律。弹性碰撞主要用于分析原子核碰撞。原子碰撞则相应地称为非弹性碰撞，它不会产生晶体原子离位性质的辐照损伤。但在分析入射离子的射程以及辐照缺陷的分布时，非弹性碰撞起着极其重要的作用。

3.1.2 坐标系选择

在对二体碰撞进行动力学分析时，有三种选取坐标系的方法。

第一种是实验室坐标系。以实验室为静止参照物，碰撞前靶原子处于静止状态，受到速度为 V_1 的入射粒子碰撞后，靶原子和入射粒子的运动状态均发生改变，如图 3.1(a)所示。第二种是相对运动坐标系。此时认为靶原子为静止参照物，如图 3.1(b)所示。入射粒子以速度 V 与靶原子碰撞后，以散射角 θ 和速度 V' 继续运动。第三种是质心坐标系，即以参加碰撞的两个物体的质心为静止参照物，如图 3.1(c)所示。在这种前提下，两个物体分别以速度 W_1 和 W_2 相向运动，碰撞后又分别以速度 W_1' 和 W_2' 背向运动。

图 3.2 所示为实验室坐标系、相对运动坐标系和质心坐标系的速度与散射角之间的关系。图 3.2 中，线段 AB 表示 V_1。以 B 为圆心，以 $M_1V_1/(M_1+M_2)$ 为半径画圆。线段 CB 表示质心速度 V_c，线段 $AC=W_1$。然后以 $M_2V_2/(M_1+M_2)$ 为半径，以 B、C 为圆心分别画圆。过 C 点以倾角 ϕ 作直线交圆于 D 点。过 D 点作 CB 的平行线 ED。延长直线 EC 交圆于 F 点，延长直线 DB 交 B 圆于 G 点。则有 $CD=V_1'$，$CF=W_2'$，$CG=V_2'$。

M_1 为入射粒子的质量，M_2 为靶原子的质量。在实验室坐标系中，质心的运动速度 V_c 为

$$V_c=\frac{M_1V_1}{M_1+M_2} \tag{3.1}$$

在碰撞发生前后，质心运动速度不会改变。实验室坐标系中的两个物体自身的速度应为它们各自在质心坐标系中的运动速度与质心本身的运动速度的矢量和，所以

$$\begin{aligned} W_k &= V_k - V_c \\ W_k' &= V_k' - V_c \quad (k=1,2) \end{aligned}$$

根据能量守恒与动量守恒定律，质心坐标系中的二个物体速度矢量的绝对值在碰撞前后不会改变，其方向则刚好相反。

质心坐标系中的散射角只有一个 θ，而实验室坐标系中有两个角度：ϕ 和 ψ。

从图 3.2 可得到从实验室坐标系转换到质心坐标系的图解方法，即

$$\psi=\frac{\pi}{2}-\frac{\theta}{2}$$

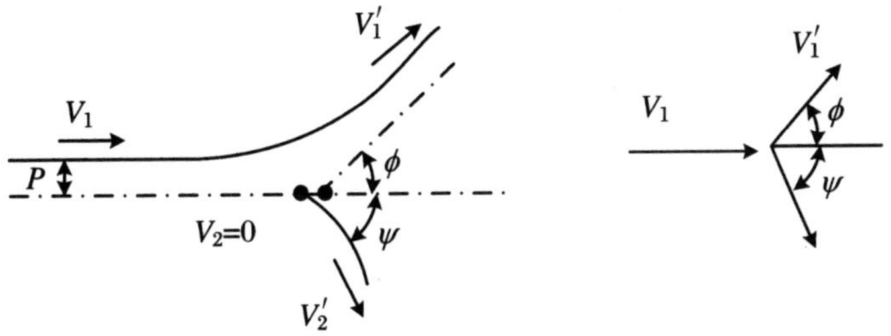

(a) 相对运动坐标系

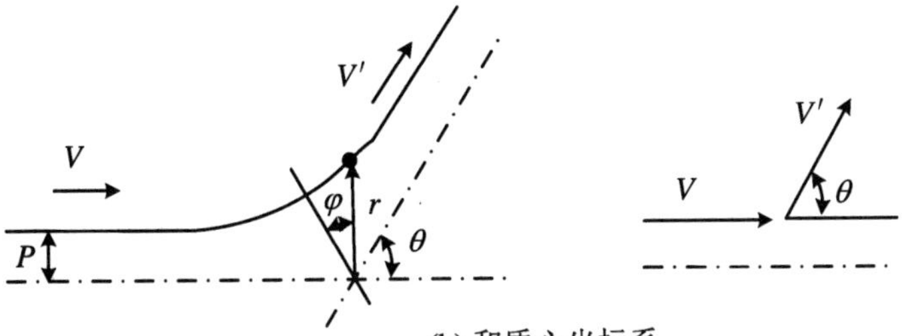

(b) 和质心坐标系

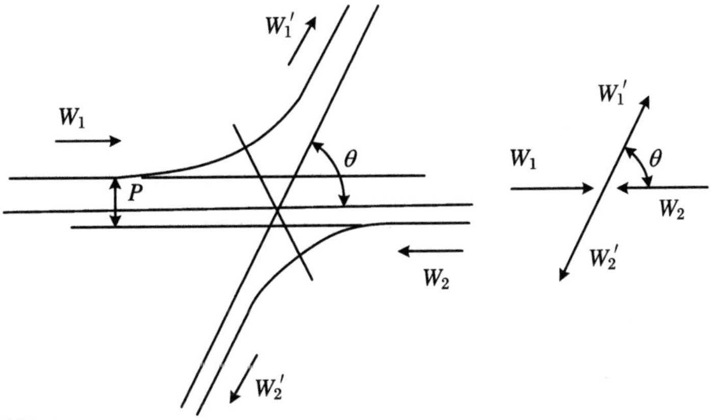

(c) 中的碰撞关系

图 3.1　实验室坐标系

式中，ψ 从 $\pi/2$ 变到 0 时，θ 则从 0 变到 π。$\psi=0$ 意味着两个物体发生正面碰撞。从图 3.2 可知：

$$V_2' = 2V_c\cos\psi = 2V_c\sin\frac{\theta}{2}$$

即 $\theta=\pi$ 时，V_2'取最大值。

由此可知，被撞击粒子获得的最大能量 $E_{p,\max}$为

$$E_{p,\max} = \frac{1}{2}M_2\,(V_{2\max}')^2 = \frac{4M_1M_2}{(M_1+M_2)^2}E \tag{3.2}$$

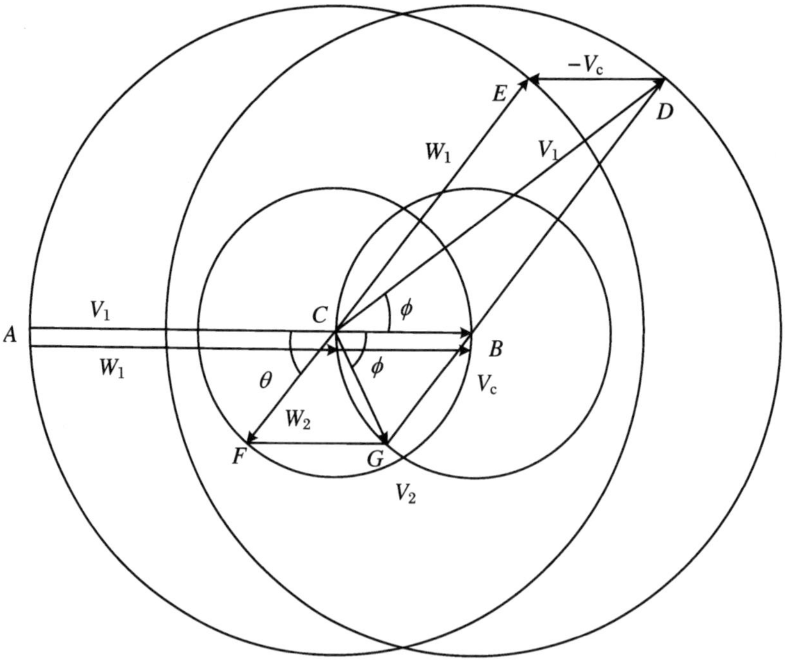

图 3.2　从实验室坐标系到质心坐标系的图解法

式中,E 为入射粒子的能量。同理,被撞击粒子的能量 E_p 为

$$E_p = \frac{1}{2} M_2 V_2'^2 = E_{p,\max} \sin^2 \frac{\theta}{2} \tag{3.3}$$

质心坐标系中,θ 与 E_p 有明确的一一对应关系。

有的场合,相对运动坐标系比质心坐标系更为方便,如以靶原子为原点求解在靶原子的势能场中入射粒子的运动问题(参见 3.3.2 小节)。这时入射粒子的质量应改换为折合质量 μ:

$$\mu = \frac{M_1 M_2}{M_1 + M_2} \tag{3.4}$$

相对运动坐标系中的散射角与 θ 质心坐标系的散射角相同,而且两个系统中的碰撞参数(impact parameter)p 也相同。如图 3.1 所示,碰撞参数 p 表示入射粒子离开碰撞中心轨道的偏离程度。

实验室坐标系中,整个系统的能量 E_{tot} 为

$$E_{tot} = \frac{1}{2} M V_c^2 + \frac{1}{2} \mu \left(\frac{dr}{dt}\right)^2 + V(r) \tag{3.5}$$

其中包括了质心的动能、相对运动的动能以及势能，$M = M_1 + M_2$，r 为两个物体之间的相对距离。在质心坐标系和相对运动坐标系中的相对能量 E_r 均为

$$E_r = \frac{1}{2}\mu\left(\frac{\mathrm{d}r}{\mathrm{d}t}\right)^2 + V(r) \tag{3.6}$$

式中，$V(r)$为势能函数。

实验室坐标系最为直观，容易理解，一般的实验数据都是在实验室坐标系下获得的。但在许多情况下，相对运动坐标系和质心坐标系比实验室坐标系使用起来更为方便，应该根据实际情况选择合适的坐标系。

3.1.3 散射截面

散射截面是表征入射粒子与靶中原子碰撞的最重要的物理量。

可以想象，每个靶原子在垂直于入射束流方向的平面上有一定的投影。设其投影面积为 σ_s，单位面积上单位时间内只有一个入射粒子，且单位面积内只有一个靶原子。如果忽略入射粒子的大小，那么入射粒子和靶原子发生碰撞的概率正好是靶原子的面积除以单位面积，即

$$\frac{\sigma_s}{I} = \sigma_s$$

若单位时间内入射粒子总数为 n，那么它们与靶原子发生碰撞的概率为 $n\sigma_s$。设能够参加散射的靶原子总数为 N，且每个靶原子参加碰撞的概率相等，则单位时间内发生碰撞的总数 I 为

$$I = n\sigma_s N$$

由此得到的散射截面为

$$\sigma_s = \frac{I}{nN}$$

式中，I/N 为单位时间内一个靶原子发生碰撞的次数。所以散射截面 σ_s 的定义为

$$\sigma_s = \frac{\text{入射粒子对靶原子发生一次碰撞的次数}}{\text{入射粒子的总数}} \tag{3.7}$$

粒子的散射截面决定了粒子的平均自由程 L，即

$$L = \frac{1}{N\sigma_s} \tag{3.8}$$

一般来说,散射截面主要靠实验测得。但有些时候,某些碰撞问题可以处理成刚球碰撞,其散射截面可以表示为比较简单的公式。

3.1.4 碰撞参数

如图 3.3 所示,在相对运动坐标系(即认为靶原子静止不动)中考察散射现象,AB 为对称轴。碰撞参数 p 定义为散射中心到入射粒子的前进轨迹的直线距离。设有一束入射粒子以不同的角度 θ 被散射,令 $\mathrm{d}N$ 表示单位时间内散射到$(\theta \sim \theta + \mathrm{d}\theta)$之间的粒子数。根据散射截面的定义,可得微分散射截面 $\mathrm{d}\sigma$:

$$\mathrm{d}\sigma = \frac{\mathrm{d}N}{n}$$

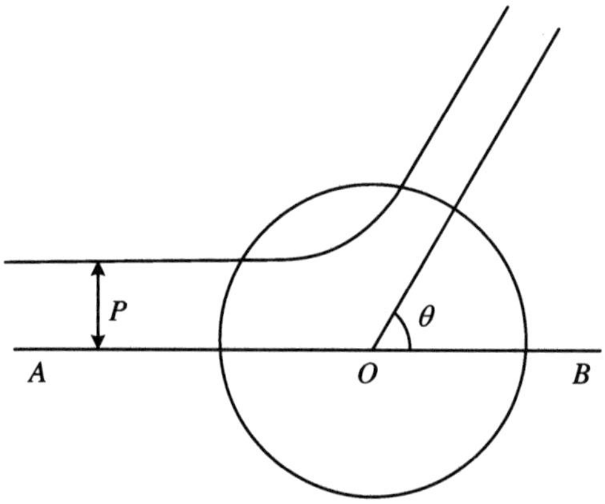

图 3.3 相对运动坐标系中的散射轨迹

式中,n 为单位时间内在单位面积上的入射粒子数。因为$(\theta \sim \theta + \mathrm{d}\theta)$与$(p \sim p + \mathrm{d}p)$相对应,且在$(p \sim p + \mathrm{d}p)$圆环区域内的入射粒子数 $\mathrm{d}N$ 为

$$\mathrm{d}N = 2\pi pn\mathrm{d}p$$

所以,微分散射截面 $\mathrm{d}\sigma$ 为

$$\mathrm{d}\sigma = 2\pi p\mathrm{d}p \tag{3.9}$$

还可写为

$$d\sigma(\theta) = 2\pi p(\theta)\left|\frac{dp(\theta)}{d\theta}\right| d\theta \tag{3.10}$$

求解微分散射截面的问题归结为求解 p 与 θ 的函数关系。若散射的势能场已知，则可以根据经典力学的方法，先求出入射粒子的轨迹函数，再求得微分散射截面。

因为散射立体角的微分为

$$|d\Omega| = 2\pi |d\cos\theta|$$

所以式(3.10)还常常表示为

$$d\sigma(\cos\theta) = K(\cos\theta)|d\cos\theta| \tag{3.11}$$

当微分散射截面 $d\sigma/d\Omega$ 或 $d\sigma/d\cos\theta$ 与 θ 无关且保持一定值时，任意方位的散射概率完全相同，此时称为各向同性散射(isotropic scattering)。刚球散射以及能量较低的中子散射都属于各向同性散射。

3.2 辐照损伤计算的有关函数

假定入射粒子与靶中某个原子碰撞，将能量 E_p 传递给该原子。这一碰撞现象的出现频度与入射粒子的通量(即单位时间单位面积的入射粒子数)、靶内单位体积原子数以及散射截面等成正比。如果能量 E_p 大于某一特定的能量值 E_d，这个被碰撞原子就会被撞击出来而离开原来的晶格位置。能量 E_d 又称为击出能量阈值。

E_d 值的大小究竟是多少？不同晶体材料的击出能量阈值是不一样的。即使是同一材料，不同的入射方向下其击出能量阈值也不相同。本来，固体中的原子与周围原子结合，处于稳定状态。如果将该原子从其原来的位置击出，就必须切断它与周围原子的结合。固体中原子间结合能一般为几 eV，为了将原子击出，需要赋予几倍于结合能的能量。结合能是在准静态下切断原子结合所需的能量，实际上原子的击出是一个绝热过程，因此需要的能量会更大一些。统计意义上，在计算材料中的损伤缺陷数量时，一般金属材料常用的击出值约为 25 eV。但随着物质和晶体方向的不同，这个数值的变化幅度很大。例如，纯铁单晶的[100]方向附近，其击出能量小于 20 eV，多晶纯铁则为25 eV左右。对于某一具体晶体方向来说，击出能量阈值有可能很低。这一点，对于 7.2 节中所述的利用透射电镜进行电子束辐照实验来说非常重要。在实用金属或合金中，其击出能量更高一些。根据后面叙述的 NRT(Norgett-Robinso-Torrens)标准模型,镍合金中的击出能量常采用40 eV的数值。要注意的是,如 2.3 节所述,击出能量阈值远远大于弗伦克尔点缺陷对的形成能,即自间隙原子形成能与空位形成能之和。

为简便起见,原子被击出离开晶格位置的概率 ρ 由下式决定:

$$\rho=\begin{cases}1, & \text{当 } E_p \geqslant E_d \text{ 时、}\\ 0, & \text{当 } E_p < E_d \text{ 时}\end{cases} \tag{3.12}$$

因入射粒子的碰撞而获得大于 E_d 的能量,从而产生离位的原子称为初级击出原子(primary knock-on atom),简称 PKA,有时简称 PKO。[1]

PKA 离开晶格位置后,自身还可能具有相当的能量,还可能在晶体中继续运动。PKA 的能量统计分布,即 PKA 的能谱如何,是一个非常重要的问题,它与入射粒子的类型有关。PKA 的能量分布取决于微分散射截面 $d\sigma(E,E_p)$。

如果 $E_p \gg E_d$,那么 PKA 本身也可以像入射粒子一样与其他晶格原子进行碰撞,从而产生二次击出原子。如果 PKA 的能量足够高,那么还有可能产生三次、四次等击出原子。这种因一个 PKA 而导致众多的原子发生位移的过程称为碰撞级联(collision cascade)。级联过程中运动的粒子是在碰撞中获得动能的原子,它与其他原子的碰撞截面很大,平均自由程很短。也就是说,在物质中不能进行长距离移动。PKA 一旦形成后,会在其周围很小的空间范围内密集形成大量的击出。这是级联缺陷的显著特征。在计算辐照损伤时,必须知道由于一个 PKA 最终产生的击出原子的数量 $\nu(E_p)$。$\nu(E_p)$ 又被称为击出损伤函数。

显然,击出原子的总数取决于入射粒子总数、一个入射粒子产生的 PKA 数以及一个 PKA 产生的击出原子数这三个量。实际上,击出原子的浓度,即靶中原子离位的概率可由下面的积分方程计算得出:

$$C_d=\frac{N_d}{N}=\int_0^{t_i}\int_0^{\infty}\int_{E_d}^{E_{p,max}}\psi(E,t)\frac{d\sigma(E,E_p)}{dE_p}\nu(E_p)dE_p dE dt \tag{3.13}$$

式中,N 为靶中原子密度(cm^{-3}),N_d 为单位体积内的击出原子数(cm^{-3}),t 为辐照时间,$\psi(E,t)$ 为入射粒子通量,$E_{p,max}$ 表示 PKA 的最大能量,是 E 的函数。

要注意的是,击出原子的浓度 C_d 并不能等同于辐照缺陷的浓度。因为同一个原子有可能被击出多次。这时击出原子虽然不少,但产生的弗伦克尔点缺陷对只有一个。另外,更主要的是,碰撞产生的弗伦克尔点缺陷对的自间隙原子和空位会再次相互结合,从而使这个点缺陷对消失。所以辐照缺陷浓度永远小于击出原子的浓度 C_d。显然,缺陷浓度必须小于 1,但击出原子浓度 C_d 却可以大于 1。缺陷浓度没有单位,而击出原子浓度 C_d 的单位则为 dpa(displacement per atom,原子平均离位)。C_d 是一个衡量辐照量的参数，如果 $C_d = 10$ dpa，意味着辐照导致材料中的每个原子平均发生了 10 次击出。实际上，商用快中子反应堆包壳材料和核聚变堆结构材料必须承受高于 100 dpa 的辐照量。近年出现的行波堆（traveling wave reactor）概念[2]，其材料的辐照量据说达到了 500 dpa。

入射粒子与靶原子碰撞后，由于二者之间的相互作用力，入射粒子会被散射。入射粒子与靶原子之间的相互作用的势能可以用 $V(r)$表示，它只与二者之间的距离 r 有关，而与方位角 θ 无关。其相互作用力 F 可表示为对势能的微分：

$$F = -\mathrm{d}V(r)/\mathrm{d}r$$

具有能量 E 的入射粒子，受到相互作用势能 $V(r)$的散射，其微分散射截面可写为

$$\mathrm{d}\sigma_s(E,E_p) = K_s(E,E_p)\mathrm{d}E_p \tag{3.14}$$

自然，全散射截面 σ_s 为

$$\sigma_s = \int \mathrm{d}\sigma_s = \int_0^{E_{p,max}} K_s(E,E_p)\mathrm{d}E_p \tag{3.15}$$

另外，微分散射截面还可写为

$$\mathrm{d}\sigma_s(E,E_p) = \sigma_s W_s(E,E_p)\mathrm{d}E_p \tag{3.16}$$

式中，$W_s(E,E_p)$表示传递给靶原子的能量等于 E_p 的概率。

初级击出的全散射截面 σ_p 可以写为

$$\sigma_p = \int_{E_d}^{E_{p,max}} K_s(E,E_p)\mathrm{d}E_p$$

另外，设 $W_p(E,E_p)$表示 PKA 的能量等于 E_p 的概率，则还有

$$\mathrm{d}\sigma_p(E,E_p) = \sigma_p W_p(E,E_p)\mathrm{d}E_p \tag{3.17}$$

式中，$W_p(E,E_p)$ 可理解为归一化后的 PKA 的能量分布函数。当 $E_{p,max} \ll E_d$ 时，σ_p 与 σ_s、W_p 与 W_s 常常很接近，这种情况下，可以认为 $W_p \approx W_s$。

综上所述，只要知道了 $\mathrm{d}\sigma_p(E,E_p)$、$E_d$ 和 $\nu(E_p)$这几个函数，就可以进行辐照损伤的计算。

3.3 各种辐照的散射截面

从 3.2 节可知，微分散射截面是计算辐照缺陷的重要参量。对于不同种类的入射粒

子，散射截面不相同。本节主要分析与中子辐照、离子辐照和电子辐照有关的微分散射截面。

3.3.1 刚性球散射

刚性球散射是典型的各向同性散射，它之所以重要是因为能量较低的中子散射可以处理成刚性球散射。

如图 3.4(a)所示，半径为 r_1 的刚性球与半径为 r_2 的刚性球发生碰撞，根据刚性球模型，两个刚性球之间的相互作用势能场 $V(r)$ 可表示为

$$V(r)=\begin{cases}\infty, & r<R=r_1+r_2\\ 0, & r\geqslant R=r_1+r_2\end{cases} \tag{3.18}$$

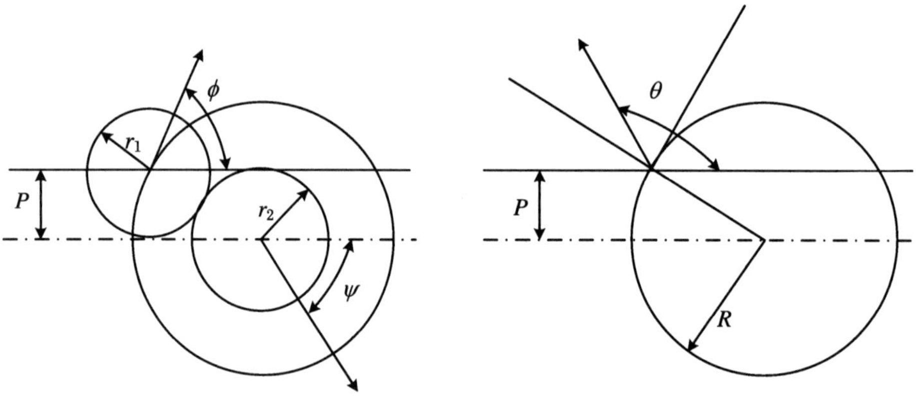

图 3.4　刚性球碰撞（左）与等效刚性球碰撞（右）

式(3.18)中 r 为两个刚性球之间的距离。为简便起见，将上述情况等价处理为半径为 0 的点状入射粒子与半径为 $R=r_1+r_2$ 的等效刚性球碰撞。R 又称为碰撞半径(collision radius)。图 3.4(b)所示为在相对运动坐标系下的等效刚性球碰撞情况。从该图可知

$$p=R\cos\frac{\theta}{2}$$

由式(3.10)可得

$$\mathrm{d}\sigma(\theta)=\pi\frac{R^2}{2}\sin\theta\mathrm{d}\theta$$

如写成式(3.11)的形式，则有

$$d\sigma(\cos\theta) = \pi \frac{R^2}{2} |d\cos\theta| \tag{3.19}$$

如果以 $\cos\theta$ 为横轴,微分散射截面的分布函数是一条平行与横轴的直线,如图 3.5 所示,也就是说,任意立体角方位的散射概率都相同,是各向同性散射。对式(3.19)积分得到的全散射截面 πR^2。这也正好是等效刚性球的大圆截面的面积,与我们的直观判断一致。

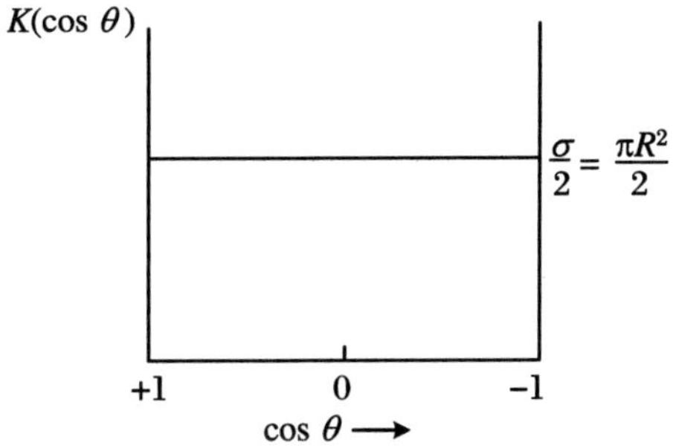

图 3.5　刚性球碰撞的微分散射截面分布

因为

$$\cos\theta = \cos^2\frac{\theta}{2} - \sin^2\frac{\theta}{2} = 1 - 2\sin^2\frac{\theta}{2}$$

利用式(3.3),可得

$$-\cos\theta = 2\sin^2\frac{\theta}{2} - 1 = \frac{2E_p}{E_{p,max}} - 1$$

所以

$$|d\cos\theta| = \frac{2}{E_{p,max}} dE_p \tag{3.20}$$

从式(3.19)和式(3.20),有

$$d\sigma(E_p) = \frac{\pi R^2}{E_{p,max}} dE_p \tag{3.21}$$

若写成式(3.16)的形式,因为 $\sigma_s = \pi R^2$,有

$$W(E_p) = \frac{1}{E_{p,max}} \tag{3.22}$$

若写成式(3.17)的形式，则有

$$\sigma_{\mathrm{p}} = \sigma_{\mathrm{s}}\left(1 - \frac{E_{\mathrm{d}}}{E_{\mathrm{p,max}}}\right) \tag{3.23}$$

$$W_{\mathrm{p}}(E_{\mathrm{p}}) = \frac{1}{E_{\mathrm{p,max}} - E_{\mathrm{d}}} \tag{3.24}$$

PKA 的平均能量$\langle E_{\mathrm{p}}\rangle$为

$$\langle E_{\mathrm{p}}\rangle = \frac{E_{\mathrm{p,max}} + E_{\mathrm{d}}}{2}$$

3.3.2 卢瑟福散射

卢瑟福散射(Rutherford scattering)又称库仑散射，在处理带电离子辐照时起着重要的作用。

在相对运动坐标系中考察入射粒子的散射，如图 3.1(b)所示。设入射离子与靶核的电荷数分别为 Z_1、Z_2。它们之间的作用力来自电荷作用的库仑场势能 $V(r)$，在卢瑟福散射中，假定入射离子的能量足够高，使得离子能够充分接近靶核，此时可以不考虑核外电子的屏蔽效应，$V(r)$可用下面的函数表示：

$$V(r) = \frac{Z_1 Z_2 e^2}{r} \tag{3.25}$$

式中，r 为两粒子间的距离。在任意时刻 t，入射离子受到的库仑力 $\boldsymbol{F}$ 为

$$\boldsymbol{F} = \frac{Z_1 Z_2 e^2}{r^2} \cdot \boldsymbol{r}_0$$

式中，$\boldsymbol{r}_0$ 为 r 方向的单位矢量。此刻入射离子的速度 $\boldsymbol{V}$ 可由牛顿定律给出：

$$\frac{Z_1 Z_2 e^2}{r^2} \cdot \boldsymbol{r}_0 = \mu \frac{\mathrm{d}\boldsymbol{V}}{\mathrm{d}t} = \mu \frac{\mathrm{d}\boldsymbol{V}}{\mathrm{d}\varphi} \cdot \frac{\mathrm{d}\varphi}{\mathrm{d}t} \tag{3.26}$$

因为 $v = |\boldsymbol{V}|$，根据动量矩守恒定律可得下式：

$$\mu v p = \mu r^2 \frac{\mathrm{d}\varphi}{\mathrm{d}t} \tag{3.27}$$

式中，μ 为折合质量[参见式(3.4)]，由式(3.26)、式(3.27)有

$$\frac{\mathrm{d}\boldsymbol{V}}{\mathrm{d}\varphi} = \frac{Z_1 Z_2 e^2}{\mu v p} \cdot \boldsymbol{r}_0$$

所以

$$\int \mathrm{d}\boldsymbol{V} = \frac{Z_1 Z_2 e^2}{\mu v p} \int \boldsymbol{r}_0 \mathrm{d}\varphi \tag{3.28}$$

现在对式(3.28)左边求积分。如图3.6所示，设 $\boldsymbol{V}_1$、$\boldsymbol{V}_2$ 分别为离子入射前和散射后的速度，根据相对运动坐标系中的能量守恒定律可知

$$|\boldsymbol{V}_1| = |\boldsymbol{V}_2| = v$$

$$\left|\int \mathrm{d}\boldsymbol{V}\right| = |\boldsymbol{V}_2 - \boldsymbol{V}_1| = 2v\sin\frac{\theta}{2}$$

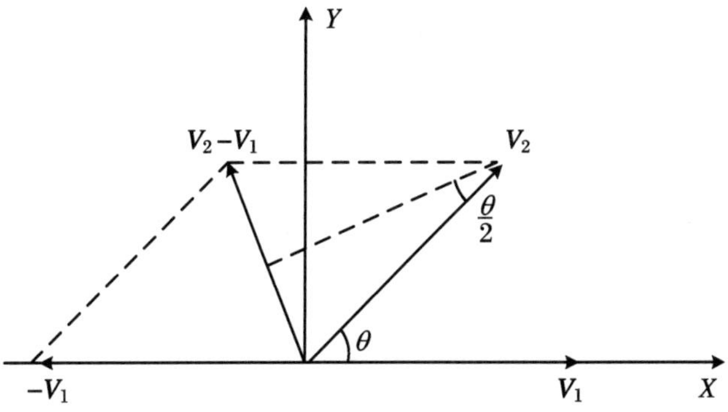

图3.6 相对运动坐标系中离子散射前后的运动状态

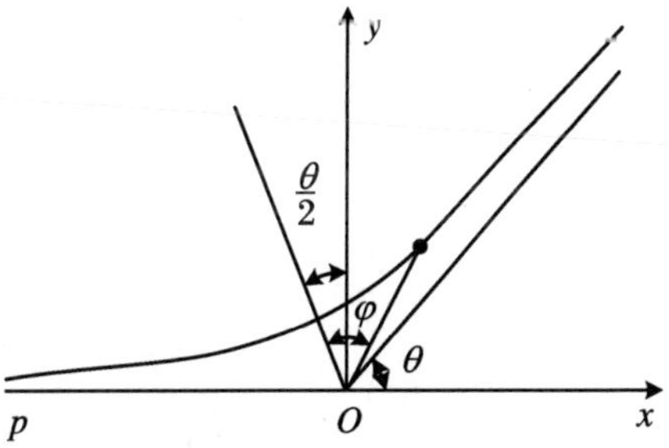

图3.7 相对运动坐标系中的入射离子轨迹

$\boldsymbol{V}_2 - \boldsymbol{V}_1$ 的方向的单位矢量为

$$\sin\frac{\theta}{2} + \boldsymbol{j} \cdot \cos\frac{\theta}{2}$$

$\boldsymbol{i}$、$\boldsymbol{j}$ 表示 x、y 轴方向的单位矢量，所以

$$\int \mathrm{d}\boldsymbol{V} = 2v\sin\frac{\theta}{2}\left(-\boldsymbol{i}\sin\frac{\theta}{2} + \boldsymbol{j}\cos\frac{\theta}{2}\right) \tag{3.29}$$

从图 3.7 可得 $\boldsymbol{r}$ 方向的单位矢量：

$$\boldsymbol{r}_0 = \boldsymbol{i}\sin\left(\varphi - \frac{\theta}{2}\right) + \boldsymbol{j}\cos\left(\varphi - \frac{\theta}{2}\right)$$

对式(3.28)右边求积分，积分上下限分别为 $\varphi_2 = (\pi - \theta)/2$ 和 $\varphi_1 = -(\pi - \theta)/2$。

$$\begin{aligned}\int_{\varphi_1}^{\varphi_2} \boldsymbol{r}_0 \mathrm{d}\varphi &= \left[-\boldsymbol{i}\sin\left(\varphi - \frac{\theta}{2}\right) + \boldsymbol{j}\cos\left(\varphi - \frac{\theta}{2}\right)\right]_{-(\pi-\theta)/2}^{(\pi-\theta)/2} = -\boldsymbol{i}\sin\theta + \boldsymbol{j}(\cos\theta + 1) \\ &= 2\cos\frac{\theta}{2}\left(-\boldsymbol{i}\sin\frac{\theta}{2} + \boldsymbol{j}\cos\frac{\theta}{2}\right)\end{aligned} \tag{3.30}$$

由式(3.28)、式(3.29)、式(3.30)可得

$$\tan\frac{\theta}{2} = \frac{Z_1 Z_2 e^2}{\mu v^2 p} \tag{3.31}$$

入射离子与靶核正面碰撞(即 $p = 0$)时，其与靶核最接近的距离 b 可由能量守恒定律给出：

$$\frac{Z_1 Z_2 e^2}{b} = \frac{1}{2}\mu v^2 \tag{3.32}$$

将式(3.32)代入式(3.31)，有

$$\tan\frac{\theta}{2} = \frac{b}{2p} \tag{3.33}$$

利用式(3.3)和式(3.33)，则有

$$\frac{b^2}{4p^2} = \tan^2\frac{\theta}{2} = \frac{\sin^2\frac{\theta}{2}}{1 - \sin^2\frac{\theta}{2}} = \frac{\dfrac{E_{\mathrm{p}}}{E_{\mathrm{p,max}}}}{1 - \dfrac{E_{\mathrm{p}}}{E_{\mathrm{p,max}}}} = \frac{E_{\mathrm{p}}}{E_{\mathrm{p,max}} - E_{\mathrm{p}}}$$

即

$$\frac{b^2}{4p^2} = \frac{E_{\mathrm{p}}}{E_{\mathrm{p,max}} - E_{\mathrm{p}}} \tag{3.34}$$

对式(3.34)求微分得

$$\frac{8p}{b^2}\mathrm{d}p = \frac{E_{\mathrm{p,max}}}{E_{\mathrm{p}}^2}\mathrm{d}E_{\mathrm{p}}$$

由式(3.9),有

$$\mathrm{d}\sigma = 2\pi p\mathrm{d}p = 2\pi p\frac{\mathrm{d}p}{\mathrm{d}E}\mathrm{d}E$$

所以

$$\mathrm{d}\sigma_{\mathrm{s}}(E,E_{\mathrm{p}}) = \pi\frac{E_{\mathrm{p,max}}}{E_{\mathrm{p}}^2}\frac{b^2}{4}\mathrm{d}E = \frac{\pi b^2}{4}\frac{E_{\mathrm{p,max}}}{E_{\mathrm{p}}^2}\mathrm{d}E_{\mathrm{p}} \tag{3.35}$$

式(3.35)为库仑散射的微分散射截面。若对式(3.35)的微分散射截面进行积分,得到的总散射截面是发散的,即为无穷大。然而在离子辐照中,原子核的电荷一般要受到核外电子的屏蔽,所以实际上的微分散射截面要比式(3.35)计算出的小。

根据式(3.10)和式(3.33),式(3.35)还可表示为

$$\mathrm{d}\sigma_{\mathrm{s}}(\theta) = \frac{\pi b^2}{4}\cos\frac{\theta}{2}\csc^3\frac{\theta}{2}\mathrm{d}\theta \tag{3.36}$$

3.3.3 电子散射

利用卢瑟福散射公式[即式(3.35)和式(3.32)],写出入射电子的微分散射截面如下:

$$\mathrm{d}\sigma_{\mathrm{s}} = \pi b^2\frac{E_{\mathrm{p,max}}}{E_{\mathrm{p}}^2}\mathrm{d}E_{\mathrm{p}} = \pi\left(\frac{Z_2e^2}{v^2m_{\mathrm{e}}}\right)^2\frac{E_{\mathrm{p,max}}}{E_{\mathrm{p}}^2}\mathrm{d}E_{\mathrm{p}}$$

如果考虑相对论效应,则

$$\begin{aligned}\mathrm{d}\sigma_{\mathrm{s}} &= \pi\left(\frac{Z_2e^2}{v^2m_{\mathrm{e}}}\right)^2\frac{1}{\beta^4\gamma^2}\frac{E_{\mathrm{p,max}}}{E_{\mathrm{p}}^2}\mathrm{d}E_{\mathrm{p}}\\ \beta &= \frac{v}{c}\\ \gamma &= \frac{1}{\sqrt{1-\beta^2}}\end{aligned} \tag{3.37}$$

然而,式(3.37)仍然不能正确地反映电子的散射情况,因为它没有考虑电子的量子效应。

如果将电子处理成粒子，不考虑量子效应，那么电子的德布罗意波的波长 λ 就必须小于电子到靶原子核的最近距离 b。由于

$$\lambda = \frac{h}{p} \approx \frac{h}{m_0 c}$$

$$b \approx \frac{Z_2 e^2}{m_0 c^2}$$

所以

$$\frac{b}{\lambda} = \frac{Z_2 e^2}{hc} > 1$$

则

$$Z_2 > 137 \tag{3.38}$$

由于元素周期表中的所有元素都不能满足式(3.38)的条件，因此，分析入射电子时一定要考虑量子力学效应。

Mott[3] 利用狄拉克(Dirac)的相对论电磁力学，得到了有关电子散射的数学解。由于这个解为无穷级数，实际使用时往往利用如下的近似公式：

$$\begin{aligned} d\sigma_s(E, E_p) &= \frac{\pi b'^2}{4} R_s \frac{E_{p,max}}{E_p^2} dE_p \\ R_s &= 1 - \beta^2 \frac{E_p}{E_{p,max}} + \pi\alpha\beta\left[\left(\frac{E_p}{E_{p,max}}\right)^{1/2} - \frac{E_p}{E_{p,max}}\right] \end{aligned} \tag{3.39}$$

式(3.39)的 R_s 为量子效应的修正项。$\alpha = Z_2/137$。b' 为相对论时电子与靶原子核的最接近距离，其表达式如下：

$$b' = b\sqrt{1 - \beta^2}$$

对式(3.39)积分，可得电子的初级击出全散射截面为[4]：

$$\sigma_p = \frac{\pi b'^2}{4}\left\{\frac{E_{p,max}}{E_d} - 1 - \beta^2 \ln\frac{E_{p,max}}{E_d} + \pi\alpha\beta\left[2\left(\frac{E_p}{E_{p,max}}\right)^{1/2} - 2 - \ln\frac{E_{p,max}}{E_d}\right]\right\} \tag{3.40}$$

图 3.8 所示为几种金属中入射电子的 PKA 全散射截面。[4]

如果 $E_{p,max}$ 与 E_d 比较接近，那么式(3.40)中的后几项可以忽略。这样，入射电子的初级击出全散射截面可近似为

$$\sigma_p = \frac{\pi b'^2}{4}\left(\frac{E_{p,max}}{E_d} - 1\right) = \frac{\pi Z_2^2 e^4 (1 - \beta^2)}{\beta^4 m_0^2 c^4}\left(\frac{E_{p,max}}{E_d} - 1\right) \tag{3.41}$$

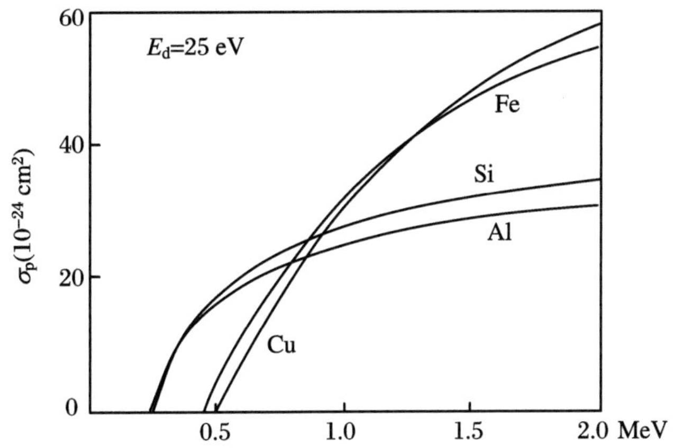

图 3.8　几种金属中入射电子的 PKA 全散射截面

3.3.4　γ 射线散射

能量为 1 MeV 附近的 γ 射线与物质相互作用时，主要的效应是电子激发或离子化，然而虽然概率非常小，但仍然会产生击出原子。作为 γ 射线产生击出原子的主要机制，通过光电效应、康普顿(Compton)效应和电子对效应，产生高能电子，然后这些高能电子如上所述，在受到辐照的物质中产生击出原子。能量较低的 γ 射线，在物质中主要产生光电效应；中等能量的 γ 射线，主要产生康普顿效应；而能量较高的 γ 射线，主要产生电子对效应。

除此之外，γ 射线通过光核反应的反跳，也可以与原子核直接作用，不过在能量为 1 MeV时的反应截面很小。

所以，γ 射线引起的原子击出现象可以说是一种内部电子辐照效应。由于 γ 射线的穿透能力很强，从而可以在块状材料中产生均匀分布的点缺陷，这是它与一般高能电子辐照时的不同之处。

如果只考虑康普顿效应，那么康普顿电子的最大能量 $E_{C,max}$ 可由下式确定：

$$E_{C,max} = \frac{3E_\gamma^2}{m_0c^2 + 2E_\gamma}$$

例如，对于钴-60(^{60}Co)的两条 γ 射线(1.17 MeV, 1.33 MeV)，$E_{C,max}$ 分别为 0.96 MeV 和 1.11 MeV，因此康普顿电子是能够在材料中产生点缺陷的。但要注意的是，康普顿电子的能量分布从 0 到 $E_{C,max}$，只有那些能量大于击出能量阈值的康普顿电子才可能产生点缺陷。

根据计算结果得知，与相同能量的入射电子产生击出原子的散射截面相比，γ 射线通过康普顿效应产生击出原子时的散射截面要小 2 个数量级以上。

对于^{60}Co，如果纯度为 100%，则其比活度（单位质量的活度）最大为 4.18×10^{13} Bq/g（Bq，1 次衰变/秒），即使每个 γ 射线光子都在材料中产生康普顿电子，且这个康普顿电子的能量大到足以产生晶格缺陷，缺陷产生速率也只有 10^{13}/s 的数量级。而材料中的原子数一般在 10^{23} 的数量级。这样利用 1 g ^{60}Co 的 γ 射线辐照一年（10^7 s），也不会超过 10^{-3} dpa，或者说，利用 1 kg 的^{60}Co 的 γ 射线辐照一年，也不会有 1 dpa。何况实际生产的^{60}Co 的比活度只能达到 $10^{11}\sim10^{12}$ Bq/g。

3.4　初级击出过程

3.4.1　中子辐照引起的初级击出

中子的能量 E 如果小于 1 MeV，它与靶原子的碰撞主要是弹性碰撞，而且碰撞后的中子散射也差不多是各向同性的，这并不是说中子的散射是刚性球散射，而是因为中子的德布罗意波的波长 $\lambda=\dfrac{h}{p}$ 比原子核半径大，好像小微粒对波的散射一样，可以认为是各向同性散射。而 E 为 1 MeV 以上时，其波长 λ 与核半径相近，因而前方散射的成分增大，PKA 的能量分布也变得非常复杂，不再是一条平坦的直线。

如果中子的能量处于可以应用各向同性散射进行分析的范围内，则 PKA 能量的平均值 $\langle E_p\rangle$ 为

$$\langle E_p\rangle = \int_{E_d}^{E_{p,max}} E_p W_p(E,E_p)\mathrm{d}E_p = \frac{E_{p,max}+E_d}{2}$$

另外，根据式(3.2)，有

$$E_{p,max} = \frac{4A}{(A+1)^2}E \approx \frac{4E}{A} \tag{3.42}$$

此时,A 为靶原子的质量,单位为 amu。如果靶是钒(V)晶体,则 $A \approx 50$ amu,对于能量为 1 MeV 的入射中子,$E_{p,max} \approx 80$ KeV,$\langle E_p \rangle \approx 40$ KeV。可见与$\langle E_p \rangle$相比,E_d(≈ 25 eV)可以忽略。因而,利用式(3.23)得到的初级击出截面 σ_p,可认为与全散射截面 σ_s 相似。

3.4.2 离子辐照引起的初级击出

入射离子在靶中消耗能量的主要形式是电子激发等非弹性碰撞,真正消耗在与原子核进行弹性碰撞过程的能量极少。然而,靶原子依然会受其弹性碰撞而成为 PKA。可以说,入射离子与靶原子的非弹性碰撞决定了离子在靶中的射程,而弹性碰撞则决定了靶中击出原子的形成。

与中子辐照一样,离子辐照产生的 PKA 的最大能量 $E_{p,max}$ 依然可以由式(3.2)计算,即

$$E_{p,max} = \frac{4M_1M_2}{(M_1+M_2)^2}E$$

式中,M_1、M_2 分别为入射离子和靶原子的质量。由式(3.35),初级击出全散射截面 σ_p 为

$$\sigma_p = \int_{E_d}^{E_{p,max}} \frac{\pi b^2}{4}\frac{E_{p,max}}{E_p^2}dE_p = \frac{\pi b^2}{4}\left(\frac{E_{p,max}}{E_d}-1\right) \approx \frac{\pi b^2}{4}\frac{E_{p,max}}{E_d} \tag{3.43}$$

参照式(3.17),根据 $d\sigma_p = \sigma_p W_p(E,E_p)dp$,可以得出 PKA 的能量分布函数为

$$W_p = \frac{E_d E_{p,max}}{E_{p,max}-E_d}\frac{1}{E_p^2} \approx \frac{E_d}{E_p^2}$$

PKA 的平均能量$\langle E_p \rangle$为

$$\langle E_p \rangle = \int_{E_d}^{E_{p,max}} E_p W_p(E,E_p)dE_p \approx E_d \ln\frac{E_{p,max}}{E_d} \tag{3.44}$$

图 3.9(a)和图 3.9(b)分别给出了中子辐照和离子辐照两种情况的 $W_p(E,E_p)$。对于能量相同的质子(氢离子)和中子来说,它们的 $E_{p,max}$相同,但是$\langle E_p \rangle$完全不一样。一般离子辐照时产生的平均能量$\langle E_p \rangle$只有击出能量阈值 E_d 的几倍左右。

值得指出的是,中子辐照所产生的 PKA 具有很高的能量。而这些 PKA 与其他原子碰撞的过程,其实就是一个离子辐照过程。

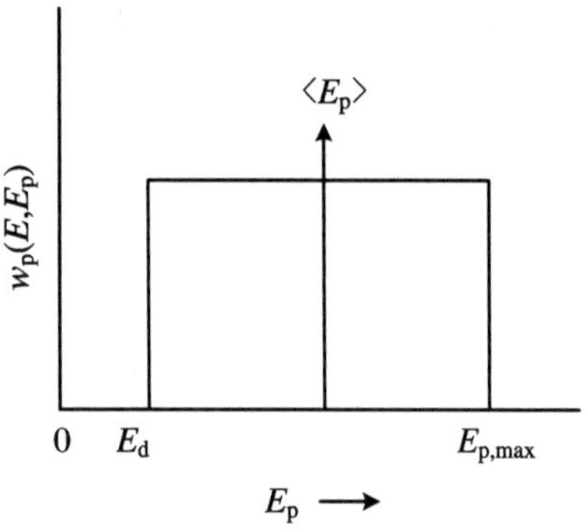

(a) 中子辐照

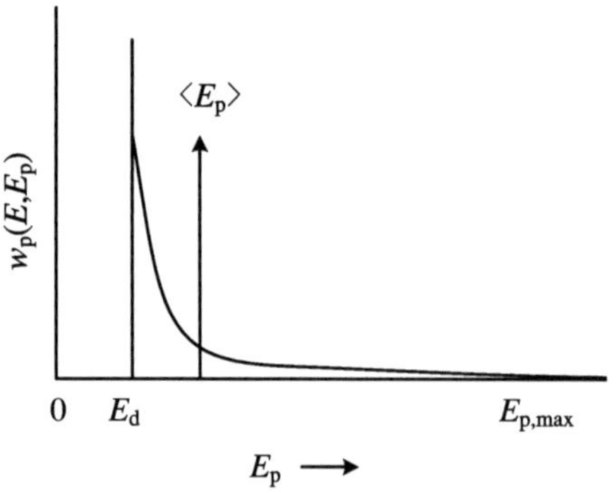

(b) 离子辐照

图 3.9　中子辐照和离子辐照时的 PKA 的能量分布概率

3.4.3　入射电子引起的初级击出

具有 MeV 数量级的能量的电子与靶原子产生弹性碰撞时，也能够将原子击出晶格位置。但电子辐照与离子辐照一样，入射电子的大部分能量将消耗在电子激发上面。

假设电子的静止质量为 m_0，由于电子的静止能量 m_0c^2 为 0.511 MeV，因此在对能量为 MeV 数量级的电子进行分析时必须考虑相对论效应。在相对论效应情况下，电子的动量 p 和总能量 E_T 为

$$p = \frac{m_0 v}{\sqrt{1-\left(\frac{v}{c}\right)^2}} = \frac{m_0 v}{\sqrt{1-\beta^2}}$$

$$E_T = \sqrt{c^2p^2 + m^2c^4} = \frac{m_0c^2}{\sqrt{1-\beta^2}}$$

由于靶原子的质量 $M_2 \gg m_0$，因此这一情况无论采用实验室坐标系或质心坐标系都没有多大区别。根据图 3.10，有

$$E_p = \frac{1}{2}\frac{\Delta p^2}{M_2} = \frac{2p^2}{M_2}\sin^2\frac{\theta}{2} = \frac{2m_0}{M_2}\frac{1}{m_0c^2}(E + 2m_0c^2)E\sin^2\frac{\theta}{2}$$

所以

$$E_{p,max} = \frac{2E(E+2m_0c^2)}{M_2c^2} = \frac{E(E+1)}{4.65M_2}\times 10^{-2}(\text{MeV}) \tag{3.45}$$

在式(3.45)中，E 的单位是 MeV，M_2 的单位是原子质量单位(amu)。

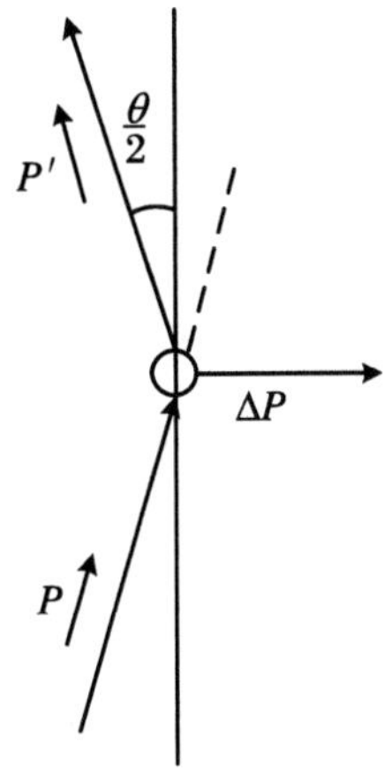

图 3.10　电子辐照时的弹性散射

如果令 $E \approx 1$ MeV，$M_2 = 100$ amu，则 $E_{p,\max} \approx 40$ eV。一般超高压电子显微镜的加速电压为 1 MeV，此时电子束完全能够产生辐照缺陷，因为一般材料的击出能量阈值只有 25 eV 左右。另一方面，利用超高压电子显微镜辐照所产生的 PKA 能量很低，$40-25=15$ eV$<$25 eV，不足以将其他原子撞击出来。也就是说，此时不会出现碰撞级联过程，产生的只是单纯的弗伦克尔点缺陷对，这是超高压电子显微镜辐照实验的一大特点。

如果令式(3.45)中的 $E_{p,\max} = E_d = 25$ eV，铁原子的 $M_2 = 56$ amu，则得到在铁中能够产生辐照缺陷的入射电子的最低能量为 0.45 MeV。一般的低压电镜的加速电压都在 0.4 MeV 以下，所以在一般的低压电镜下观察铁试样时，不用担心会出现离位辐照缺陷。

式(3.46)是另一个用来估算对原子 M_2 进行电子辐照时，入射电子能量 E(MeV)与传递给原子的撞击能量 $E_{p,\max}$(eV)之间关系的公式[5]如下：

$$\begin{aligned} E &= \left(\sqrt{104.4 + 0.186 M_2 E_{p,\max}} - 10.22\right)/20 \\ &\approx \left(\sqrt{100 + M_2 E_{p,\max}/5} - 10\right)/20 \end{aligned} \tag{3.46}$$

实际上，如果式(3.46)采用如下近似：

$$E = \left(\sqrt{100 + 0.186 M_2 E_{p,\max}} - 10\right)/20$$

则有

$$\begin{aligned} E(E+1) &= \frac{\sqrt{100 + 0.186 M_2 E_{p,\max}} - 10}{20} \times \frac{\sqrt{100 + 0.186 M_2 E_{p,\max}} + 10}{20} \\ &= \frac{0.186 M_2 E_{p,\max}}{20 \times 20} \end{aligned}$$

$$E_{p,max} = \frac{20 \times 20 \times E(E+1)}{0.186M_2} = \frac{E(E+1) \times 10^4}{25 \times 0.186M_2}(eV)$$

$$= \frac{E(E+1)}{4.65M_2} \times 10^{-2}(MeV)$$

从而与式(3.45)完全相同。本来没有必要在此介绍式(3.46),但是曾经有书[6]将式(3.46)错误地写成如式(3.47)的形式,从而有可能引起混乱,因此需要引起注意。

$$E = \frac{\left(\frac{100 + M_2 E_{p,max}}{5}\right)^{1/2} - 10}{20} \tag{3.47}$$

表 3.1　一些金属的最小击出能量阈值 $E_{d,min}$ 和作为平均值的击出能量阈值 E_d

金　属	$E_{d,min}$(eV)	E_d(eV)
Al	16	25
Ti	19	30
V	—	40
Cr	28	40
Mn	—	40
Fe	20	40
Co	22	40
Ni	23	40
Cu	19	30
Zr	21	40
Nb	36	60
Mo	33	60
Ta	34	90
W	40	90
Pb	14	25
Zn	16	—
不锈钢	—	40

事实上,如 6.4.3 小节所述,辐照损伤研究采用的是加速电压大于 0.65 MeV 的超高压电镜。另外,通过改变超高压电子显微镜的加速电压,观察电子束辐照下是否有缺陷产生,也可以确定材料的击出能量阈值。

需要注意的是晶向与击出能量阈值的关系，不同晶向的击出阈值是不同的。对于FCC晶系来说，〈100〉晶向的击出能量阈值最小，〈110〉晶向次之，〈111〉晶向的击出阈值则最高。如对于铜来说，〈100〉晶向的击出能量阈值为19 eV，〈110〉晶向为23 eV，〈111〉晶向为76 eV。通过改变透射电镜的加速电压，可以从实验中测定这个击出能量阈值。对于击出能量阈值较低的铍(Be)、镁(Mg)、铝来说，普通的200 kV透射电镜就可以产生辐照缺陷。在类似SRIM软件的辐照损伤计算模拟程序中，常需要输入单一数值的击出能量阈值 E_d。此时击出能量阈值 E_d 表示的是各个晶向击出能量阈值的平均值，肯定大于透射电镜电子辐照能够观察到辐照缺陷的最小值。作为初步比较，表3.1给出一些金属中的最小击出能量阈值 $E_{d,min}$ 和作为平均值的击出能量阈值 E_d。

3.5 级联过程

PKA能量如果与击出能量阈值相比足够大的话，它就可以像一个入射粒子那样，依次地将晶格原子从晶格位置上撞击出来。一个PKA最终产生的击出原子的数目可以用击出损伤函数 $\nu(E_p)$ 来表达。本节叙述了有关 $\nu(E_p)$ 的一般计算方法，这种一般理论在近似计算中是非常有效的。

3.5.1 离子化阈能

根据辐照损伤的初步理论，在级联过程中只考虑同种原子之间的弹性碰撞。但是这一前提在能量很大时便不成立。因为PKA能量超过某一临界值，即离子化阈能 E_I 后，电子激发或者说离子化过程是消耗PKA能量的主要因素。只有当PKA能量低于 E_I 时，弹性碰撞过程才是消耗PKA能量的主要因素。下面将讨论如何计算PKA的离子化阈能。

PKA与被碰撞的靶原子之间的相对速度可由下式给定，二者的质量均为 M_2：

$$v = \sqrt{\frac{2E}{M_2}}$$

靶原子周围的电子区域的尺度可以认为与波尔半径 a_0 相近，两个粒子相互接近而引起碰撞的时间为 τ，即

$$\tau \approx \frac{\alpha_0}{v} \tag{3.48}$$

在这一时间内，原子处于摄动场的影响下，它的傅里叶波的主波数 ω 表示如下：

$$\omega \approx \tau^{-1} \approx \frac{v}{\alpha_0} \tag{3.49}$$

因此容易引起能量 $\hbar\omega$ 的吸收激发，在实际处理上认为吸收了能量 $\varepsilon_{\mathrm{I}} = \hbar\omega$ 而使其处于电子激发状态，假定此时 PKA 能量 E_{I} 与这一能量相同，从式(3.48)、式(3.49)可知

$$E_{\mathrm{I}} = \frac{1}{2}M_2\frac{\alpha_0^2}{\hbar^2}\varepsilon_{\mathrm{I}}{}^2 = \frac{M_2\varepsilon_{\mathrm{I}}^2}{4mE_{\mathrm{R}}} \tag{3.50}$$

式中，m 为电子质量。里德伯(Rydberg)能量 E_{R} 由下式给出：

$$\hbar^2 = \alpha_0^2 2mE_{\mathrm{R}}$$

对于绝缘体来说，最低的电子激发是跃过禁带宽度 ε_{g}，从价电子带到导电带的能带跃迁。当然，对于含有杂质或缺陷的晶体来说，也可能产生比能量 ε_{g} 还小的能量跃迁。但与这些跃迁相关的电子数目很少。同时，它们的能量与 ε_{g} 也很接近，故这里与能带跃迁不作区别。

另外，对于金属来说，虽然最小的能量跃迁可以是 0，但考虑到导电带的平均电子效果，可认为激发能量为费米能量的一半，即 $\varepsilon_{\mathrm{F}}/2$。在上述两种情况中，最小的激发能 ε_{i} 都为几 eV 左右。

假如 $\varepsilon_{\mathrm{i}} = 5$ eV，$M_2 = A_2$ amu，$m = 1/1840$ amu，$E_{\mathrm{R}} = 13.6$ eV，则可以得出产生电子激发的能量：

$$E_{\mathrm{I}} \approx A_2(\mathrm{keV}) \tag{3.51}$$

这个结果非常好记。例如，如果 PKA 是铁原子，那么当它的能量超过 56 keV 时，则可以认为 PKA 将主要通过电子或离子化过程来消耗能量；如果 PKA 是铝原子的话，那么相应的数值为 27 keV。

3.5.2 击出损伤函数的 K-P 模型与 NRT 模型

在各种各样的表达击出损伤函数 $\nu(E_{\mathrm{p}})$ 的公式中，应用最广且最简单的模型是 K-P (Kinchin-Pease)模型(图 3.11)。[7] K-P 模型作了如下一些假设：

(1) 相互碰撞的两个原子是同种原子。

(2) 碰撞过程为弹性刚球碰撞，忽略电子激发过程的非弹性碰撞影响。

(3) 不考虑一个碰撞过程对另一个碰撞过程的影响。

(4) 击出能量与击出概率的关系如式(3.12)所示。

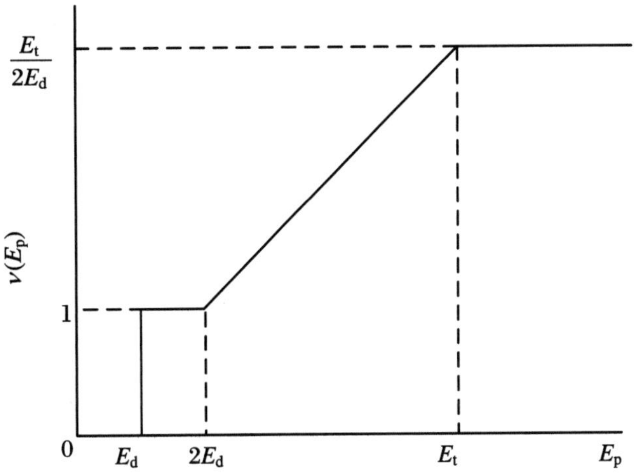

图 3.11　K-P 模型

假如 PKA 动能为 E_p，由于碰撞，将能量 T 传递给靶原子，自身的能量则降为 E_p'，即

$$E_p = E_p' + T$$

如果击出能量阈值为 E_d，则有：

(1) $E_p'<E_d$，$T<E_d$ 时，两个碰撞原子都在碰撞位置停留下来，PKA 将成为自间隙原子。

(2) $E_p' \geqslant E_d$，$T<E_d$ 或者 $E_p'<E_d$，$T \geqslant E_d$ 时，能量比 E_d 大的那个原子将离开碰撞位置。

(3) $E_p' \geqslant E_d$，$T \geqslant E_d$ 时，PKA 和被碰撞原子都将离开碰撞位置，被碰撞原子将成为 2 次击出原子。E_p 每增加 $2E_d$，击出损伤函数 $\nu(E_p)$ 将增加 1。在 $E_p<E_I$ 时，没有非弹性碰撞引起的能量损失。

(4) $E_p>E_I$时，击出损伤函数 $\nu(E_p)$ 将不再随 E_p 的增加而增加，其多出的能量将消耗在非弹性碰撞过程中，因此需要去除(cut off)这部分多出的能量。

K-P 模型中的击出损伤函数 $\nu(E_p)$ 的表达式如下：

$$\nu(E_p) = \begin{cases} 0, & E_p < E_d \\ 1, & E_d \leqslant E_p < 2E_d \\ E_p/(2E_d), & 2E_d \leqslant E_p < E_I \\ E_I/(2E_d), & E_p \geqslant E_I \end{cases} \tag{3.52}$$

图 3.11 所示为击出损伤函数 $\nu(E_p)$与 PKA 的能量 E_p 之间关系的 K-P 模型。

要注意的是，这里，$E_p/(2E_d)$是真正意义上的统计意义平均值（这里忽略 E_I）。对于统计意义的碰撞事件来说，击出原子数量的分布可以从 0（即没有传递大于 E_d 的能量）至 E_p/E_d-1（每一次碰撞传递的能量都刚好足够大），且对于很大的 E_p 来说，有 $E_p/E_d \gg 1$。所以，$\nu(E_p)$的最大值是 E_p/E_d，而不是 $E_p/(2E_d)$。但是，一般认为 K-P 模型计算的缺陷数量多于实际产生的缺陷数量。后来，人们对 K-P 模型作了种种改进，提出了一些新的表达击出损伤函数 $\nu(E_p)$的模型。例如，Snyder-Neufeld 等提出了如下的击出损伤函数模型[8]：

$$\nu(E_p) = \begin{cases} 0, & E_p < E_d \\ 1, & E_d \leqslant E_p < 2E_d \\ 1 + \lg \dfrac{E_p - E_d}{E_d}, & 2E_d \leqslant E_p < 3E_d \\ 0.561E_p/E_d, & E_p \geqslant 5E_d \end{cases} \tag{3.53}$$

值得指出的是，Norgett、Robinson 和 Torrens 发展了用于计算击出损伤函数 $\nu(E_p)$ 的 NRT 模型[9]：

$$\nu(E_p) = \begin{cases} 0, & E_p < E_d \\ 1, & E_d \leqslant E_p < \dfrac{2E_d}{0.8} \\ \dfrac{0.8E_D}{2E_d}, & \dfrac{2E_d}{0.8} \leqslant E_p < \infty \end{cases} \tag{3.54}$$

该模型在国际辐照损伤领域得到了广泛应用，成为国际认可的计算原子击出速率的标准方法，因此积累了庞大的作为标准参数的 NRT dpa 数据。

在 NRT 模型中，E_D 为用以产生缺陷的损伤能量，是 E_p 的函数。由于高能区域的电子阻止部分的增加，E_D/E_p 的比值随着 PKA 能量 E_p 增加而减少：

$$E_D = \frac{E_p}{1 + kg(\varepsilon)}$$

$$k = 0.1337Z^{2/3}/A^{1/2}$$

$$\begin{aligned} \varepsilon &= E_p/(86.931Z^{7/3}) \\ g(\varepsilon) &= 3.4008\,\varepsilon^{1/6} + 0.40244\,\varepsilon^{3/4} + \varepsilon \end{aligned} \tag{3.55}$$

式中，E_D 为损伤能量，Z 为原子序数，A 为原子质量，E_d 为击出能量阈值。

在 NRT 模型中，击出损伤函数 $\nu(E_p)$ 中已经考虑了高能状态下的电子能量损失问题，因此，式(3.54)不像式(3.52)那样，还有一行处理高于特定能量值(即产生了电子激发和离子化)的情况。

其实对于材料辐照损伤学术界来说，NRT 模型的重要性并不在于其准确性，而在于它已经广泛用作标准参照值。虽然如此，有人认为 NRT 模型还是高估了 3 倍的缺陷数量，所以仍有对 NRT 模型进行改进的工作，如式(3.56)[10]的绝热再复合修正后的每个原子的修正位移(athermal recombination corrected displacements per atom，arcdpa)：

$$N_{d,\mathrm{arcdpa}}(E_p) = \begin{cases} 0, & E_p < E_d \\ 1, & E_d < E_p < \dfrac{2E_d}{0.8} \\ \dfrac{0.8E_p}{2E_d}\,\xi_{\mathrm{arcdpa}}(E_p), & \dfrac{2E_d}{0.8} < E_p < \infty \end{cases} \tag{3.56}$$

上式中的有效函数 $N_{d,\mathrm{arcdpa}}(E_p)$ 由下式给出：

$$N_{d,\mathrm{arcdpa}}(E_p) = \frac{1 - c_{\mathrm{arcdpa}}}{(2E_d/0.8)^{b_{\mathrm{arcdpa}}}} E_p^{b_{\mathrm{arcdpa}}} + c_{\mathrm{arcdpa}} \tag{3.57}$$

式中，E_d 是平均击出能量阈值，与 NRT-dpa 模型一样。b_{arcdpa}和 c_{arcdpa}为材料常数。这些常数需要用具体的材料，通过分子动力学模拟或实验来求得。NRT 模型的式(3.54)的形式以及常数 0.8 都保留下来，以便可以与 NRT-dpa 模型直接进行对比。尤其是能够很方便地修改那些采用 NRT-dpa 模型的计算机程序，因为只要简单地乘以函数 $N_{d,\mathrm{arcdpa}}(E_p)$ 即可。

Bacon 等对 NRT 公式进行修改，提出了如下能够更好地与计算机模拟实验所得的数据吻合的比较简单的经验公式[11]：

$$N = A\,(E_p)^m \tag{3.58}$$

式中，A 和 m 均为常数。A 因材料而异，例如，锆为 4.55，铝为 8.07。可以认为，A 与材料的关系是来自击出能量阈值 E_d 与材料的关系。m 则因材料出现的差异比较小，一般取 0.7～0.8。

现如今，对于 NRT 模型进行改进的工作始终在持续推进。[12]

3.5.3 辐照损伤量的估算

通量为 ψ 的入射粒子辐照时间 t 后，在靶中产生的击出原子浓度 C_d 可以用下式计算：

$$C_d = t\psi\sigma_p\langle\nu\rangle \tag{3.59}$$

式中，$\langle\nu\rangle$ 为击出损伤函数的平均值，可以从下式得出：

$$\langle\nu\rangle = \int_{E_d}^{E_{p,max}} \nu(E_p)W_p(E,E_p)dE_p \tag{3.60}$$

若 $\langle E_p\rangle \gg E_d$，则可以认为

$$\langle\nu(E_p)\rangle = \nu(\langle E_p\rangle) \tag{3.61}$$

根据 K-P 模型，可以估算击出原子浓度：

$$C_d = t\psi\sigma_p\nu(\langle E_p\rangle) = t\psi\sigma_p\frac{\langle E_p\rangle}{2E_d} \tag{3.62}$$

式中，PKA 的平均能量 $\langle E_p\rangle$ 为

$$\langle E_p\rangle = \int_{E_d}^{E_{p,max}} E_pW_p(E,E_p)dE_p = \frac{1}{\sigma_p}\int_{E_d}^{E_{p,max}} E_p\frac{d\sigma_p}{dE_p}dE_p$$

下面看几个有代表性的例子。

(1) 能量为 E 的中子辐照，且有 $E_d \ll \langle E_p\rangle \leqslant E_I$。由式(3.42)：

$$\begin{aligned}\langle E_p\rangle &= \frac{E_{p,max}+E_d}{2} \approx \frac{E_{p,max}}{2} = \frac{2E}{A}\\ C_d &= t\psi\sigma_p\frac{E}{AE_d} \approx t\psi\sigma_s\frac{E}{AE_d}\end{aligned} \tag{3.63}$$

式中，A 为靶原子的质量数(amu)，$\sigma_p \approx \sigma_s$。

(2) 能量为 E 的中子辐照，且有 $E_{p,max} > E_I$。根据式(3.52)，有

$$\begin{aligned}\langle\nu\rangle &= \int_{E_d}^{E_{p,max}} V(E_p)W_p(E,E_p)dE_p\\ &= \frac{1}{E_{p,max}}\int_{E_d}^{E_{p,max}} V(E_p)dE_p\end{aligned}$$

$$\approx \frac{E_{\mathrm{I}}}{2E_{\mathrm{d}}}\left(1-\frac{E_{\mathrm{I}}}{2E_{\mathrm{p,max}}}\right)$$

$$=\frac{E_{\mathrm{I}}}{2E_{\mathrm{d}}}\left(1-\frac{AE_{\mathrm{I}}}{8E}\right)$$

$$C_{\mathrm{d}}=t\psi\sigma_S\frac{E_{\mathrm{I}}}{2E_{\mathrm{d}}}\left(1-\frac{AE_{\mathrm{I}}}{8E}\right) \tag{3.64}$$

根据很粗略的估算可知，大约每 $2\times10^{21}\ \mathrm{n/cm^2}$ 的能量为 1 MeV 的中子辐照剂量可以产生 1 dpa 辐照损伤量。在该估算过程中，假设

$$\sigma_{\mathrm{s}}=10^{-24}\ \mathrm{cm^2},\quad t\psi=2\times10^{21}\ \mathrm{n/cm^2}$$

$$A=56,\ E_{\mathrm{d}}=40\ \mathrm{eV},\ E_{\mathrm{I}}=56\ \mathrm{keV},\ E=1\ \mathrm{MeV}$$

则有

$$C_{\mathrm{d}}=t\psi\sigma_{\mathrm{s}}\frac{E_{\mathrm{I}}}{2E_{\mathrm{d}}}\left(1-\frac{AE_{\mathrm{I}}}{8E}\right)=2\times10^{21}\times10^{-24}\frac{56\times10^3}{2\times40}\left(1-\frac{56\times56\times10^3}{8\times10^6}\right)$$

$$=\frac{56}{40}\left(1-\frac{5.6\times5.6}{80}\right)=\frac{56}{40}\times\frac{48.64}{80}=\frac{2723.84}{3200}\approx0.85(\mathrm{dpa})$$

另一个估算方法如下，1 MeV 中子辐照铁的剂量为 $10^{21}\ \mathrm{m^{-2}}$。假定中子与铁的刚球碰撞的全面积为 $10^{-28}\ \mathrm{m^2}$。铁的击出能量阈值为 40 eV。根据公式：

$$\mathrm{dpa}=\frac{\sigma_0(E)\varphi t}{T_{\mathrm{m}}}\frac{T_{\mathrm{m}}^2-\overline{T}_{\mathrm{d}}^2}{4\overline{T}_{\mathrm{d}}}$$

已知

$$T_{\mathrm{m}}=\frac{4M_1M_2}{(M_1+M_2)^2}E=69000\ \mathrm{eV}$$

$$T_{\mathrm{d}}=40\ \mathrm{eV}$$

$$\sigma_0(E)=10^{-28}$$

$$\varphi t=10^{21}$$

可以得到

$$\mathrm{dpa}=0.000043=4.3\times10^{-5}$$

如果将剂量增加 4 个数量级，即为 $10^{21}\ \mathrm{cm^{-2}}$时，可得 0.43 dpa，与上式结果相同。

(3) 离子辐照。根据式(3.44)和式(3.52)，有

$$\langle \nu \rangle = \frac{1}{2}\ln\left(\frac{E_{p,max}}{E_d}\right)$$
$$C_d = \frac{1}{2}t\psi\sigma_p\ln\left(\frac{E_{p,max}}{E_d}\right) \tag{3.65}$$

式中，σ_p 可从式(3.43)计算得出。

如果靶材料为镍，设其击出能量阈值为 40 eV，能量为 1.5 MeV 的中子和质子辐照时的击出损伤函数的平均值$\langle\nu\rangle$分别为 615 和 3.9。

(4) 电子辐照。根据式(3.59)，由于电子辐照时可以认为$\langle\nu\rangle = 1$，所以

$$C_d = t\psi\sigma_p$$

3.5.4 级联过程的特点

辐照中的级联过程是一个很复杂的过程，一些深入的问题现在仍在研究之中。这里仅介绍级联过程的几个特点。

级联过程的持续时间非常短。例如，一个 50 keV 铌(Nb)的 PKA 在铌晶体中大概只要 0.24 ps① 时间就会停止。研究表明，入射离子的能量在几十乃至几百 keV 时，其级联过程的持续时间一般都在几分之一皮秒。这个时间可以与晶格原子的振动周期进行比较。所以在利用计算机模拟辐照损伤的级联时，可以不考虑晶格原子热振动的影响。

据估计，在激光核聚变装置中，能量为 14 MeV 中子的通量高达 10^{24} cm^{-2}/s。但是因为级联过程持续时间极短，即使在如此强的中子通量下，两个级联过程相互重叠的概率也只有 10^{-4}，因而可以忽略级联过程与级联过程之间的相互影响。

在分析辐照下的原子行为时，一般采用的都是两个物体之间的势能函数，即二体势能函数，忽略其他原子的影响。二体势能函数对于两个原子相距很小时比较适用，如碰撞过程中的散射问题，就可以利用二体势能处理。但在处理晶体原子的静态平衡时，如分析级联过程产生的缺陷最终的稳定状态时，就应该考虑更多的原子之间的相互作用，也就是说，要引入多体势能函数。表 2.2 的数值就是采用多体势能函数计算得出的。多体势能函数的表达方式一直是辐照损伤计算机模拟研究的重要问题。

级联过程中产生的晶体缺陷的分布区域有一个很明显的特征。在这个区域中心附近的缺陷主要是大量的空位。自间隙原子则分布在空位区域的周围。这种空位和自间

① 皮秒(picosecond)，符号是 ps，是一个时间单位，1 ps = 10^{-12} s。

隙原子的分布区域相互分离的现象称为离位峰(displacement spike)，即第 2 章所描述的产生偏压。辐照损伤的另一个表现是运动中的原子停止下来后，其剩余的能量将转变成晶格点阵的振动能。这种能量存储在一个很小的区域内，在极短的时间内可以认为晶体材料中只有局部区域受热。为了与离位峰相区别，称这一热影响区为热峰(thermal spike)。当晶体材料温度升高 1000 ℃时，每个原子获得的振动能大约为 0.25 eV。一个能量为 25 eV 的原子，虽然本身不能离开晶格位置成为击出原子，但这些能量足以将大约 100 个铜原子加热到熔点温度附近，相当于产生了一个半径为 7.5×10^{-8} cm 的球形熔化区域。由于热脉冲的维持时间只有几皮秒，所以实际上是否发生了熔化，还无法确定。这种热峰对材料的淬火或退火效应有待进一步研究。

所谓级联，并不是点缺陷在 PKA 的周围成球状密集分布，而是会有许多缺陷密集的小区域(这些小区域称为次级联，即 subcascade)，像葡萄一样，一串串地分布在 PKA 的周围，如图 3.12 所示。Beeler 于 1964 年利用级联模拟计算机程序 GRAPE，证明了这种现象。在实验中，也通过场离子显微镜，观察到了该现象。

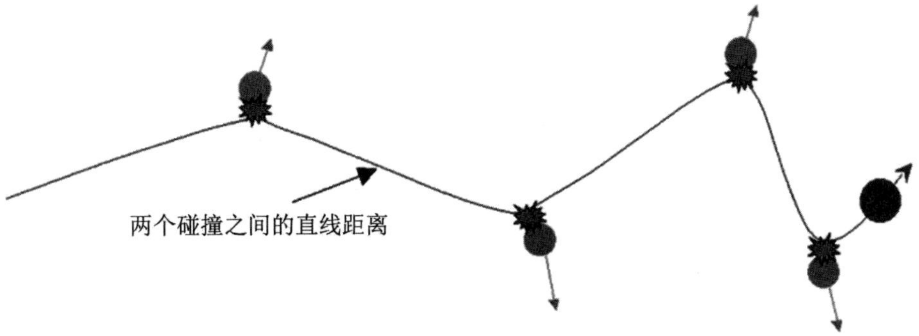

图 3.12　级联过程的葡萄结构

3.6　离子辐照的能量损失过程

中子辐照时，它的碰撞截面很小，平均自由程 L 为 cm 数量级，穿透性很强。一般可以认为中子产生的辐照损伤在入射方向上均匀分布。离子辐照时的情况则完全不同。由于离子带有电荷，它在库仑作用力下具有很大的碰撞截面，很快就会消耗掉入射离子的能量。此时入射离子的射程和辐照损伤的分布都处于离材料表面很近的数微米的薄层中。

由于利用核反应堆进行中子辐照实验有许多局限性，高能重离子辐照实验便成为模拟中子辐照的常用手段。考察离子辐照中的能量损失过程，对于分析入射离子的射程和辐照损伤的分布都十分重要。本节简单介绍一些能量损失过程的分析方法，详细内容可参见其他资料。[13]

3.6.1 原子核能量损失过程和电子能量损失过程

入射离子的能量损失过程大致可分为两种：一种是由靶原子核之间通过库仑势能的作用发生的弹性碰撞引起的，另一种则是由激发靶原子的电子，使靶原子发生离子化，即所谓非弹性碰撞而引起的。前者称为原子核能量损失过程，后者称为电子能量损失过程。原子核能量损失过程能够产生辐照缺陷（击出原子），并使入射粒子的运动方向发生偏转。电子能量损失过程不会产生辐照损伤，入射粒子运动方向的偏转很小，可以忽略。

靶材料为单晶体时，离子沿低指数方向入射，会出现沟道效应，此时能量损失很小，入射离子表现出很强的穿透能力。本节分析入射粒子的能量损失过程时，假定离子入射方向都是高指数方向，或认为靶材料为多晶体，以便排除沟道效应的影响（离子沟道效应参见 3.8.1 小节）。

设 N 为靶内原子数密度，$\mathrm{d}\sigma(E,T)$ 是能量为 E 的入射粒子将 $(T \sim T+\mathrm{d}T)$ 范围的能量传递给靶原子的碰撞截面。入射粒子在前进一段路程 $\mathrm{d}x$ 时发生这种碰撞的次数为 $N\mathrm{d}\sigma(E,T)\mathrm{d}x$，入射粒子在路程 $\mathrm{d}x$ 上损失的能量 $\mathrm{d}E$ 为

$$-\mathrm{d}E = N\int T\mathrm{d}\sigma(E,T)\mathrm{d}x$$

或者写为

$$-\frac{\mathrm{d}E}{\mathrm{d}x} = N\int T\mathrm{d}\sigma(E,T) = NS \tag{3.66}$$

式中，$-\frac{\mathrm{d}E}{\mathrm{d}x}$称为阻止本领（stopping power），右边的 $S = \int T\mathrm{d}\sigma(E,T)$ 称为阻止截面（stopping cross section）。阻止本领可分为原子核阻止本领$\left(-\frac{\mathrm{d}E}{\mathrm{d}x}\right)_{\mathrm{n}}$和电子阻止本领$\left(-\frac{\mathrm{d}E}{\mathrm{d}x}\right)_{\mathrm{e}}$，所以

$$-\frac{\mathrm{d}E}{\mathrm{d}x} = \left(-\frac{\mathrm{d}E}{\mathrm{d}x}\right)_{\mathrm{n}} + \left(-\frac{\mathrm{d}E}{\mathrm{d}x}\right)_{\mathrm{e}} \tag{3.67}$$

高能重离子在靶中最初主要是通过电子能量损失过程而减速。重离子相对于靶的速度决定了重离子本身的带电状态。如果重离子的速度大于电子轨道速度，就可以认为它的核外电子全部脱离，其带电量为 $Z_1 e$。随着重离子的减速，其周围的电子数逐个增加，最后恢复为一个中性的原子。在这种减速过程中，电子能量损失的比例逐渐减少，原子核能量损失的比例逐渐增加。下面分别讨论高能离子和低能离子的能量损失过程。

3.6.2 高能离子的电子能量损失过程

设 v_0 为玻尔(Bohr)电子速度，v_s 为入射离子的 1s 电子的轨道速度，因为

$$v_s \approx Z_1 v_0$$
$$v_0 = \frac{e^2}{h} = 2.19 \times 10^8 \text{ cm/s}$$

如果入射离子的能量 E 大于E_1，且有

$$\frac{E_1}{M_1} = \frac{v_s^2}{2} = Z_1^2 \frac{m e^4}{2h^2} \frac{1}{m} = 24.9 Z_1^2 (\text{keV/amu}) \tag{3.68}$$

则，入射离子就成为一个带电量为 $Z_1 e$ 的离子，此时入射离子的能量主要消耗在与靶中电子的碰撞中，而与靶原子核碰撞所消耗能量的比例非常小。

如果入射离子与靶中电子的碰撞也可以用卢瑟福碰撞公式，在式(3.32)和式(3.35)中，因为 $M_2 = m \ll M_1, Z_2 = 1, E_{\text{p,max}} = T_{\text{m}} \approx 4m_1/M_1 = 2mv_1^2$，式(3.66)的 N 改为靶中的电子密度 $Z_2 N_2$，则有

$$-\left(\frac{\text{d}E_1}{\text{d}x}\right)_{\text{e}} = Z_2 N_2 \int_{I_0}^{T_{\text{m}}} T \frac{2\pi Z_1^2 e^4}{m v_1^2} \frac{\text{d}T}{T^2} = \frac{4\pi Z_1^2 e^4}{m v_1^2} N_2 B$$
$$B = \frac{Z_2}{2} \ln\left(\frac{2mv_1^2}{I_0}\right) \tag{3.69}$$

式中，I_0 为离子化激发能量，B 称为阻止数(stopping number)。

贝特-布洛赫(Bethe-Bloch)理论详细研究了高能入射离子的电子能量损失问题，所得的阻止功的表达公式与式(3.69)形式一样，只是阻止数 B 为

$$B = Z_2 \ln\left(\frac{2mv_1^2}{\langle I \rangle}\right) \tag{3.70}$$

此处$\langle I \rangle$为平均离子化激发能量，当 $Z_2 \gg 1$ 时，$\langle I \rangle \approx 11.5 Z_2 (\text{eV})$。

一般认为，电子激发过程在金属中不会导致原子移位的出现。但曾有研究表示，电子激发在金属中也有可能产生点缺陷。[14]

3.6.3 高能离子的原子核能量损失过程

如果应用卢瑟福散射分析高能入射离子，利用式(3.35)、式(3.66)和式(3.32)，将 E_p 代入 T，则有

$$-\left(\frac{\mathrm{d}E_1}{\mathrm{d}x}\right)_n = N\int_{E_d}^{E_{p,max}} T\mathrm{d}\sigma(E,T) = \frac{2\pi Z_1^2 e^4}{Mv_1^2}N\ln\frac{E_{p,max}}{E_d} \tag{3.71}$$

式(3.71)与式(3.69)相比，形式完全相同，但二者的比值为 m/M_2，也就是说，对于高能入射离子来说，电子碰撞所损失的能量要比原子核碰撞损失的能量大 3 个数量级。

3.6.4 低能离子的电子能量损失过程

若入射离子能量 E 满足条件

$$\frac{E}{M_1} < 24.9Z_1^{4/3}(\mathrm{keV/amu}) \tag{3.72}$$

则根据托马斯-费米(Thomas-Fermi)模型，可以认为大部分的核外电子将跟随离子一起运动，此时的离子可以近似地看成中性原子。

如 3.5.1 小节所述，入射离子的能量低于某一阈值，将不会使电子激发。但实际上即使是能量很低的入射离子，也会产生一些电子能量损失。

Lindhard 认为，入射离子的能量满足式(3.72)时，其电子能量损失的阻止截面 S_e 为

$$S_e = \xi_e 8\pi e^2 a_0 \frac{Z_1 Z_2}{Z}\frac{v}{v_s} \tag{3.73}$$

其中

$$\begin{aligned} Z^{2/3} &= Z_1^{2/3} + Z_2^{2/3} \\ \xi_e &= Z_1^{1/6} \end{aligned} \tag{3.74}$$

从上式可知，低能离子的电子能量损失与离子的速度 v 成正比。

3.6.5　低能离子的原子核能量损失过程

分析低能离子的原子核能量损失过程常用的是 LSS(Lindhard-Scharff-Schiott)理论。[15]

如果入射离子的能量较低,就不能利用式(3.71)来分析原子核能量损失过程。卢瑟福散射理论中,认为带电离子与靶原子核之间的势能可以用式(3.25)表示,实际上就是只考虑原子核之间的电荷作用,忽略核外电子的屏蔽效应。这一前提只有在入射离子的能量足够高,使它能够充分接近靶原子核时才能成立。如果入射离子能量较低,离子与靶原子核的距离比较大,核外电子就会对原子核内的电荷产生屏蔽效应,此时的库仑相互作用势能应为

$$V(r) = \frac{Z_1 Z_2}{r} e^2 \psi\left(\frac{r}{\alpha}\right)$$

式中,α 为屏蔽系数,$\psi(r/\alpha)$为屏蔽函数。$\psi(r/\alpha)$有许多种表达形式,托马斯-费米认为,当入射离子的能量 E 满足式(3.72)的条件时,可以从下面的方程式中求解屏蔽函数 $\psi(r/\alpha)$:

$$x^{1/2} \frac{d^2 \psi(x)}{dx^2} = \psi(x)^{2/3} \tag{3.75}$$

Lindhard 等人利用托马斯-费米提出的屏蔽函数,计算出微分散射截面:

$$d\sigma = \pi \alpha^2 \frac{dt}{2t^{2/3}} f(t^{1/2}) \tag{3.76}$$

式中

$$t = \varepsilon^2 \sin^2 \frac{\theta}{2}$$

$$\varepsilon = \frac{1}{\nu(\alpha)} \frac{M_2}{M_1 + M_2} E$$

进一步求得原子核阻止能:

$$-\left(\frac{dE}{dx}\right)_n = \frac{\pi \alpha^2 N E_{p,\max}}{\varepsilon^2} \int_0^{\varepsilon} d(t^{1/2}) f(t^{1/2}) \tag{3.77}$$

Lindhard 等给出了函数 $f(t^{1/2})$的图形表达和数值表达形式。[15] Winterbon 则给出

了 $f(t^{1/2})$如下的近似函数表达式[16]：

$$f(t^{1/2}) = \lambda t^{1/6} [1 + (2\lambda t^{2/3})^{2/3}]^{-3/2}, \quad \lambda = 1.309$$

对于 $t \geqslant 10$ 的高能离子，$f(t^{1/2})$的数值与卢瑟福散射的数值相近。

3.7 投影射程与辐照损伤分布

除了具有很强穿透性的中子外，带电离子或电子在靶中运动时还会迅速消耗其能量，且在经过不太长的路程后便会停止下来。以 R 表示入射粒子从进入靶起到停止点所通过的总路程，称为射程；以 R_p 表示射程在入射方向投影的长度，称作投影射程。射程和投影射程的关系如图 3.13 所示。

在实验中，投影射程的意义更大，因为从投影射程可以估算离子在靶中的深度分布。当原子核能量损失为主时，R 与 R_p 之间有一个简单的近似关系：

$$\frac{R}{R_p} = 1 + \frac{M_2}{3M_1}$$

式中，M_2 为靶原子的质量，M_1 为入射离子的质量。

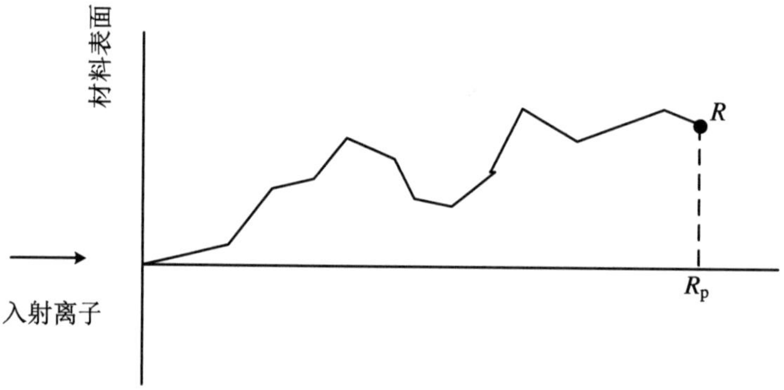

图 3.13　射程 R 与投影射程 R_p 的关系

辐照损伤的数量与入射粒子在该处的原子核能量损失成正比。只要能计算出入射粒子的原子核能量损失的分布，就可以得到辐照损伤的分布。显然，辐照损伤的分布比入射粒子自身的分布（即投影射程）要浅一些。

3.7.1 射程估算

估算离子的射程有一个简单公式[13]：

$$R = 0.07 \times \frac{(Z_1^{2/3} + Z_2^{2/3})^{1/2}}{Z_1 Z_2} \frac{M_1 + M_2}{M_1} E \tag{3.78}$$

式中，入射离子能量 E 的单位为 eV，射程 R 的单位为 nm。

由于推导式(3.78)时忽略了电子能量损失，因而计算得到的射程比实验值大一些，特别是对于 E/M 比较大的高能、质量小的离子，式(3.78)的误差更大，有可能比实际值小一半，但计算低能重离子比较准确。

电子辐照时的射程也可以利用一些经验公式来估算。

Glendennin[17]提出了如下估算入射能量为 E(MeV)的电子的射程的公式：

$$R = \begin{cases} 407E^{1.38}, & 0.15\ \text{MeV} < E < 0.8\ \text{MeV} \\ 542E - 133, & E > 0.8\ \text{MeV} \end{cases} \tag{3.79}$$

式中，R 为电子在单位密度的材料中的射程，单位为 $\text{mg} \cdot \text{cm}^2$。例如，$Al_2O_3$ 的密度为 $3.97\ \text{g} \cdot \text{cm}^{-3}$，能量为 2 MeV 的电子入射到这种材料中时

$$R = \frac{542 \times 2 - 133}{3.97 \times 1000} = 0.239(\text{cm}) \approx 2.4(\text{mm})$$

即入射电子将会在大约 2.4 mm 处停止下来。

由于估算的结果非常粗糙，实际工作中往往要利用计算机程序进行严格的计算。

计算离子的投影射程和辐照损伤分布的计算机程序有不少[13,18-20]，这里主要介绍 E-DEP-1、TRIM 以及 SRIM。

3.7.2 E-DEP-1 程序

E-DEP-1 程序的基础为式(3.77)表达的 LSS 理论。该程序采用多个子程序，能高精度计算有关积分表达式，计算速度很快。

由于 LSS 理论的关系，使用程序时要注意离子的能量 E 是否满足式(3.72)的条件。例如，对于 H^+、He^+ 和 Cu^+ 三种离子来说：

$$E(H^+) < 24.9Z_1^{4/3}M_1 = 24.9\ (\text{keV})$$
$$E(He^+) < 24.9Z_1^{4/3}M_1 = 250\ (\text{keV})$$
$$E(Cu^+) < 24.9Z_1^{4/3}M_1 = 140\ (\text{MeV})$$

图 3.14、图 3.15 和图 3.16 所示分别是利用 E-DEP-1 程序，计算 100 keV H^+、70 keV He^+ 和 5 MeV Cu^+ 等离子辐照 316 不锈钢时，材料深度方向的能量分布曲线。从这些结果中发现，对于式(3.72)的条件，5 MeV Cu^+ 能够满足，而 100 keV H^+ 不能满足，70 keV He^+ 虽然满足，但不如 Cu^+ 有明显的峰值。所以 100 keV H^+ 和 70 keV He^+ 的计算曲线中没有明显的峰值，与辐照实验结果不相符合。

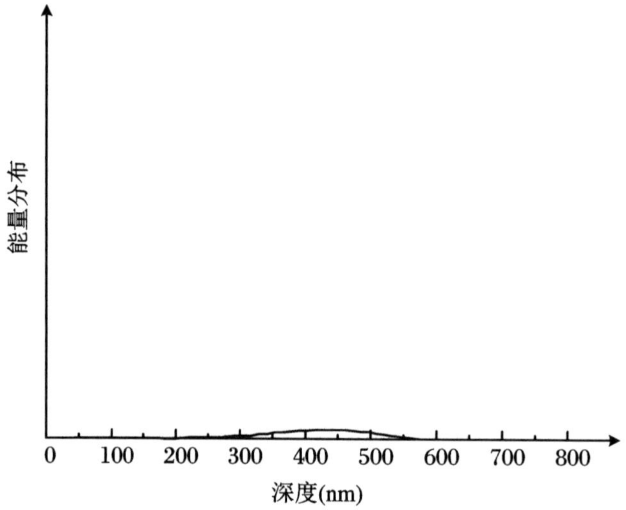

图 3.14　利用 E-DEP-1 程序计算 100 keV H^+ 在 316 钢中的能量分布曲线

由此可见，E-DEP-1 程序只适用与那些低能离子或重离子($Z_1 \cdot M_1$ 较大)。为了克服这种局限，后来出现了改进型 E-DEP-1 程序。

3.7.3　TRIM 程序

TRIM(Transport of Ions in Matter)程序在计算入射离子的能量损失时，高能部分采用式(3.69)和式(3.70)表示的贝特-布洛克理论，低能部分采用式(3.77)表示的 LSS 理论。因此，与 E-DEP-1 程序不同，TRIM 程序对于各种能量和质量的离子均能适用。

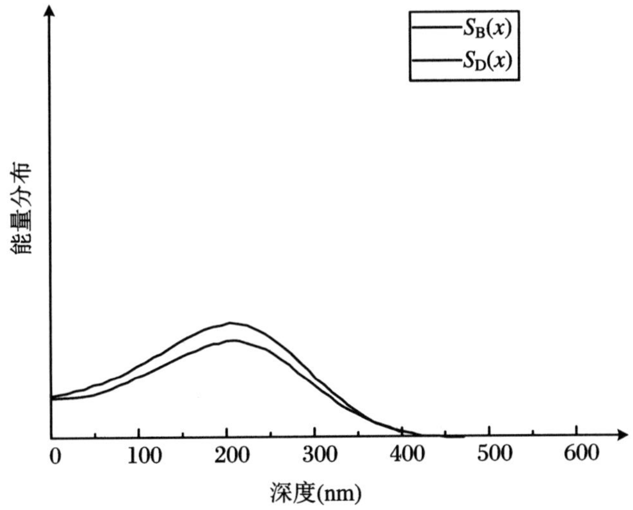

图 3.15　利用 E-DEP-1 程序计算 70 keV He^+ 在 316 钢中的能量分布曲线

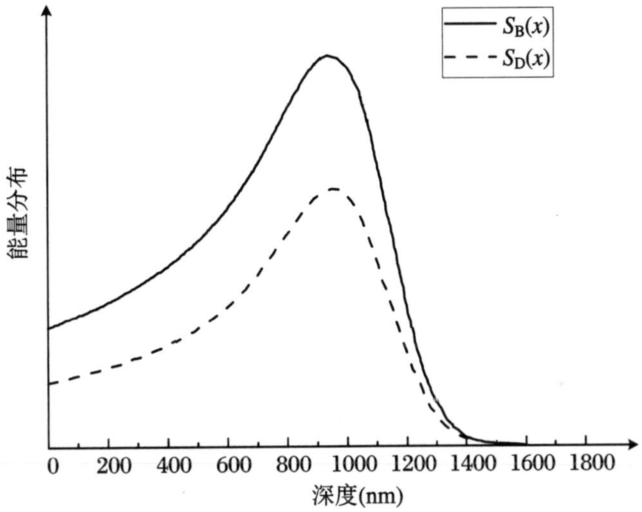

图 3.16　利用 E-DEP-1 程序计算 5 MV Cu^+ 在 316 钢中的能量分布曲线

与 E-DEP-1 程序的另一个区别是，TRIM 程序不是通过计算积分表达式来求解能量损失的。TRIM 采用蒙特卡罗法，随机选定碰撞参数，模拟碰撞过程，计算一个离子从进入靶开始到最终丧失能量或穿出靶时所产生的辐照缺陷。TRIM 的计算结果具有统计意义。只有当所计算的离子个数足够多，才能获得所需要的计算精度。为了获得较高精度的结果，TRIM 程序就得运行需要较长的时间。图 3.17 所示为利用 TRIM 计算 100 keV H^+ 和 100 keV He^+ 的辐照缺陷和离子的分布曲线。

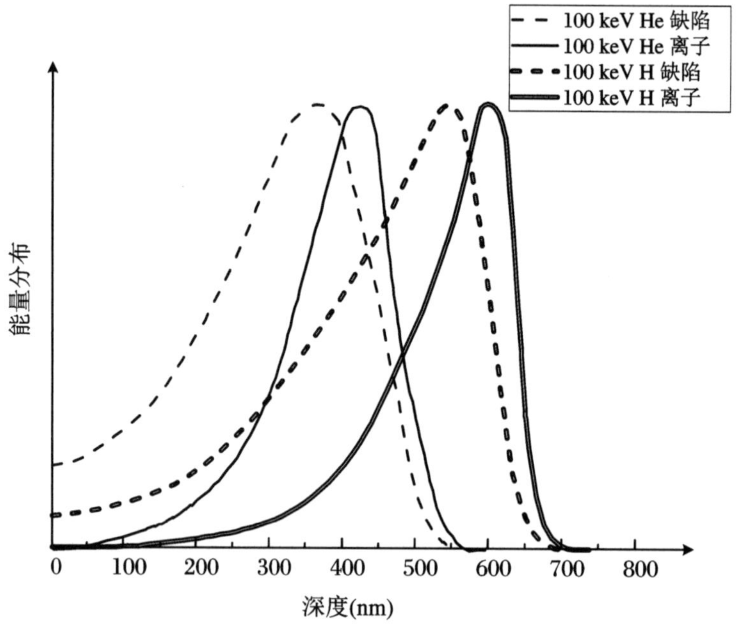

图 3.17　利用 TRIM 程序计算铁中的辐照缺陷和离子的分布曲线

3.7.4　SRIM 程序

蒙特卡罗模拟程序 SRIM(stopping and range of ions in matter),其前身就是 TRIM 程序,主要用于计算受到高能离子辐照时的材料中离子分布,也可以计算辐照损伤速率,即 dpa。由于 dpa 是常用的辐照损伤标准,大多数研究人员会使用 SRIM 来估算其辐照实验的 dpa。这个程序的最初用户是从事离子束材料改性或离子束注入的研究人员。在核能有关学术杂志 *Nuclear Instruments and Methods* 和 *Journal of Nuclear Materials* 上发表的论文中,这个程序的应用确实非常普遍,这也说明了这个程序的有效和方便。该程序最初的内容是确定离子能量的电子阻止能与原子核阻止能的比例。近来在改进电子阻止本领方面成果显著。研究人员正在利用离子束研究高能粒子在材料中产生的辐照损伤,以探讨高能中子的辐照效应。

如同 TRIM 程序一样,在离子辐照损伤实验中,SRIM 程序常被用来计算材料中的离子原子与辐照缺陷的沿深度方向的分布,如图 3.18 所示。但利用 SRIM 程序计算辐照缺陷的 dpa 数值时,要注意的是,此时没有考虑当离子能量足够高而穿出样品的情况。[21]利用 SRIM 程序计算辐照损伤时,有好几种获得 dpa 的方法。[22]用户需要在

"quick Kinchin and Pease"(K-P)和"full cascade"(F-C)两个选项之间进行选择。从名称上看,采用全级联模型(full cascade model,F-C 模型),即所谓全级联模型进行计算时似乎会更加准确,事实上 SRIM 程序的使用说明中也建议使用 F-C 模型。但是实际情况并非如此。通过作为 SRIM 程序输出结果的文件 vacancy. txt 可以所得到的击出原子数量。可是,虽然从 K-P 模型和 F-C 模型得到的损伤能量一般是相同的,但是对应于这两种选项的 vacancy. txt 的击出原子数量,后者是前者的 2 倍左右。也就是说,如果采用 F-C模型的文件 vacancy. txt 来获得击出原子数量,就有可能高估 dpa。为了避免这一问题,如果希望利用 SRIM 计算离子辐照实验中的 dpa,并将其结果与中子或其他离子辐照实验进行对比的话,建议选择"quick Kinchin and Pease"选项。同时,在报道 dpa 数据时,应该说明其使用 SRIM 时所采用的选项。但是,Agarwal S 等在 2021 年再次详细比较了 full 模式和 quick 模式,重新提到用 full 模式的 vacancy 方法计算的 dpa 可能是其能量方法或者 quick 方法的 1.3～3.5 倍,并推荐采用 full 模式的能量计算方法来获得 dpa 数据。[23]

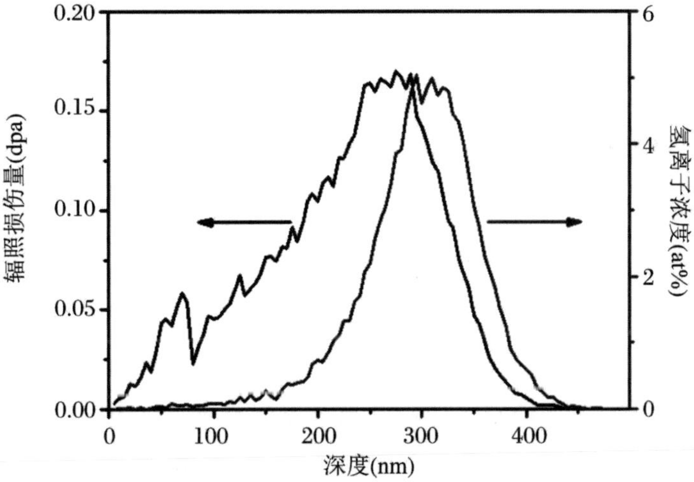

图 3.18　30 keV H^+ 注入铝中时的 dpa 和氢浓度的分布(By SRIM-2013)

如上所述,要确定一个已知 PKA 产生的位移原子的绝对"准确"的数量是不可能的。虽然 MD 模拟能够给出最现实的估算,但是 MD 的结果在某种程度上也是依存于模型(原子间势函数)的。MD 模拟认为温度对于点缺陷形成具有一定的影响,但 SRIM 却没有考虑温度。

对于辐照损伤学术界来说,NRT 模型的重要性并不在于其准确性,而是在于它广泛用作标准参照值。要注意的是,一个 PKA 所产生的稳定的原子位移的数量是远远低于 NRT 模型的。

如果希望利用 SRIM 计算离子辐照实验中的 dpa，并将其结果与中子或其他离子辐照实验进行对比的话，重要的是要使得计算值与国际标准保持一致。此时有建议：

(1) 运行 SRIM 时，采用“quick Kinchin and Pease”选项。

(2) 选择位移阈值能量。

(3) 将晶格结合能设定为 0。

(4) 计算损伤能量。

(5) 计算位移数量。

为了避免在比较其他实验的数据时出现误导，研究者在报道自己的 dpa 数据时，应该详细说明是如何计算这些数据的，并尽量去确认作为比较对象的 dpa 数据是如何计算得到的。

在 3.5.2 小节中介绍的 NRT 公式中，对于铁及铁合金来说，常采用的 E_d 为 40 eV。ASTM 标准建议金属钨的 E_d 为 90 eV[24]，Nordlund 等则认为这一数值偏高，建议钨采用 $E_d = 70$ eV。[25]

3.8 晶体材料辐照中的某些特殊效应

本章前面叙述的辐照损伤理论，都是基于二体碰撞模型，并没有考虑固体材料的晶体结构问题。例如，SRIM 软件中也不需要输入有关样品的晶体结构的数据。也就是说，在二体碰撞模型中，既没有考虑碰撞之间的相关性(correlated collision)，也没有考虑同时在多个粒子之间发生的多体碰撞效应(如穆斯堡尔效应)。碰撞发生后，粒子就失去了以前的记忆。能够反应靶固体的性质的参数只有原子密度，碰撞只是一个概率过程，碰撞之间的平均自由程 λ 远大于靶固体的晶格常数 a_0。但是，如果入射粒子的能量较低，出现 $\lambda \sim a_0$，则连续发生的碰撞过程之间就会存在晶体学相关性的问题。

下面主要讨论 3 个辐照时的晶体学相关性问题：离子沟道效应、聚焦碰撞效应以及击出能量阈值的各向异性。

为了方便，入射粒子与靶原子的碰撞，常常近似处理成等效的刚性球碰撞。靶原子的等效刚性球半径与靶原子的势能和入射粒子的能量有关。

当入射粒子的能量为几百 eV 以下时，靶原子间的势能函数可以用如下的玻恩-迈耶(Born-Mayer)势能函数来表示：

$$V(r) = A\exp\left(-\frac{r}{b}\right) \tag{3.80}$$

式中，A、b 为常数，r 为原子距离。

入射粒子靠近靶原子时，动能逐渐降低，直到其动能与反作用势能相等时，便不再能继续靠近，由此可计算出刚性球半径 R。

能量为 E 的入射粒子运动到离靶原子球心的距离 R 时，其势能 $V(R)$ 为 E 的一半，即

$$V(R) = A\exp\left(-\frac{R}{b}\right) = \frac{E}{2}$$

所以

$$R = b\log\left(\frac{2A}{E}\right) \tag{3.81}$$

此处的 R 应理解为入射粒子的刚性球半径 r_1 与靶原子刚性球半径 r_2 之和，即碰撞半径(collision radius)。如果把入射粒子处理成一个质点，就可以将 R 看成是靶原子的等效刚性球半径(参见 3.3.1 小节)。

从式(3.81)可知，靶原子的等效刚性球半径与入射粒子的能量 E 成反比。入射粒子能量越高，靶原子就显得越小；入射粒子能量越低，靶原子就显得越大。这个结论对于下文叙述的离子沟道效应和聚焦碰撞效应是很重要的。

3.8.1 离子沟道效应

入射粒子沿某一低指数的晶体学方向(如〈100〉)辐照时，能够出现异乎寻常的穿透性，这种现象叫作辐照晶体的沟道效应(channeling)。

仔细观察晶体，可以发现这样一个现象：晶体学方向的指数越低，这一方向的原子列中的原子排列就越密，原子列与原子列之间的间隔就越大。因此，在低指数方向的原子列中间构成了一条空间较大的“原子隧道”。

原子刚性球半径与入射粒子的能量成反比；如果入射粒子能量太低，刚性球半径变大，相邻的两个原子列互相重合，“原子隧道”被堵塞；如果入射粒子能量太高，刚性球半径变小，在一条原子列上的原子之间的间距增大，也形成不了“原子隧道”。只有当入射粒子能量适当(如对于铜，这一能量约为 300 eV)，原子列上的原子才刚好相互重合，但原子列之间仍留有一定的空间，即可形成一条四周由“原子壁”组成的“原子隧道”。入射粒

子沿低指数方向辐照，进入这条隧道时，与周围的隧道壁即原子列之间发生小角度散射。此时，入射粒子可以运动一个很长的距离，于是就出现了沟道效应。这些低指数的沟道又叫轴沟道(axial channel)。

沟道效应发生时，离子运动轨道的绝大部分离开原子列较远，原子核能量损失占的比例很小，电子能量损失占的比例比较大。此时产生的辐照损伤量就会大大减少，最多在沟道运动的最后一段过程上产生几个击出原子。

级联碰撞过程中的击出原子也有可能进入沟道，但这种可能性比较小，对于击出损伤函数 $\nu(E_p)$ 的影响可以忽略。

J. Stark 在 1912 年就预言了沟道效应，但在很长时间内没有引起人们的注意。[26] 直到 1961 年才由 Davies 等在实验中予以证实。[27]

值得一提的是，在同一年，Robinson 等也通过计算机模拟计算发现了沟道效应，他们利用计算机模拟计算出铜单晶中的入射铜离子的射程时，发现了在进行有关低指数入射方向的计算时，计算机无法停止运算。进一步分析才发现，这些方向的离子射程特别大。[28]

离子沟道效应在研究离子射程时非常重要。除此之外，离子沟道效应本身也已成为一种重要的物理实验手段，尤其是测定晶体中间隙类溶质原子的晶格位置时非常有效。

假设有一束离子沿一沟道方向入射，由于沟道效应，入射离子与原子列作用很小，与处于间隙位置的溶质原子相互作用的概率却很高。由此可见，入射离子对准沟道入射时和沿随机方向入射时，与溶质原子的相互作用的差别包含了溶质原子在晶格中位置的信息。通常仅观察一个晶轴方向还不足以判定溶质原子的晶格位置。根据立体几何原理，要观察两个以上的晶轴方向，才能判定溶质原子的晶格位置。

从上面叙述可知，如果利用单晶样品，沿着沟道效应的方向进行正离子辐照，此时产生的辐照损伤将会非常少。入射的离子大部分都会成为沟道粒子，能量损失主要是电子能量损失。然而，研究表明，级联过程中击出的原子基本上不会像外部入射的粒子那样，产生明显的沟道效应。另外，对于材料表面损伤来说，如果沿着沟道效应进行粒子辐照，将会降低材料的溅射速率。

3.8.2 聚焦碰撞效应

假设在沿 x 轴排列的一列晶格原子内发生碰撞，碰撞方向从原子 1 到原子 2，如图 3.19所示。两原子的球心距离为 D，碰撞半径为 R。前面已说明，碰撞半径 R 与碰撞刚球半径(radius of the colliding sphere) r 的区别。如果入射离子与靶原子为同类原子，

且半径为 r，则有 $R=2r$。

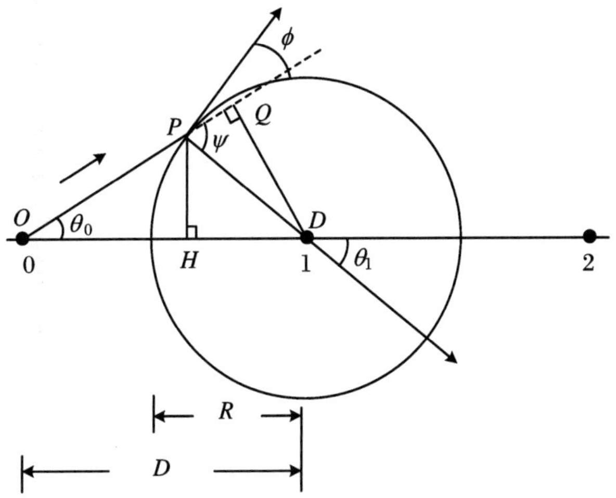

图 3.19　聚焦碰撞时刚性球的运动关系

首先分析原子 1 和原子 2 之间的碰撞情况。碰撞前原子 1 的运动方向与 x 轴夹角为 θ_0，碰撞后原子 2 运动方向与 x 轴夹角为 θ_1。根据三角函数的定义，可得出

$$\sin\theta_1=\left\{\frac{D}{R}\cos\theta_0-\left[1-\left(\frac{D}{R}\sin\theta_0\right)^2\right]^{1/2}\right\}\sin\theta_0 \tag{3.82}$$

当 θ 很小，即 $\theta\to 0$ 时，$\sin\theta\to\theta$，$\cos\theta\to 1$。此时上式可以写为

$$\theta_1=\left(\frac{D}{R}-1\right)\theta_0 \tag{3.83}$$

如果有

$$R>\frac{D}{2} \tag{3.84}$$

则有

$$\theta_1<\theta_0$$

同样，在这列原子的碰撞中，如果式(3.84)的条件成立，一般都有

$$\theta_{m+1}<\theta_m \tag{3.85}$$

式(3.85)意味着出现了聚焦碰撞效应(focusing)，而式(3.84)则是发生聚焦碰撞的必要条件。

式(3.84)中的 D 取决于晶体结构和原子列所在的晶体学方向。当式(3.84)的条件

成立时，由式(3.81)可得

$$E < 2A\exp\left(-\frac{D}{2b}\right) \tag{3.86}$$

这意味着聚焦碰撞只会在能量较低时才会发生，这种能量一般都在几百 eV 以下，对于轻元素来说，该能量约为 10 eV，而对于重元素来说，则约为 1000 eV。

原子 1 与原子 2 发生聚焦碰撞时，因为 θ 很小，近似于正面碰撞。原子 1 的能量 E 基本上全部传递给了原子 2，原子 1 停止下来占据原子 2 原来的晶格位置，而原子 2 则继续与原子列上的下一个原子发生聚焦碰撞。显然，此时原子 1 的能量 E 即使满足 $E > E_d$，它也不会变成击出原子。所以聚焦碰撞发生时，就不能简单地利用式(3.12)来判断是否产生击出原子。

聚焦碰撞可以将碰撞能量沿直线方向传递到较远的地方，使得形成的空位和自间隙原子之间的距离增大，从而减少空位和自间隙原子再结合的机会，增加自间隙原子的生存概率。越是较重的元素，这种聚焦碰撞效应则越显著。聚焦碰撞在碰撞级联中起着非常重要的作用。空位总是在碰撞级联发生的附近比较集中地出现，而自间隙原子却分布在这些空位区域的外围。除了前面讨论过的较低的自间隙原子迁移能、自间隙原子团簇的一维迁移这两个因素之外，聚焦碰撞也是产生偏压的原因之一。

聚焦碰撞如果遇到晶体不连续的地方，就会产生自间隙原子。最典型的例子就是聚焦碰撞遇上层错的情况。另外，聚焦碰撞遇上材料表面时，表面的原子结合能只有几 eV，因此就会将原子击出材料表面，产生溅射现象。此时，材料表面会出现相当于一个原子凹陷的表面空位。考虑到溅射实验中，许多金属的表面原子击出方向都是最密排方向，也可以证明聚焦碰撞的存在。不过，在金刚石晶体结构和 HCP 晶体结构的非密排方向上，也发现了原子击出表面的现象，因此就不能简单地将原子被击出表面的现象作为发生聚焦碰撞的证据。

聚焦碰撞效应和沟道效应都会将初始 PKA 或级联产生的自间隙原子进行长程输送，且都会使得单个 PKA 产生的击出原子数量，即 $\nu(T)$ 少于根据简单 K-P 模型所估算的数值。

3.8.3 击出能量阈值的各向异性

在式(3.12)中，认为击出能量阈值是一个常数，以此数值为边界，产生击出原子的概率从 0 变为 1。但是，从 20 世纪 60 年代起，实验发现在硅、锗这样的Ⅳ族半导体晶体以及铜、铁等单晶中，击出能量阈值与晶体学方向有关。另外，根据在击出能量阈值附近进行的击出界面测试实验，也发现击出概率 $P(E_p)$ 在 E_d 附近并不是从 0 到 1 急剧变化的台阶函数。对于电子束辐照损伤时的 $\bar{E}_p \approx E_d$ 的情况，需要进一步深入地对击出阈值进行分析。

在实验中，一般都是通过电子束辐照实验，根据式(3.45)，计算击出能量阈值 E_d。此时测出的 E_{th}，是能够观察到辐照效应的电子束能量的下限值。我们得到的不是简单的产生击出的能量阈值，而是产生不可逆的击出效应时的能量阈值。

然而，典型的击出能量阈值 E_d 一般为 12～25 eV，具备这一能量的击出原子移动一个原子距离时，所需时间大致为 $\tau = D/v = 10^{-14}$ s。也就是说，在小于 1 个晶格振动周期的时间里完成原子击出事件，大部分的原子看起来都是处于静止状态。另外，如第 2 章所述，作为击出的弗伦克尔点缺陷对，在晶体中储存的能量为 $E_{fv} + E_{fi}$，约等于几 eV，其结果是 E_d 中的大部分能量都消耗在晶格扰动中。然后，从这种不可逆的“辐照效应”中，求出击出能量阈值。

考虑是否产生原子击出现象时，主要有两个立场。一个是能量条件(energy criterion)。根据切断与周围原子的结合，并将周围原子排挤开来所需的动能，可以确定击出能量阈值。另一个则是距离条件(distance criterion)。为了不出现再复合现象，自间隙原子与空位之间的距离必须大于一定值。从前一个条件出发，似乎 E_d 与升华能有关，6.1 节介绍了 FCC 金属中 E_d 与升华能之间的近似关系，但也有人认为二者之间实际上没有什么关系。[29]

对于多晶体来说，采用怎样的 E_d，在工程上十分重要。从现有的数据来看，FCC 金属中，多晶体的 E_d 与〈110〉方向的击出能量阈值比较接近。但是，对于更高能量的级联来说，一般会采用更大的击出能量阈值 E_d。

3.4.3 小节说过，击出能量阈值 E_d 是各个晶向的击出能量阈值的平均值。需要指出的是，对于 FCC 晶体来说，这个平均值不是〈100〉、〈110〉、〈111〉三个晶向的击出能量阈值的平均值，而是所有晶向的平均值，否则无法解释作为平均值的击出能量阈值 E_d 有时会大于〈111〉的击出能量阈值。虽然，在 FCC 晶体结构的〈100〉、〈110〉、〈111〉三个晶向的击出能量阈值中，〈111〉击出能量阈值最大，但并不意味着在其他晶向上没有更高的值。从图 3.20 可知，实际上在其他晶向上是有可能存在更高的击出能量阈值的，晶向的微小变化可能导致 E_d 值发生很大变化。[30]例如，有报告称铁中最大的 E_d 出现在〈123〉晶向。[31]寻找最低的击出能量阈值是一件令人感兴趣的事情，因为这对利用低压透射电镜进行原位电子束辐照实验来说，非常重要。实际上，在利用低压透射电镜对 HCP 结构的镁进行电子辐照时，发现与[0001]晶向相比，[$1\bar{2}10$]晶向入射时产生的缺陷产额显著增加[32]，与表 6.4 所示的数据一致。

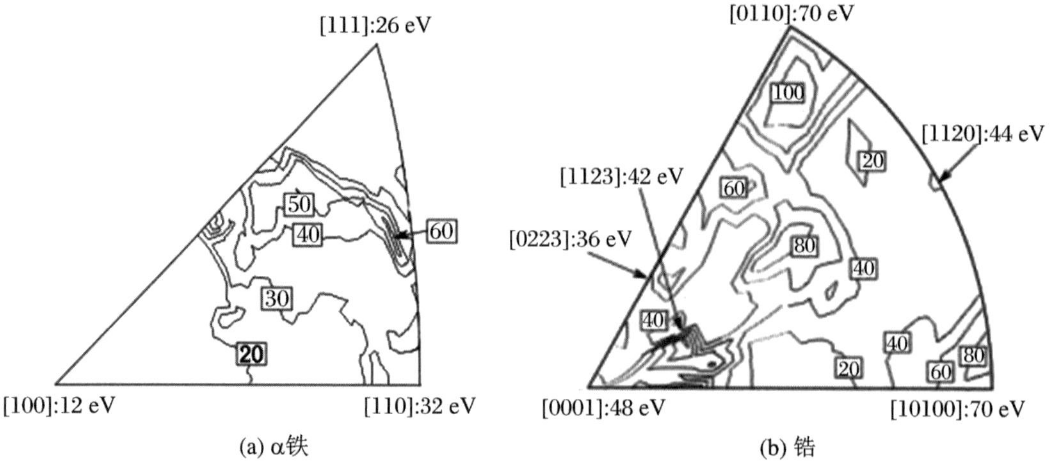

图 3.20　不同晶体方向的击出能量阈值[33]

3.9　点缺陷浓度变化的速率理论

为了分析点缺陷之间以及点缺陷与其他缺陷之间的相互作用，借用化学反应速率的概念，提出了速率理论(rate theory)。下面来看一个描述辐照下点缺陷浓度变化时的速率理论。[4]

近邻的空位与自间隙原子对(V-I 对)的再结合引起的湮灭反应，有如下公式：

$$-\frac{\mathrm{d}C_{\mathrm{i}}}{\mathrm{d}t}=-\frac{\mathrm{d}C_{\mathrm{v}}}{\mathrm{d}t}=k_{\mathrm{vi}}C_{\mathrm{i}}C_{\mathrm{v}}$$

对于 k_{vi}，可以认为 $k_{\mathrm{vi}}=Z_{\mathrm{vi}}D_{\mathrm{i}}/a_0^2=500D_{\mathrm{i}}/a_0^2$。

这里，空位浓度 C_{v} 和自间隙原子浓度 C_{i} 的变化可用如下公式来表示，式中包括表示弗伦克尔点缺陷对的形成速率 K(dpa/sec)、V-I 点缺陷的再结合，以及 V 和 I 分别表示流向点缺陷阱(sink，如位错、空洞等)以致湮灭的速率等各项。

$$\frac{\mathrm{d}C_{\mathrm{v}}}{\mathrm{d}t}=K-k_{\mathrm{vi}}C_{\mathrm{v}}C_{\mathrm{i}}-k_{\mathrm{sv}}(C_{\mathrm{v}}-C_{\mathrm{v}}^{0})+D_{\mathrm{v}}\nabla^2C_{\mathrm{v}} \tag{3.87}$$

$$\frac{\mathrm{d}C_{\mathrm{i}}}{\mathrm{d}t}=K-k_{\mathrm{vi}}C_{\mathrm{v}}C_{\mathrm{i}}-k_{\mathrm{si}}C_{\mathrm{si}}C_{\mathrm{i}}+D_{\mathrm{i}}\nabla^2C_{\mathrm{i}} \tag{3.88}$$

式中，K 为辐照时的弗伦克尔点缺陷对的生成速率，k_{iv}为空位与自间隙原子相互结合的速度常数，k_{sv}、k_{si}分别表示空位、自间隙原子与点缺陷阱进行缺陷反应的速度常数，C_{sv}、C_{si}分别表示作用于空位和自间隙原子的点缺陷阱的浓度。为简化起见，认为 K 在整个空间为均匀分布。右边第 3 项中的 k_{sv}和 k_{si}，如果点缺陷阱为位错，则可用下式表示：

$$\begin{aligned} k_{id} &= D_i Z_{id} \rho_d \\ k_{vd} &= D_v Z_{vd} \rho_d \end{aligned} \tag{3.89}$$

式中，ρ_d 为位错密度。如果点缺陷阱为空洞，可用下式表示：

$$k_{sv} C_{sv} = 4\pi r_v D_v / N_0$$

式中，r_v 和 N_0 分别表示空洞半径和空洞密度。对于自间隙原子，也可采用同样形式的公式。

对于晶界和材料表面的扩散项，则设定点缺陷阱表面的表面条件为 $C_v = C_i = 0$。

对于式(3.87)和式(3.88)，如果假定处于稳定状态，$\mathrm{d}C_v/\mathrm{d}t = \mathrm{d}C_i/\mathrm{d}t = 0$，则可以进行求解。但是，实际上点缺陷浓度是会随着辐照时间变化的。下面对简化情况进行分析。此时假定 $C_{sv} = C_{si} = C_s$，$D_i \gg D_v$。可以求得辐照下空位和自间隙原子的浓度变化，如图 3.21 所示。[34] 为了进一步简化，也可以省略上述式(3.87)和式(3.88)的右边第 4 项。

在空位难以迁移的低温下，如果点缺陷阱的浓度 C_s 较小，点缺陷的浓度变化可以用图 3.21(a)来表示。一开始，点缺陷浓度很低，V、I 不发生湮灭，点缺陷浓度随着辐照时间成比例增加。到浓度达到一定值后，空位与自间隙原子的相互结合概率增大，点缺陷的浓度便维持在一定值不变。经过时间常数 τ_2 后，自间隙原子 I 开始迁移到点缺陷阱处，空位 V 的浓度继续增加，自间隙原子的浓度则不断减少。同样经过时间常数 τ_3 后，V 也开始流向点缺陷阱，从而使得 V 的浓度不再增加。两种点缺陷的浓度都维持在一个新的常态值。同样，对点缺陷阱浓度 C_s 不同以及高温的情况分析，如图 3.21(b)、(c)、(d)所示。各时间常数的意义见表 3.2。高温与低温的分界点温度 T_c 可以用下式表示：

$$T_c \approx \frac{10^4 E_{mv}(\mathrm{eV})}{\ln[C_s^2/K(\mathrm{s}^{-1})] + 35}$$

上述分析当然是基于简单化了的模型。实际分析时，还常常需要考虑其他的因素。例如，在图 3.21(a)中，τ_2 之后的 V 浓度发生上升，但如果 C_s 较低的话，就会出现 $V + V \rightarrow V_2$ 反应取代 $V + S \rightarrow S$ 反应的可能性。当 $\tau_5 < \tau_3$ 时，就需要考虑 V_2 的形成。

表 3.2 时间常数

时间常数	意　　义
$\tau_1 = (Kk_{vi})^{-1/2}$	V、I 累积后,开始发生 V-I 再结合的时间
$\tau_2 = (k_{si}C_s)^{-1}$	I 流向点缺陷阱消失的时间
$\tau_3 = (k_{sv}C_s)^{-1}$	V 流向点缺陷阱消失的时间
$\tau_4 = \tau_1^2/\tau_2$	V-I 再结合超过了 I 流向点缺陷阱的时间
$\tau_5 = \left(\dfrac{k_{vi}}{Kk_{si}C_s k_{vv}^2}\right)^{1/3}$	V 的增加率与 V_2 形成引起的 V 的减少率之间出现平衡的时间

一般来说,利用计算机模拟方法研究材料辐照损伤的主要有两个领域:分子动力学模拟和速率理论。分子动力学的视角在原子尺度,太过于微观,比较难以直接与宏观的材料辐照实验数据发生联系。在速率理论中,用公式表示辐照时形成的点缺陷浓度随时间的变化,然后通过差分法等对公式进行求解。速率理论的分析对象一般是实验可以观察的现象,可以用于分析扩散过程中的缺陷反应,非常接近材料辐照实验,其中许多概念能够帮助人们理解辐照损伤的产生机制,因此对于实际实验具有更直接的指导意义。不过,速率理论分析中所需要输入的大量参数,可以通过分子动力学模拟来获得。因此,这两种计算机模拟之间是相互联系的。

由图 3.21 可知,在长时间辐照下,辐照缺陷的浓度处于稳定状态,且空位的浓度远远大于自间隙原子的浓度。这种空位浓度与自间隙原子浓度之间的差异,才是造成材料辐照肿胀的根源。凡是增大这一点缺陷浓度差异的举措,一定会增大材料肿胀;而减小这一点缺陷浓度差异的举措,则会减小材料肿胀。另外,需要研究其他一些因素,如应力场对于这一点缺陷浓度差异的影响。例如,两种点缺陷浓度差值与应力场的关系,对于 4.2.3 小节所述的空洞超点阵的形成可能比较重要。

速率理论的一个大问题是计算所使用的参数太多,很难只通过一个方法就系统地求得所有的参数。而且,利用速率理论所能得到的数据量常常少于需要输入的参数的数量。实际上只要对参数进行修改,就可以与任何实验结果进行吻合。这一点在分析速率理论的研究结果时,需要特别留意。除了上述问题外,辐照下材料中的缺陷反应是一个非常复杂且相互制约的过程,而速率理论对这些过程的简化是否恰当,也是需要注意的问题。

即使如此,速率理论依然是一种非常有效的研究方法,因为不论在时间尺度还是在尺寸尺度,它都可以覆盖实际实验中所涉及的范围,因此容易与实验结果进行比较。例如,在 MD 能够模拟的时间尺度和大小尺度范围内,很难想象间隙型位错环的一维迁移的现象,而速率理论分析则可以处理这种比较宏观的实验现象。要深入理解辐照缺陷的

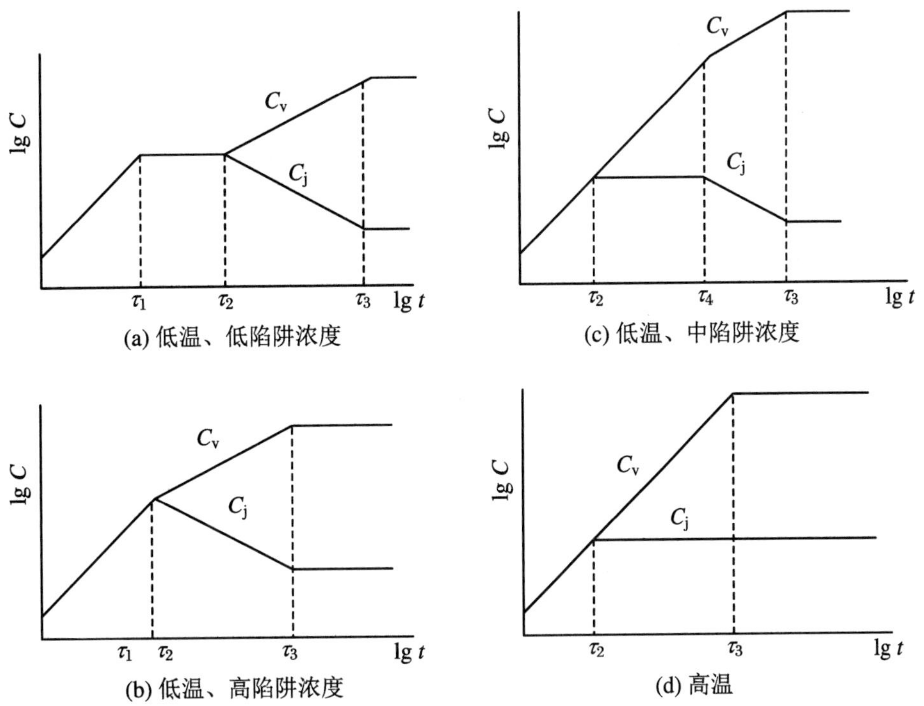

图 3.21　辐照时空位 V 和自间隙原子 I 的浓度变化

行为,就离不开速率理论研究。这里说的速率理论研究,不仅仅在于提出一个更合适的速率理论公式,更重要的是如何利用速率理论的概念,探讨辐照点缺陷的变化规律。

参 考 文 献

[1] Gittus J. Irradiation Effects in Crystalline Solids[M]. Barking: Applied Science Pub., 1978.

[2] Gilleland J, Petroski R, Weaver K. The traveling wave reactor: design and development[J]. Engineering, 2016, 2(1): 88-96.

[3] Mott N F. The scattering of fast electrons by atomic nuclei[J]. Proceedings of the Royal Society of London, 1929, 124(794): 425-442.

[4] 石野栞. 照射損傷[M]. 東京:東京大学出版社,1979.

[5] Hobbs L W. Radiation Effects in Analysis of Inorganic Specimens by TEM[M]//Hren J J, Goldstein J I, Joy D C. Introduction to Analytical Electron Microscopy. New York: Plenum Press, 1979: 437-480.

[6] Williams D B, Carter C B. Transmission Electron Microscopy: A Textbook for Materials Science[M]. 2nd ed, New York:Springer, 2009: 67.

[7] Kinchin G H, Pease R S. The displacement of atoms in solids by radiation[J]. Reports on Pro-

gress in Physics, 1955, 18(1): 1-51.

[8] Snyder W S. Disordering of solids by neutron radiation[J]. Physical Review, 1955, 97(6): 1636-1646.

[9] Norgett M J, Robinson M T, Torrens I M. A proposed method of calculating displacement dose rates[J]. Nuclear Engineering & Desogm, 1975, 33(1): 50-54.

[10] Nordlund K, Zinkle S J, Sand A E, et al. Primary radiation damage: a review of current understanding and models[J]. Journal of Nulcear Materials, 2018, 512(1): 450-479.

[11] Bacon D J, Gao F. The primary damage state in FCC, BCC and HCP metals as seen in molecular dynamics simulations[J]. Journal of Nuclear Materials, 2000, 276(1-3): 1-12.

[12] Chen S L, Bernard D, Tommasi J, et al. Improved model for atomic displacement calculation [J]. EPJ Web of Conferences, 2020, 239: 8003.

[13] 汤家镛，张祖华. 离子在固体中的阻止本领射程和沟道效应[M]. 北京:原子能出版社,1988.

[14] 金运范，王志光. 快重离子在凝聚态物质中引起的效应:电子能损效应[J]. 原子核物理评论，1998, 15(2): 25-33.

[15] Lindhard J, Nielsen V, Scharff M, et al. Integral equations governing radiation effects (Notes on atomic collisions, Ⅲ)[J]. Kgl. Danske Videnskab Selskab Mat.-Fys. Medd., 1963, 33 (10): 1-42.

[16] Winterbon K B, Singmund P, Sanders J B. Spatial distribution of energy deposited by atomic particles in elastic collisions[J]. Kgl. Danske Videnskab., Selskab. Mat. Fys. Medd.,1970, 37 (14):5-61.

[17] Glendennin L E. Determination of the energy of beta particles and photons by absorption[J]. Nucleonics, 1948, 2(1): 12-32.

[18] 曾根和穗，白石健介. 原子炉材料の中性子照射損傷の計算[R]. 東海:日本原子力研究所，1976, JAERI-M: 6358.

[19] Biersack J P, Haggmark L G. A monte carlo computer program for the transport of energetic ions in amorphous targets[J]. Nuclear Instruments and Methods, 1980, 174(1-2): 257-269.

[20] Irwin M, Muellier G P. Depth distribution of energy deposition by ion bombardment[J]. Computer Physics Communication, 1974, 7(2): 85-94.

[21] Stoller R E, Toloczko M B, Was G S, et al. Erratum to "on the use of SRIM for computing radiation damage exposure"[Nucl. Instrum. Methods Phys. Res. B, 2013, 310: 75-80][J]. Nuclear Instruments and Methods in Physics Research B, 2019, 459(1-2): 196-197.

[22] Stoller R E, Toloczko M B, Was G S, et al. On the use of SRIM for computing radiation damage exposure[J]. Nuclear Instruments and Methods in Physics Research Section B: Beam Interactions with Materials and Atoms, 2013, 310: 75-80.

[23] Agarwal S, Lin Y, Li C, et al. On the use of SRIM for calculating vacancy production: quick

calculation and full-cascade options[J]. Nuclear Instruments and Methods in Physics Research B, 2021, 503(C): 11-29.

[24] ASTM E521-96 Standard practice for neutron radiation damage simulation by charged-particle irradiation[S]. Pennsylvania: ASTM International, 2009.

[25] Nordlund k, Zinkle S J, Sand A E, et al. Improving atomic displacement and replacement calculations with physically realistic damage models [J]. Nature Communication, 2018, 9 (1):1084.

[26] Stark J. Bemerkung über Zerstreuung und Absorption von β-Strahlen und Röntgenstrahlen in Kristallen[J]. Physikalische Zeitschrift, 1912, 13: 973-977.

[27] Davies J A, Sims G A. The range of Na24 ions of kiloelectron volt energies in aluminum[J]. Canadian Journal of Chemistry, 1961, 39(3): 601.

[28] Robinson M T, Oen O S. The channeling of energetic atoms in crystal lattices[J]. Applied Physics Letters, 1963, 2(2): 30-32.

[29] Jung P. Atomic Collisions in Solids[M]. New York: Plenum Press, 1975, 1: 87.

[30] King W E, Merkle K L, Meshii M. Threshold energy surface and frenkel pair resistivity for Cu [J]. Journal of Nuclear Materials, 1983, 117: 12-25.

[31] Nordlund K, Wallenius J, Malerba L. Molecular dynamics simulations of threshold displacement energies in Fe[J]. Nuclear Instruments and Methods in Physics Research Section B: Beam Interactions with Materials and Atoms, 2006, 246(2): 322-332.

[32] Yu H C, Yi X O, Chen Q, et al. Low-dose damage evolution in pure magnesium under electron irradiation: Effect of foil orientation and pre-existing dislocations[J]. Nuclear Materials and Energy, 2025, 42:101845.

[33] 青木俊祐，阿部弘亨，佐藤裕樹，等. 分子動力学法による純鉄およびジルコニウムのはじきしきいエネルギー評価[C]. 日本金属学会第147回講演大会，2010.9.25-27，北海道大学.

[34] Sizmann R. The effect of radiation upon diffusion in metals[J]. Journal of Nuclear Materials, 1978, 69-70(C): 386-412.

第 4 章

辐照损伤与金属材料

在前面讨论的形成辐照损伤的碰撞过程中,即使对于能量为 E_d(≈30 eV)的速度较慢的粒子来说,碰撞时间也只有 10^{-14} s 左右。就算考虑整个级联过程,从形成 PKA 到整个级联过程结束,所有的运动粒子的动能都降低到 E_d 以下,时间也不会超过 10^{-12} s。因此在前面的讨论中,基本没有考虑晶格振动的效应。考虑到碰撞过程所需的时间,可以认为晶格处于一种绝热状态。如果能够在实验上观察到这种极端时间的碰撞过程,那将会大大加深对辐照损伤的理解。但是,对于金属材料来说,现在还不存在这样的实验方法。相对于碰撞过程的极短时间的变化,实际上观察到的晶体中的辐照效应,自辐照碰撞事件之后到实验观察所经过的时间,短则 10^{-6} s,长则以年计算。在此期间,已经经历过很多次晶格振动,因此不能保证实验时测量的缺陷就是在辐照碰撞过程中形成的原来模样的缺陷。

金属材料受到高能射线辐照后,产生大量的辐照点缺陷,这些辐照点缺陷称为一次缺陷。在稍高温度下,一次缺陷会扩散、迁移乃至相互结合,形成位错、空洞等二次缺陷。辐照缺陷的存在将使金属材料组织发生很大变化,如出现辐照空洞、辐照析出等,同时材料的性能也会出现诸如辐照脆性、辐照硬化、辐照蠕变和辐照疲劳等各种现象。高能中子辐照除了产生缺陷，还会引起核嬗变反应，使材料原子的原子核发生变化。

4.1 辐照损伤的回复

人们认为，通过在极低温下进行辐照实验，有可能将一次缺陷冻结保存下来。基于这一认识，人们进行了大量的极低温(≤-269 ℃)的辐照实验。

材料中辐照产生的缺陷在高温时效时将会发生回复。通过分析辐照缺陷的各个回复阶段，可以了解到许多有关辐照缺陷的性质。回复实验的一般方法为，首先在低温下对晶体材料进行辐照，在材料中引入缺陷。然后逐渐加热，使材料在不同的温度下进行时效处理，通过测定材料物性的变化来分析材料中缺陷的变化过程。

4.1.1 辐照损伤回复的五个阶段

一般来说，某种状态的辐照缺陷的变化总是在一定的温度范围内发生的，这样的温度范围称为回复阶段(annealing stage)。

研究回复阶段的时效方法主要有等时时效(isochronal annealing)和等温时效(isothermal annealing)两种。等时时效指从低温到高温依次在各个温度下加热一定的时间，同时测定各温度时效后的物性变化。等温时效指在某一稳定的温度下进行时效，每隔一段时效时间后测定物性变化。等时时效主要用于准确测定回复阶段的温度范围。等温时效用于测定缺陷回复的速率和活化能。

可用于测定回复阶段的物性实验有许多种。这些实验的共同点在于能够给出反映材料中晶体缺陷变化的信息。通常采用的物性实验有：电阻率、比热、晶格常数与长度的同时测定，以及弹性模量、X射线衍射和X射线散射、冷中子衍射、内耗、应力应变曲线、穆斯堡尔效应、正电子湮灭、离子隧道显微镜、透射电子显微镜等。

在这些实验方法中，尤其以电阻率测量的应用最为广泛，因为电阻率与缺陷浓度之间的比例关系在很大的缺陷浓度范围内都能成立。其次采用较多的是正电子湮灭实验方法。内耗法则主要用来研究自间隙原子的行为。

图4.1为一个典型的材料辐照缺陷的回复曲线示意图。从低温端开始的时效温度范围可分为Ⅰ、Ⅱ、Ⅲ、Ⅳ、Ⅴ五个阶段。Ⅰ、Ⅲ、Ⅴ三个回复阶段的温度范围比较小，在这

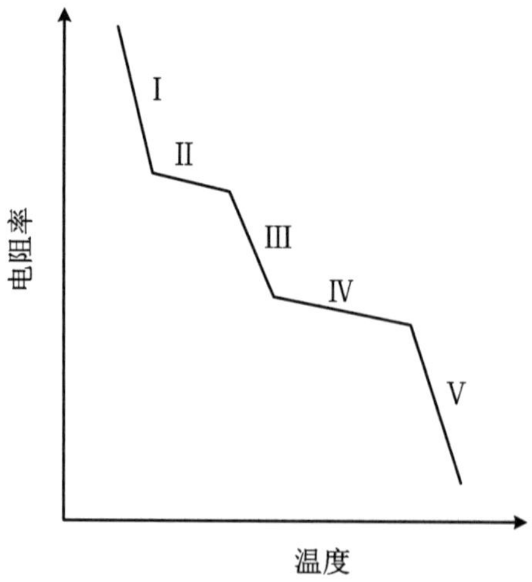

图 4.1　辐照缺陷的五个回复阶段的示意图

三个回复阶段里，随着温度的升高，电阻率迅速下降，所以人们认为这三个阶段应该对应着退火后引起的某种缺陷的回复。而Ⅱ、Ⅳ两个阶段的电阻率变化则比较平缓，温度范围也比较大，所以第Ⅱ阶段又称为垃圾回复(garbage annealing)。在这个宽泛的温度范围内，对于许多回复过程，如浅束缚的自间隙原子的释放、自间隙原子的重新排列等。一般纯金属的回复实验中都可以看到这样明显的五个回复阶段。

围绕辐照损伤第Ⅲ回复阶段的解释问题，在辐照损伤研究领域，从 1955 年起展开了一场持续 20 余年的激烈的学术论争。[1]

第一种意见认为，由于温度时效引起的自由自间隙原子的迁移湮灭在第Ⅰ阶段发生，而空位的迁移湮灭则在第Ⅲ阶段发生。

第二种意见认为，在第Ⅰ阶段发生迁移湮灭的是挤列型自间隙原子。这些挤列型自间隙原子迁移湮灭后，便留下较为稳定的哑铃型自间隙原子。第Ⅲ阶段对应的是哑铃型自间隙原子的迁移湮灭。空位的迁移湮灭则在第Ⅴ阶段发生。

上述两种观点中，由于后者将自间隙原子的行为分为两类，一般就称为二间隙原子模型(conversion two interstitial model)；前者则相应地称为一间隙原子模型(one-interstitial model)。

出现这种争论的原因很大程度还是在于实验方法的局限。当时测量到的空位迁移能低于第Ⅲ阶段的回复激活能。作为回复实验方法，除了电阻测量之外，虽然还有 $\Delta a/a$(a 为晶格常数，Δa 为晶格常数的变化)、$\Delta L/L$(L 为样品宏观长度，ΔL 为样品宏观长度的变化)的实验，但这些实验结果也无法解释到底是自间隙原子开始迁移与空位结合，还是空位开始迁移导致自间隙原子湮灭。[2]

直到 1970 年，由于各种现代缺陷分析实验方法的进步，辐照损伤回复的研究才取得了关键进展，一间隙原子模型的理论最终得到了人们的承认。[3] 其中，德国于利希(Julich)原子能研究所的 Schilling 研究组付出巨大的努力和大量的经费进行液氦温度的铜辐照，然后通过 X 射线的黄昆散射(Huang scattering)实验方法对自间隙原子行为作了极为精密的分析，证明了〈100〉哑铃型自间隙原子确实是在回复阶段Ⅰ发生湮灭的。[4] 正电子湮灭实验方法则对空位进行了精确分析。因此，在文献[5]中，就只介绍了 one-interstitial model，都没有提及 two-interstitial model。文献[6]也认可“一间隙原子模型”，并认为第Ⅲ阶段对应于空位的迁移，且第Ⅲ阶段测出的激活能在数值上也和空位移动的激活能一致。

现在一般为人们所接受的解释为，在第Ⅰ阶段，自间隙原子开始迁移并与空位相结合。这种点缺陷的湮灭会引起缺陷浓度的迅速减小。在第Ⅱ阶段，残留的自间隙原子相互聚集，形成自间隙原子团簇。在第Ⅲ阶段，空位开始迁移并与自间隙原子团簇结合，从而使自间隙原子团簇消失。在第Ⅳ阶段，空位相互聚集形成空位团簇。在第Ⅴ阶段，空位团簇开始分解成单个的空位。这些分解释放出来的空位将继续与自间隙原子团簇结合，从而使晶体中的缺陷数量继续减少。

有必要指出的是，即使是 1980 年以后，仍有一些支持二间隙原子模型的论文出现。[7] 到 20 世纪 90 年代后期，有人还提出了改良二间隙原子模型(modified two-interstitial model)。[8]

有人会问，第Ⅲ阶段实验如果采用只含有肖特基缺陷(空位缺陷)的淬火样品来做的话，是否可以很简单地确定空位开始迁移的温度？那为什么还会有这么激烈的争论呢？事实上，利用淬火样品的肖特基缺陷进行回复实验时，确实发现只有一个回复阶段，这个回复阶段也确实对应淬火样品中空位开始迁移湮灭的温度。而一些支持二间隙原子模型的论文[7]，也是基于淬火实验获得的空位回复阶段数据与辐照后各回复阶段数据的比较之上的(表 4.1)。二间隙原子模型的支持者认为，肖特基缺陷的迁移激活焓 H^{M}_{IV} 大于回复阶段Ⅲ所对应的激活焓 $H^{Ⅲ}$，因此空位迁移的发生应该是在回复阶段Ⅳ，而不是在回复阶段Ⅲ。

但是，淬火样品的这个回复阶段究竟是对应辐照样品的哪个回复阶段，争论依然存在。需要指出的是，回复实验中的电阻降低现象反映的是点缺陷的迁移湮灭，并不单单是点缺陷的迁移本身。如果点缺陷的数量不因迁移湮灭而减少，样品电阻就不会降低。而空位发生迁移湮灭的回复温度与样品中的空位浓度也有关系。文献[9]认为，因为淬火样品中的空位浓度远低于辐照样品，这些空位在湮灭之前所需的跃迁次数更多，因此淬火样品的空位因迁移而湮灭的温度就会高于辐照样品中的同类温度。随着淬火温度的升高，意味着空位浓度的增加，回复台阶向低温侧移动。因此，在开展肖特基缺陷的回复实验时，需要利用不同的淬火温度，以获得不同的空位浓度，然后精确地分析回复温度随淬火温度的变化。

表 4.1 H^{M}_{IV}与 H^{III} 的比较[7]

	Al	Au	Ni	Cu	Pt	αFe
H^{III}[eV]	0.58±0.02	0.71±0.02	1.04±0.04	0.70±0.03	0.6～0.7	0.55±0.05
H^{M}_{IV}[eV]	0.62±0.03	0.83±0.02	1.3±0.1	1.04±0.05	1.38	1.28±0.25

这样一来，就不能够简单地将淬火样品的回复阶段与辐照样品的回复阶段进行对应。实际上，对不同回复阶段的样品进行正电子湮灭实验，能够得出有关空位的信息。根据二间隙模型，第Ⅰ阶段和第Ⅲ阶段的正电子湮灭的数据应该没有多大变化，因为此时空位还没有开始迁移。然而，第Ⅲ阶段的正电子湮灭数据却能够表明此时空位已经开始移动。但为什么正电子湮灭实验结果的存在，仍不能阻止一些人坚持二间隙模型？也许这与正电子实验数据的误差太大有关。

利用电阻法测量辐照缺陷的实验看似比较简单，其实难度很大。该实验要求：

(1) 辐照温度要极低(如 -257 ℃)，以减少辐照时的温度影响。

(2) 离子辐照时，薄膜试样的厚度要小，应该约等于辐照离子的入射程度，从而减少未辐照区域对电阻的影响。

(3) 回复实验中的变温精度要高，约为 10^{-3} K。

极低温辐照实验，指的是在液氦温度附近进行的辐照实验。20 世纪六七十年代，为了研究金属中的自间隙原子的各种特性，在极低温下开展了大量电子辐照和中子辐照实验。之后，又开展了低能(<1 MeV)重离子的极低温辐照实验。从 20 世纪 80 年代中期开始，人们能够在极高能量(100 MeV～1 GeV)下进行极低温的离子辐照，并意外地发现，高能离子的高密度电子激发在金属辐照损伤过程中发挥着重要的作用。国内虽已有许多有关高温辐照实验的研究，但尚未见过这种极低温辐照的实验。这两类实验的难度显然不一样，高温辐照后的样品可以在室温状态下进行分析，而极低温辐照后的样品却必须从极低温开始进行分析，不能直接在室温下分析，否则就会丢失极低温下辐照的信息。极低温辐照实验非常重要，因为如果不能清楚地了解自间隙原子的行为，高温下材料辐照损伤理论的基础也不会牢固。同时，将样品从辐照的低温状态转移到性能表征的低温状态，即样品的低温转移(cryo-transfer)，也是比较麻烦的问题。现在，小型冷冻机的技术得到了长足发展，不需要液氦等特别方法，也可以实现 -269 ℃的极低温，因而可以更方便地开展极低温辐照实验。

后面提到的电子辐照缺陷的数据，也表明如果采用具有特色的缺陷来做此实验，应该简单得多。在电子辐照的样品中,电阻的回复在第Ⅲ阶段基本完成,不会出现第Ⅳ阶段。

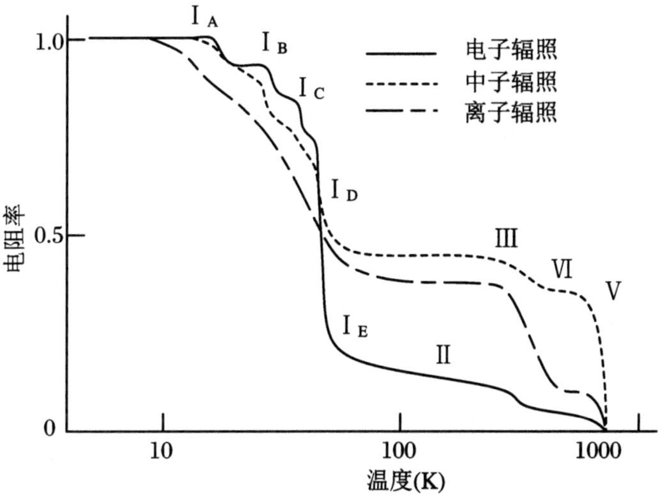

图 4.2　纯铜的回复阶段

图 4.2 所示为纯铜的回复曲线。[10] 人们对这条曲线进行了非常细致的研究,发现在这条曲线的第Ⅰ阶段内,又可以分成 I_A、I_B、I_C、I_D、I_E 等五个小阶段。与 I_A、I_B、I_C 对应的缺陷浓度的减少现象是由相邻的空位和自间隙原子的相互结合引起的。这三个小阶段分别对应着弗伦克尔缺陷对的不同的近邻距离。I_D 反映了那些离空位较远的自间隙原子,它们必须经过数次跳跃后才能回到自己原先的位置,与那里的空位复合。I_E 表示自由运动的自间隙原子与空位的复合现象。从图 4.2 中还可以看出电子辐照、离子辐照和中子辐照的差异。

第Ⅰ阶段的大小常用来评价不同入射粒子所产生的缺陷生成率。

电子辐照所产生的缺陷绝大多数是由空位和自间隙原子组成的弗伦克尔点缺陷对。所以它的第Ⅰ阶段的回复量占整个回复量的 90%左右,而且基本上观察不到明显的第Ⅲ回复阶段。这是电子辐照缺陷的回复阶段的典型特征,也可以认为是支持一间隙原子模型的很好的证据。

中子辐照时,由于出现碰撞级联过程,大量的空位聚集在一起,自间隙原子大多处于这些空位密集区域的外围(参见 3.5.4 小节的离位峰)。这样就降低了空位和自间隙原子发生再结合的概率,第Ⅰ阶段的回复量也相应减少。也是由于这种离位峰的存在,自间隙原子团簇或空位团簇比较容易形成,第Ⅱ阶段和第Ⅳ阶段就变得比较宽。中子辐照时产生的单个自由空位比较少,所以第Ⅲ阶段的回复量也不大。

如果利用电阻变化对温度的微分,可以比较细致地表示辐照缺陷的回复行为。图

4.3展示了各种粒子辐照后的纯铁的回复阶段。[11]其中,碳离子辐照与中子辐照的回复阶段基本一致,说明二者所产生的缺陷的局部密度分布非常类似。另一方面,对于 PKA 能量分布在较低范围的氢离子辐照,其回复阶段处于中子辐照与电子辐照的中间。

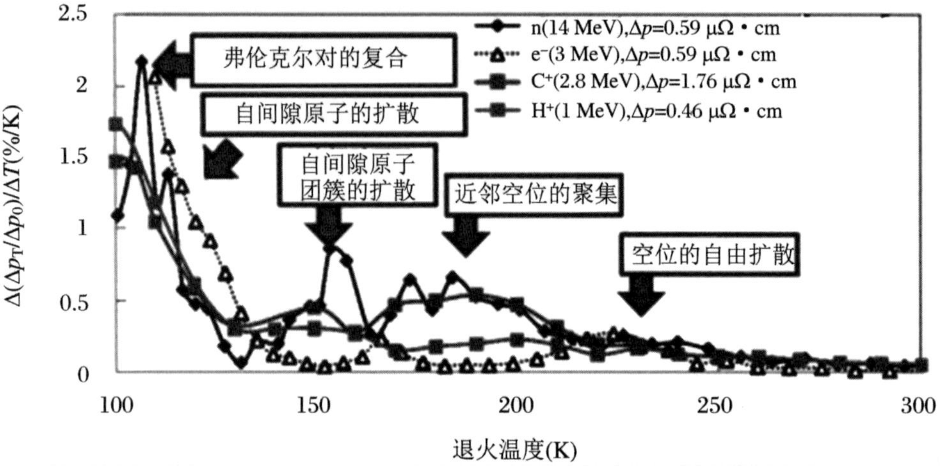

图 4.3 回复过程时的电阻变化

电子束辐照样品中,在 107 K(−166 ℃)有一个最大的回复阶段 $\mathrm{I_D}$。该阶段对应于自间隙原子与所对应的空位结合后的湮灭过程。在中子辐照样品中,基本在同样的位置处发现这个回复阶段 $\mathrm{I_D}$。

电子束辐照样品中,在 120 K 处还发现有回复阶段 $\mathrm{I_E}$,与回复阶段 $\mathrm{I_D}$ 出现重叠。该阶段对应于自间隙原子的自由扩散引起的湮灭过程。中子辐照样品中,回复阶段 $\mathrm{I_E}$ 则不太明显。

碳离子辐照的样品中,在 150 K 出现回复阶段Ⅱ。该回复阶段Ⅱ在中子辐照样品中也出现在相同温度处,但在电子辐照样品中,回复阶段Ⅱ则出现在 160 K 处。这个回复阶段被认为是对应与双自间隙原子(di-interestitial)的自由扩散过程。

在碳离子辐照的样品中,在 180 K 出现回复阶段 $\mathrm{III_A}$。在中子辐照样品中,在相同的温度范围也能观察到回复阶段 $\mathrm{III_A}$。但是,在电子辐照样品中,则没有回复阶段 $\mathrm{III_A}$。该回复阶段 $\mathrm{III_A}$ 对应于空位型缺陷的生长,即对应着级联过程的相邻空位的移动过程。

在碳离子辐照样品中,230 K 处出现回复阶段 $\mathrm{III_B}$。而且,在中子辐照样品和电子辐照样品中,均出现回复阶段 $\mathrm{III_B}$。回复阶段 $\mathrm{III_B}$ 对应单空位的自由移动过程。

从上述可知,通过辐照缺陷的回复实验,可以知道击出损伤效率、点缺陷及其团簇的移动等有关缺陷初期过程的重要现象。对于辐照效应的计算机模拟计算研究来说,这些实验结果具有重要的验证作用。

在 1 MeV 范围内,离子辐照时的缺陷生成率、缺陷回复行为等与电子辐照、中子辐照的数据基本一致，可用入射的辐照离子与靶原子的弹性碰撞过程来解释。但在100 MeV～1 GeV 范围的重离子辐照到镍金属时，发现缺陷生成率异常的小，本来应该出现的缺陷回复阶段也消失不见了。而且对铜、银辐照时，又发现缺陷生成率异常大。这些现象均不能再用基于弹性碰撞的缺陷生成过程来解释。因此，认为此时高能重离子沿着束流通道引发了高密度电子激发，说明自间隙原子在极低温辐照过程中就会基本湮灭。这种现象称为辐照退火。已知入射离子与靶原子相互作用时，有两个能量传递过程：原子核碰撞引起的弹性碰撞过程和电子激发引起的非弹性碰撞过程。当入射离子能量增加时，电子激发所占的能量损失比例也随之增加。对于 100 MeV 辐射离子，其激发密度在 1 nm 的离子通道范围内可以达到 1～2 keV。辐照退火效应也会随着靶原子的种类而发生变化。例如，镍的辐照退火效应比较明显，而银、铜的辐照退火效应不明显，铝的辐照退火效应则处于镍与铜之间。

人们还期待利用辐照缺陷回复实验，来研究裂变中子辐照损伤与聚变中子辐照损伤的区别，这种区别可能来自与电子激发过程的比例的不同，因为中子辐照产生高能 PKA，这个 PKA 再次对靶材料辐照，就应该具有与离子辐照实验相同的效应。

另外，通过冷加工引进缺陷的试样的回复曲线中没有明显的第Ⅰ阶段，这是因为冷加工产生的缺陷中主要是位错，点缺陷所占的比例很少。

回复阶段Ⅲ的研究，极大地丰富了有关自间隙原子的知识。

4.1.2 氢、氦离子辐照损伤的回复

快中子辐照时出现的(n,p)和(n,α)核嬗变反应，会在材料中产生大量的氢、氦元素。这些对于核聚变反应堆和快中子反应堆结构材料的开发，研究氢、氦元素与辐照缺陷的相互作用，具有重要的意义。

著者以纯铁为试样，在电子显微镜中进行了纯铁试样的氢、氦离子辐照损伤的回复实验。[12-13]首先将纯铁试样制成电镜实验用薄膜，然后利用离子加速器注入氢离子。离子加速电压为 100 kV，离子注入温度为室温至 670 K，氢离子注入量为 $1\times10^{21}\ m^{-2}$，氦离子注入量为 $1\times10^{20}\ m^{-2}$。利用 TRIM 程序计算得出的离子和辐照缺陷在试样厚度方向分布如图 3.17 所示。利用 1000 kV 超高压电子显微镜对离子注入后的试样进行观察、时效以及电子束辐照等实验。各温度下的时效时间均为 30 min 左右。电子束辐照的目的是区分不同性质的位错环。氢离子注入的辐照损伤回复实验过程如图 4.4 所示。氦离子注入的损伤回复实验过程与注氢实验的基本一致，只是离子注入温度和电子辐照温度有所不同。

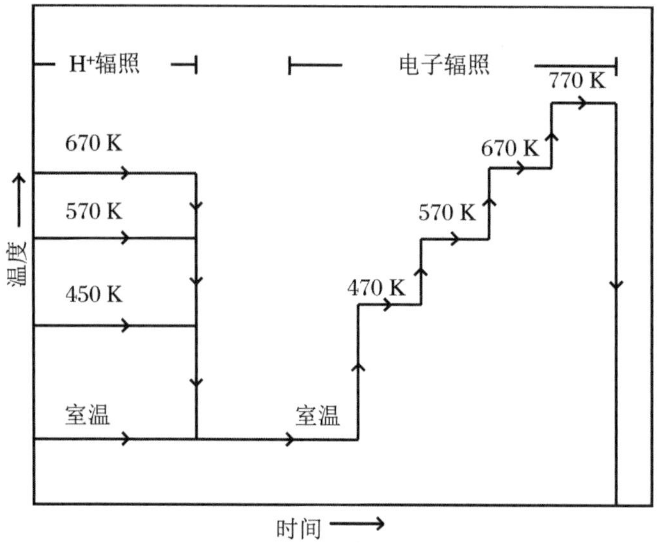

图 4.4　离子注入与时效、电子辐照的实验过程

现在讨论氢离子注入的情况。在室温下进行氢离子注入后的试样，在电镜下可以观察到大量的辐照缺陷。这些缺陷密度大、尺寸小，以至难以将其互相区别开来。注入的氢将会被这些辐照缺陷捕获，而比较稳定地存在于试样中。如果将试样在高温下时效，可以看到较大的二次缺陷的形成。这些位错环的数密度随时效温度升高而减少，其尺寸则随时效温度升高而增大。

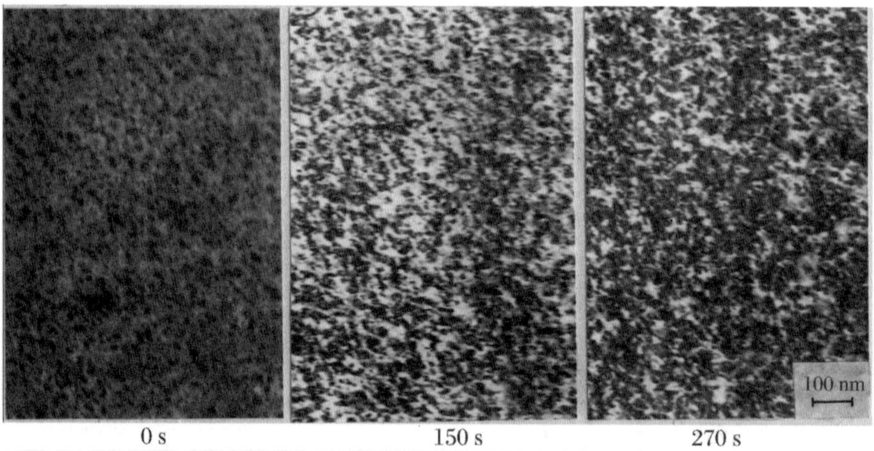

图 4.5　室温注氢试样在室温下进行电子辐照时的缺陷组织

对室温注氢的试样进行各种温度下的电子辐照，以观察缺陷的变化。图 4.5 所示为电子辐照温度为室温时的缺陷变化情况。可以看出，缺陷团簇的数密度由于电子辐照而

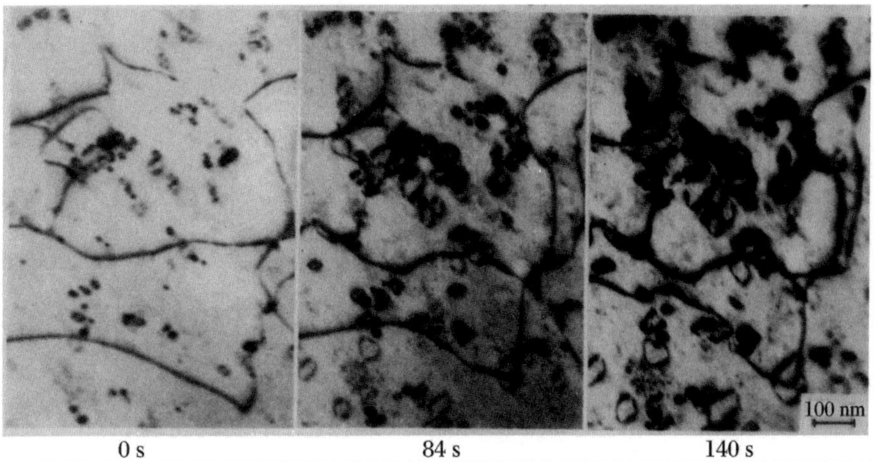

图 4.6　室温注氢试样在 400 ℃下进行电子辐照时的缺陷组织

增加，但没有看到缺陷团簇的长大现象。

室温注氢试样在 300～450 ℃时效时，可以明显地观察到尺寸较大的位错环。此时进行电子束辐照，这些位错环将不断长大（图 4.6）。经分析这些位错环都是间隙型位错环。

450 ℃时效时，能够观察到两种不同类型的位错环形成。在电子束辐照下，其中一种位错环（标识 G）不断长大，而另一种位错环（标识 S）则逐渐缩小至最后消失（图 4.7）。

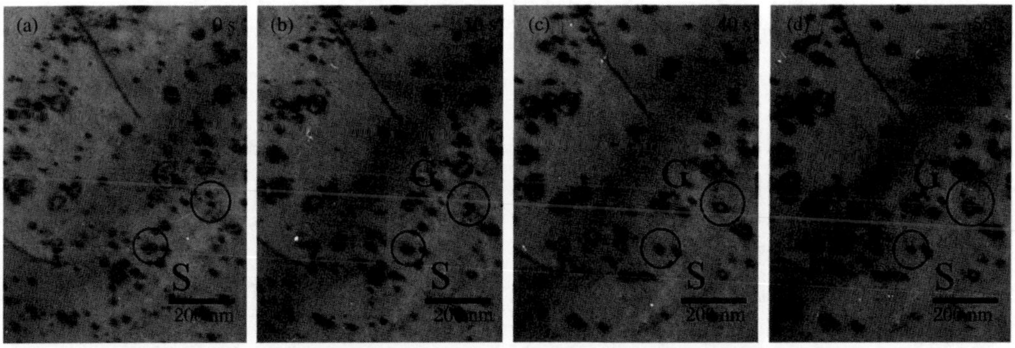

图 4.7　室温注氢试样在 450 ℃下进行电子辐照时的缺陷组织

利用 8.1.1 小节介绍的透射电镜观察的内衬-外衬（inside-outside）实验方法判定[14-15]，这种在电子束辐照下不断缩小的位错环是空位型位错环。图 4.8 所示为利用内衬-外衬法观察到的位错环衬度像的变化。

一般离子注入或辐照实验中，在铁中所能观察到的位错环都是间隙型位错环，它们在电子束辐照下都将不断长大。[16]本实验中观察到空位型位错环产生，说明氢与缺陷的

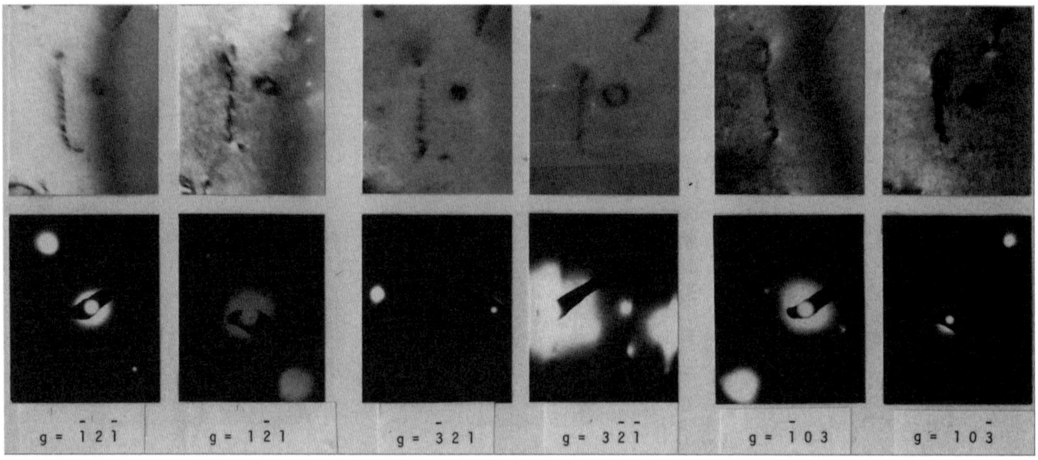

图 4.8　利用内衬-外衬法观察到的位错环衬度像的变化

结合有其特殊性。

在 450～500 ℃范围内，随着时效温度的升高，所形成的间隙型位错环的相对数密度和平均尺寸都逐渐减少。[17] 图 4.9 所示为室温注氢试样在 470 ℃下进行电子辐照时的缺陷组织。图 4.10 展示了不同退火温度下相同面积内间隙型位错环和空位型位错环的数量，及其各自所占的比例，测量误差来源于对于某些尺寸变化并不明显的位错环的统计。由图 4.10 可知，随着退火温度从 450 ℃增加到 490 ℃，样品中的空位型位错环所占的比例也逐渐升高，从 450 ℃时的 28.5%上升至 490 ℃时的 55%。在退火温度升高后，间隙原子及间隙型位错环因具备更低的迁移能而可能移动到样品表面或者被其他缺陷捕获，因此间隙型位错环的数量急剧下降。同时，在较高的退火温度下，空位及其团簇也开始移动，并与尺寸较小的间隙型位错环结合，这同样致使其数量降低。

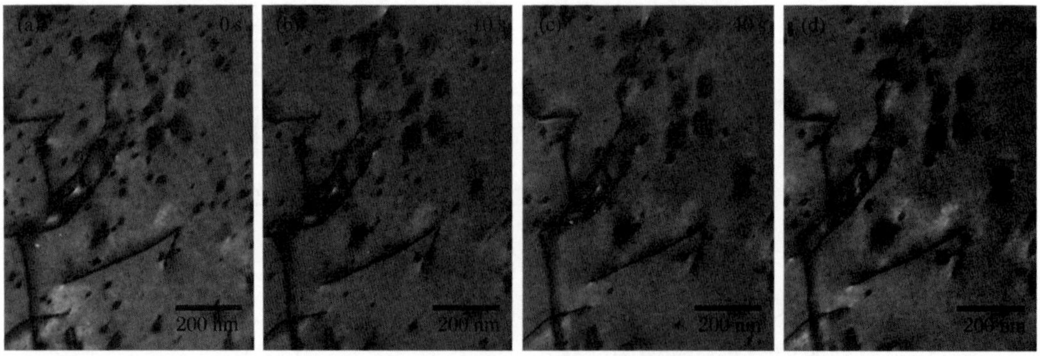

图 4.9　室温注氢试样在 470 ℃下进行电子辐照时的缺陷组织

到 500 ℃时，所形成的位错环全部是空位型位错环（图 4.11）。但空位型位错环的绝对数密度随着时效温度的升高而减少，其平均尺寸则随时效温度的升高而增大。

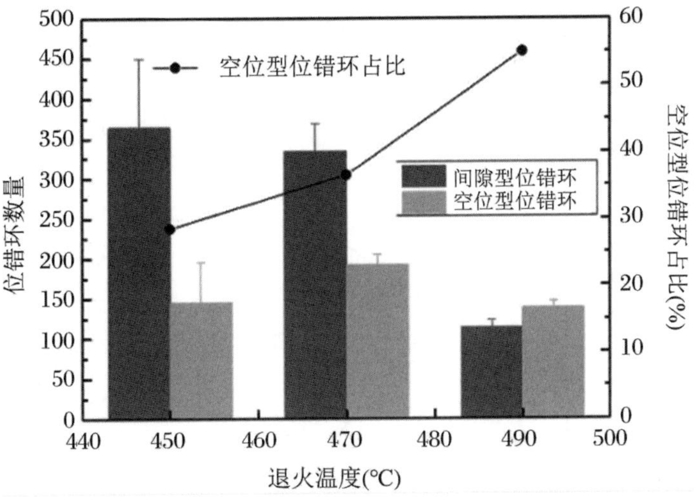

图 4.10　注氢纯铁在不同温度退火后的间隙型位错环和空位型位错环的数目及比例[17]

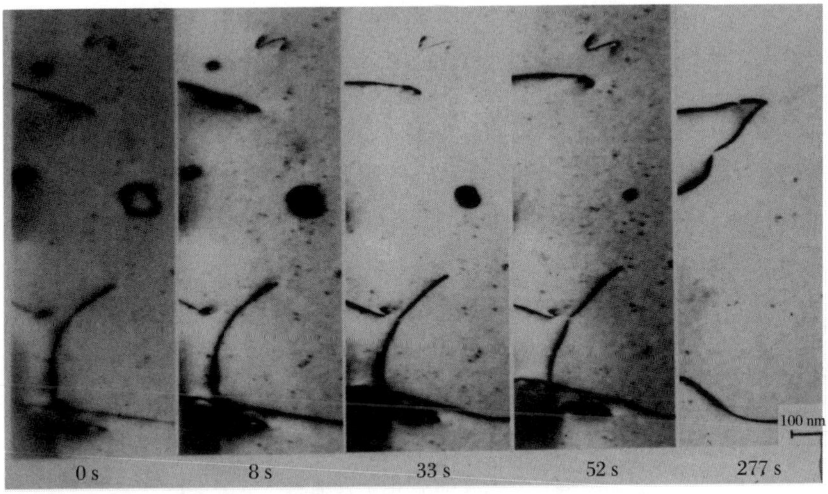

图 4.11　室温注氢试样在 500 ℃下进行电子辐照时的缺陷组织

除了电子辐照温度外，离子加速器注氢的温度对空位型位错环的形成也有影响。从图 4.12 可以看出，只有低温注氢（⩽175 ℃）的试样才可能形成空位型位错环，而高温注氢（⩾400 ℃）的试样则不会出现空位型位错环。

这是因为氢离子注入时，试样中除了产生单个的自间隙原子（I）或空位（V）的缺陷之外，还会产生由多个自间隙原子或空位组成的自间隙原子团簇（Is）和空位团簇（Vs）。这四种缺陷都可以成为氢的陷阱。因此，氢离子注入后的试样中可能存在 H-I、H-V、H-Is、H-Vs 四种氢和缺陷的复合体。

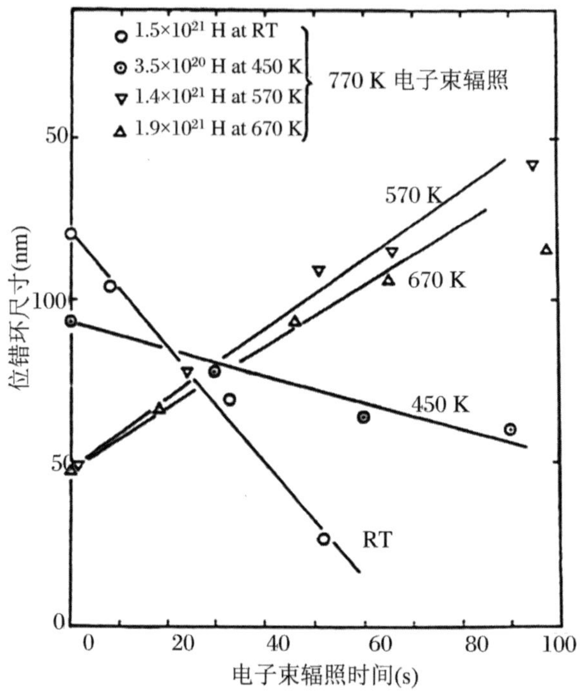

图4.12　各种温度注氢试样中位错环尺寸在电子辐照下的变化

图 4.13 展示了氢离子注入产生的缺陷在不同温度时效时的情况。低温时效(300～450 ℃)时，H-I 和 H-Is 两种复合体开始移动并聚集在一起形成间隙型位错环(I-loop)。高压电子束辐照时，会产生大量的自间隙原子和空位。一般来说，自间隙原子比空位更易移动，所以这些间隙型位错环在电子束辐照下会吸收自间隙原子而不断长大。这种间隙型位错环在其他离子注入或辐照实验中经常可以观察到。只是由于氢的存在而使形成间隙型位错环的时效温度有所增加。

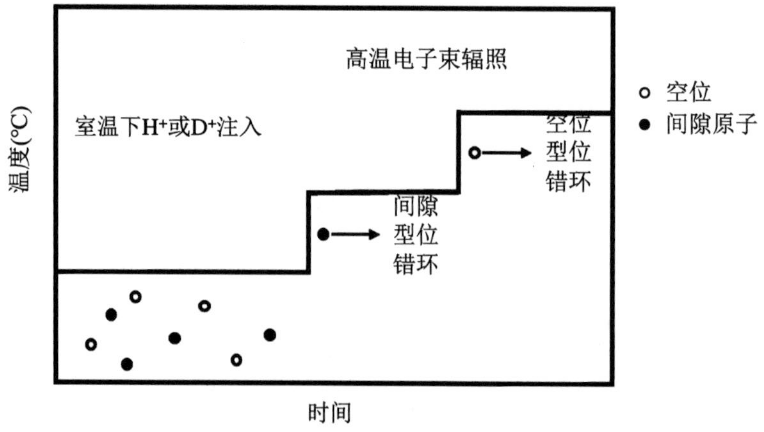

图 4.13　氢离子注入产生的缺陷在不同温度时效时的变化

当时效温度升到 450 ℃以上时，H-V 复合体开始移动。在 450～500 ℃范围内，间隙型位错环的平均尺寸逐渐减少。这是因为 H-V 复合体吸附于间隙型位错环上。同时，H-V 复合体本身也聚集在一起形成空位型位错环（V-loop）。

空位型位错环一旦形成，在后续的电子束辐照下，这些空位型位错环将会吸收辐照产生的自间隙原子而不断缩小，直至最后消失，如图 4.14 所示。

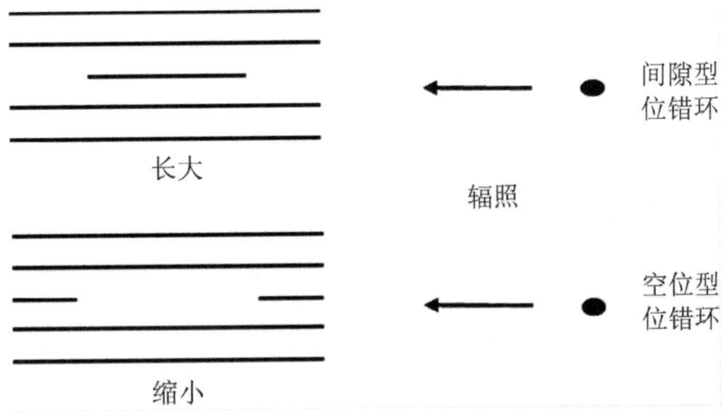

图 4.14　电子束辐照下，两种位错环与自间隙原子的相互作用

此时 H-V 复合体聚集生成的点缺陷团簇之所以是空位型位错环而不是空洞，可能与氢在空位处被捕获的位置有关。离子沟道实验表明，铁中氢在空位处被捕获的位置不是空位的中心而是空位旁边的八面体间隙附近[18]（图 4.15），氢的位置到八面体间隙位置之间的距离的理论值为 $\delta = 0.06$ nm，利用离子沟道方法测的的实验值为 $\delta = 0.04 \pm 0.01$ nm。这样，氢与空位结合形成的复合体将呈哑铃状，具有明显的各向异性。这些哑铃状的 H-V 复合体将沿某一平面聚集，最后形成了空位型位错环，如图 4.18 所示。

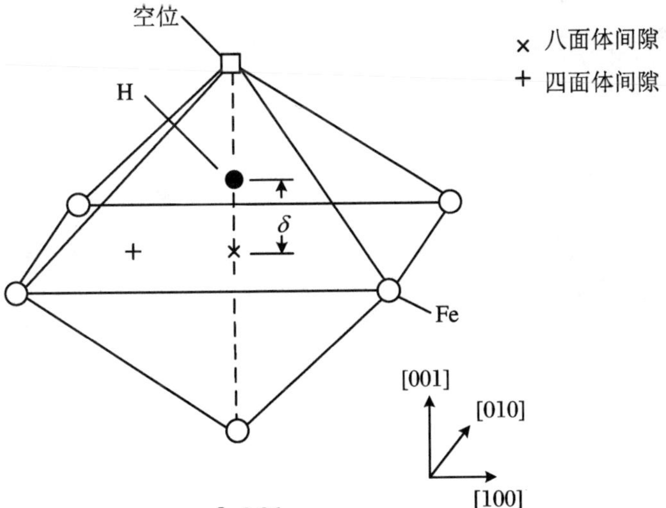

图 4.15　铁中氢在空位附近的捕获位置

为了与氢的效果进行对比，利用注入氦离子的纯铁试样进行了同样的回复实验。结果表明，在 350～520 ℃温度时效时形成的二次缺陷都是间隙型位错环。这些位错环在电子辐照下都会继续长大，如图 4.16 和图 4.17 所示 。在透射电镜试样台的加热温度范围内，还没有观察到像注氢那样的位错环缩小现象，也就是说，注氦试样中可能不会有空位型位错环的形成。这也许可以用 He-V 复合体的结构来解释。如果氦是在空位的中心处被捕获，He-V 复合体基本上为各向同性，那么它们聚集时就容易形成表面能更低的空洞。图 4.18 所示为 He-V 和 H-V 这两种缺陷复合体的差别以及它们形成二次缺陷的示意图。

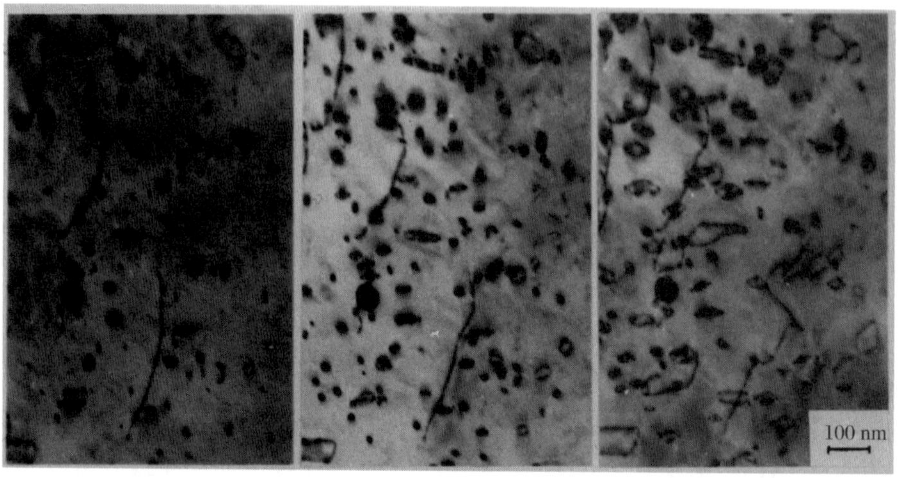

图 4.16　室温注氦试样在 450 ℃下进行电子辐照时的缺陷组织

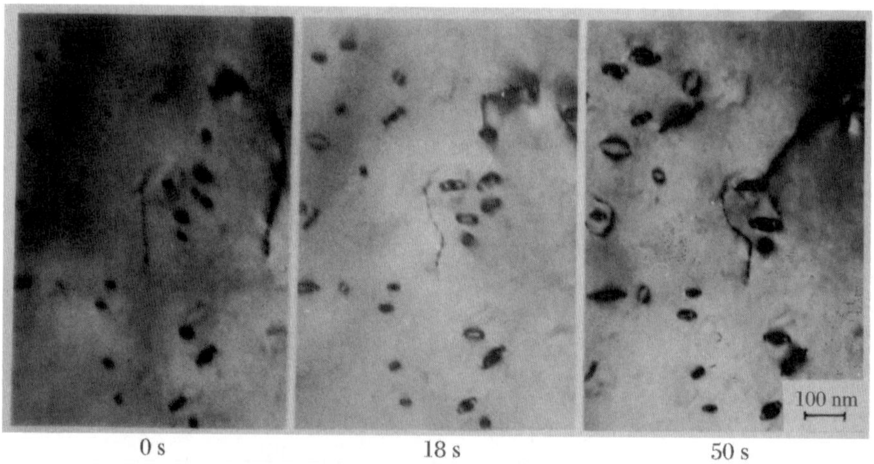

图 4.17　室温注氦试样在 500 ℃下进行电子辐照时的缺陷组织

空位型位错环常见形成于碰撞级联过程的空位型团簇坍塌过程，但此时的空位型位错环的尺寸一般很小，只有几纳米。[19]当数量更多的空位聚集时，更趋向于形成表面能较小的三维尺寸的空洞，而不是表面能较大的二维尺寸的空位型位错环。然而前述研究发现，在氢离子辐照铁的实验中，那些捕获有氢原子的空位通过高温扩散，能够沿着一定的二维平面，聚集成尺寸很大的空位型位错环[20]，此时位错环的尺寸可达 100 nm 以上。通过透射电镜的 inside-outside 方法，确认了这些空位型位错环的性质和柏氏矢量。[20]该空位型位错环具有两种柏氏矢量，$\boldsymbol{b}=\langle 100\rangle$和 $\boldsymbol{b}=\frac{1}{2}\langle 111\rangle$，前者的数密度比后者高一个数量级。在高压电镜的原位辐照观察实验中，可以看到因为吸收电子束辐照产生的自间隙原子，这些空位型位错环会不断缩小直至消失。[21]这与一般间隙型位错环在电子束辐照下不断长大的现象，形成了鲜明对比。需要指出的是，这里的高压电镜下的电子束辐照实验的作用是验证是否为空位型位错环。

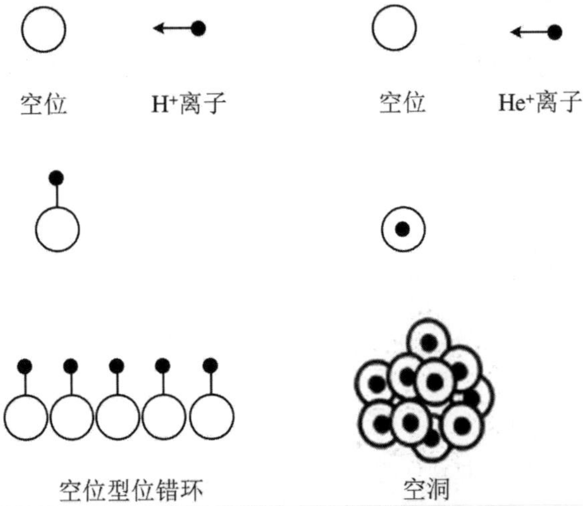

图 4.18　H-V、He-V 复合体及其形成二次缺陷的示意图

值得一提的是，在经历剧烈塑性变形（SPD）的纯铝中也会形成大量的空位型位错环。在 200 kV 低压电镜的观察实验中，这些空位型位错环会因吸收电子束辐照产生的自间隙原子而不断缩小乃至消失。[22]

除了氢原子外，捕获了氘原子的空位也能形成这种空位型位错环。[23]但是，注氘纯铁在 450 ℃及以下温度时效时形成的都是间隙型位错环，而在 480 ℃时效后才可以在电子辐照下，同时观察到间隙型位错环的长大和空位型位错环的缩小。即注氘样品中的空位型位错环形成温度略高于前述的注氢样品。这表明氘与空位的复合体 D-V 开始迁移的温度要高于 H-V 复合体。[24]

尤其值得注意的是，由氘原子与空位的复合体形成的空位型位错环，在电子束辐照下出现的缩小速度比氢的情况要小一个数量级[25-26]，如图 4.19 和图 4.20 所示。图 4.21 所示为电子束辐照下空位型位错环的缩小速度与注入离子的关系示意图。这一现象表明，氘与空位的复合体形成的位错环的陷阱偏压要小于氢与空位的复合体形成的位错环的陷阱偏压。根据这一氢同位素效应，可以推测氚原子与空位的复合体形成的空位型位错环，将具有更小的偏压。这对于将来要在核聚变堆环境下“服役”的铁素体钢来说，当然是一个好消息。

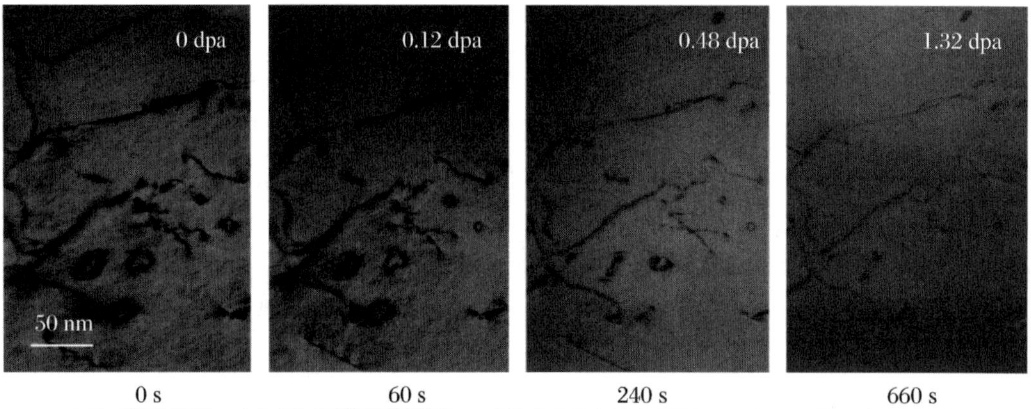

图 4.19　室温注氘纯铁在 550 ℃进行电子辐照时位错环的缩小过程

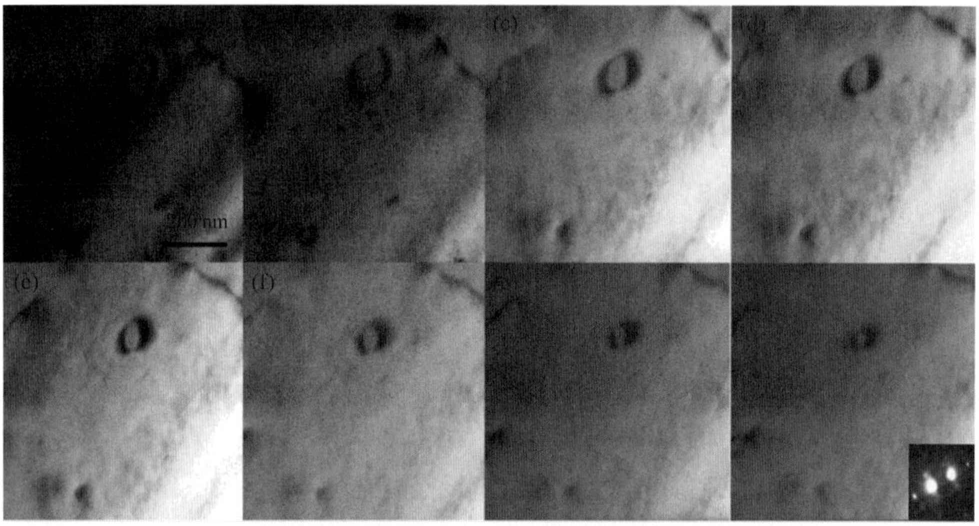

图 4.20　室温注氘纯铁试样在 500 ℃下进行电子辐照时位错环的缩小过程

(a) 0dpa；(b) 0.1dpa；(c) 0.25dpa；(d) 0.28dpa；(e) 0.32dpa；(f) 0.35dpa；(g) 0.38dpa；(h) 0.42dpa

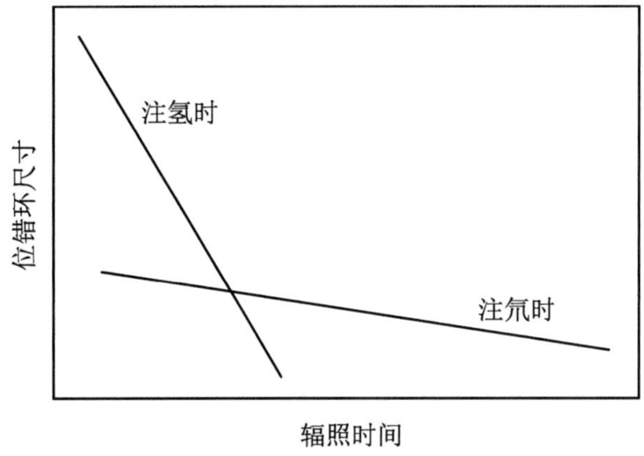

图 4.21 电子束辐照下空位型位错环的缩小速度与注入离子的关系示意图

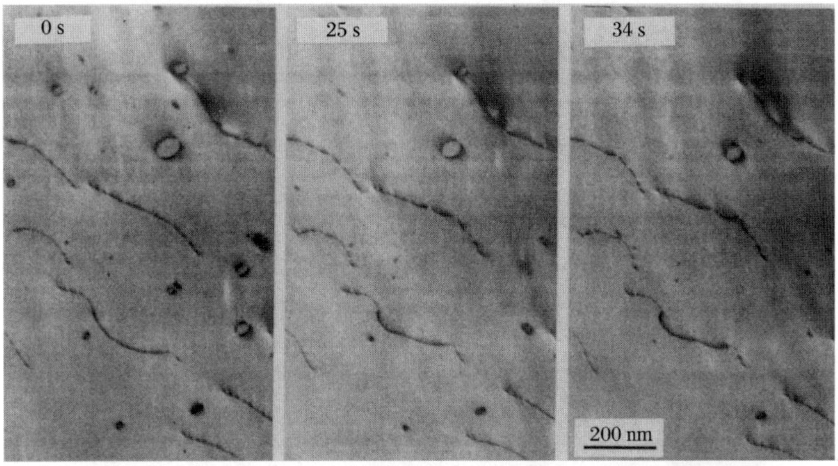

图 4.22 注氢 Fe-1%Ni 合金在 450 ℃电子束辐照时的位错环变化

在注氢纯铁中，这种空位型位错环的形成温度为 500 ℃。然而，加入合金元素镍会降低空位型位错环的形成温度[29]，如图 4.22 所示；而铬则会提高空位型位错环的形成温度[21]，如图 4.23 所示。对于合金元素锰(Mn)的效果，实验之前曾有不同的猜测。由于锰和镍一样，都是扩大奥氏体区的元素，因此认为也许锰与镍一样，也会降低空位型位错环的形成温度。但是，实验结果表明，锰的效果与铬相同，也是提高空位型位错环的形成温度[27-28]，如图 4.24 所示。此时，在 500 ℃时，能够同时观察到间隙型和空位型两种位错环的形成，如前所述，纯铁中这种同时观察到两种位错环的温度是 450 ℃。

图 4.25 汇总了已知的几个合金元素对这种空位型位错环形成温度的影响。根据合金元素对于空位型位错环形成温度影响的不同，可以提出一种新的对钢中合金元素影响进行分类的方法[27]，例如，将来还可以通过实验，确认钢中的其他主要合金元素，如钼(Mo)、铌(Nb)等的效果。

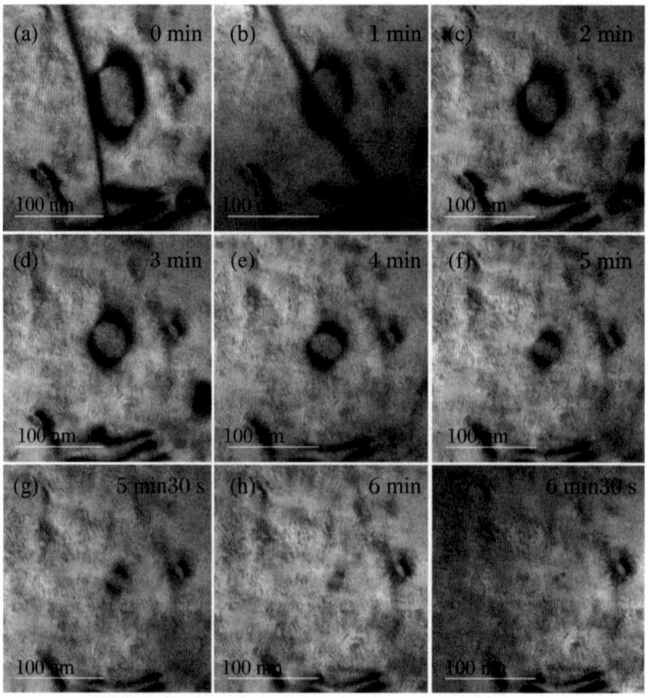

图 4.23　注氢 Fe-10%Cr 合金在 620 ℃电子束辐照时的位错环变化

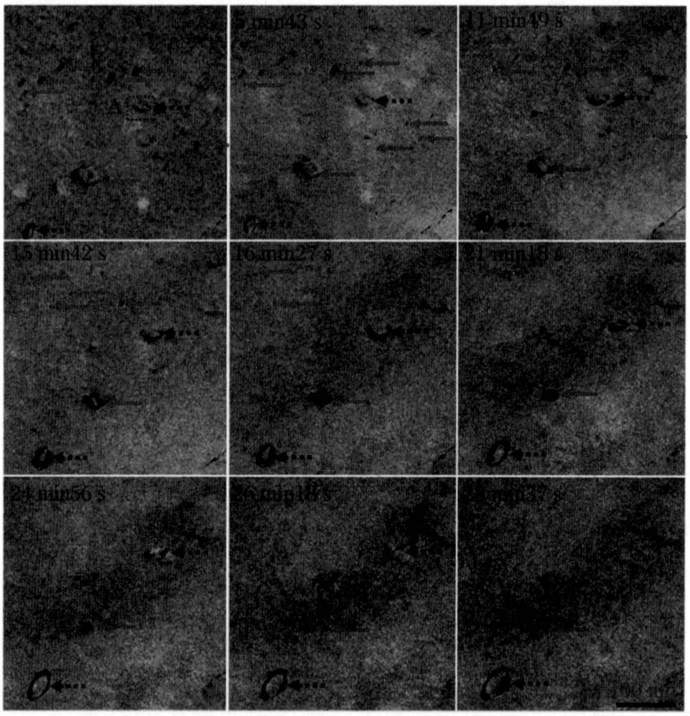

图 4.24　注氢 Fe-1.4%Mn 合金在 500 ℃电子辐照下的位错环变化

注：实线箭头为缩小的位错环，虚线箭头为长大的位错环。

氢原子在形成这种空位型位错环时所起的作用，是一个令人感兴趣的问题。上述空位型位错环形成机制的假设，还面临一些问题。如其他具有这种各向异性结构的复合体，如碳原子与空位的复合体，是否也会出现空位型位错环？另外，笔者曾利用电子能量损失谱法(Electron Energy Loss Spectroscopy，EELS)方法测定空位型位错环上的氢的存在，但未能成功。至于如此大尺寸的空位型位错环，为什么不会坍塌，也是值得讨论的问题。更加细致的工作，则是分析两种不同柏氏矢量的空位型位错环在电子辐照下的缩小速度，即二者的偏压有什么差别。

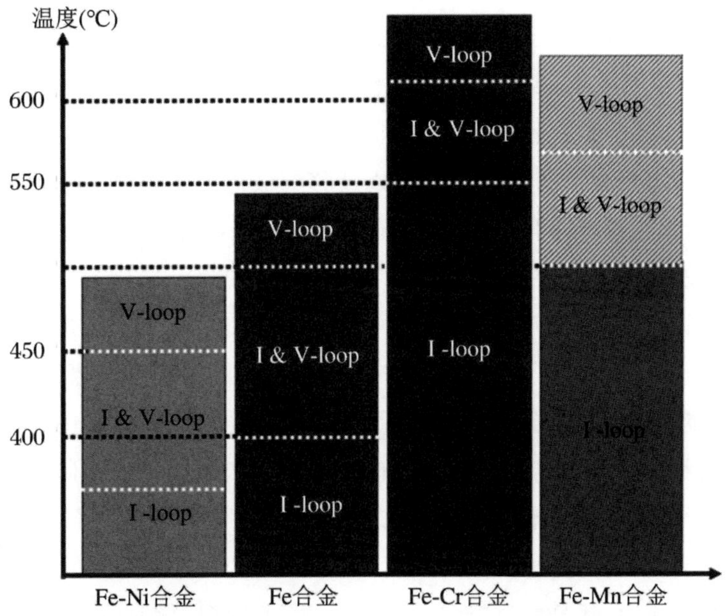

图 4.25　注氢铁基合金中空位型位错环的形成温度[27]

注：间隙型位错环和空位型位错环分别标记为“I-loop”和“V-loop”。

4.2　辐照肿胀

4.1 节中对于极低温辐照产生的一次缺陷进行的回复实验，可以分析材料中辐照损伤的一些具体状态。但是，如果只是简单地从这种极低温辐照实验结果进行外延，则无法预料高温辐照所特有的一些现象。这些高温辐照的问题主要包括辐照肿胀、辐照脆性、辐照蠕变等。

1967 年，C. Cawthorne 等第一次在奥氏体钢中发现了辐照形成的空洞。[30]这么晚才发现辐照空洞，是有其原因的。在此之前，也曾在高温辐照钢中发现过空孔，当时认为是杂质硼通过(n，α)核嬗变反应生成的氦泡。然而即使减少硼含量，仍会出现这种空孔，后来通过计算(n，α)核嬗变反应所产生的氦量，认为空孔里面的氦量太少。另外，空洞的形成对于辐照温度、辐照剂量都有一定要求，实验上有相当大的难度。同时，作为空位团簇来说，空洞也未必是最稳定的形态。从第 3 章的内容可知，作为空位的二次缺陷，还可以有层错四面体、空位型位错环等各种形态。

材料辐照损伤研究最早是从低温辐照发展起来的，据说当时曾预测过若是高温辐照就不会出现什么问题，因为辐照产生的点缺陷在高温下会相互再结合。第一次发现高温辐照产生的空洞现象时，给材料辐照损伤研究领域带来了很大的冲击。在此之前，晶体缺陷研究人员大多沉浸在自间隙原子也难以迁移的极低温辐照研究中。当时一般的认识是，在高温中子辐照时，自间隙原子和空位早已因为迁移而出现回复，材料中不会留下什么缺陷，从而没有多大的研究价值。

辐照肿胀对材料性能影响极大。辐照肿胀时的材料体积变大，造成材料的紧固件断裂，套管弯曲，材料韧性大大下降。几十年来。有关材料辐照空洞(辐照肿胀)的研究数量非常大，工作也十分深入。至今已积累了相当庞大的实验数据，其中研究最多的是快中子堆的包壳材料和核聚变堆结构材料。材料辐照肿胀在辐照损伤研究中一直占有很大的比重。极端地说，在材料辐照损伤领域，辐照肿胀占了“半壁江山”。

现在，辐照空洞和辐照肿胀仍是核反应堆，尤其是核聚变堆材料开发中的首要问题，无论在辐照损伤理论上，还是在材料辐照实验中，都有许多问题有待进一步解决。

4.2.1　辐照肿胀的产生

在高温进行辐照时，空位浓度达到一定过饱和之后，空位会发生聚集，形成三维晶体缺陷——空洞。伴随空洞的出现，宏观上就会出现材料密度降低、体积膨胀的情况。工程上通常用肿胀量(swelling)即 S 来表征空洞肿胀的程度：

$$S = \Delta V / V$$

式中，ΔV 为全部空洞的总体积，V 为材料的体积。

图 4.26 所示为奥氏体钢的中子辐照和离子辐照时辐照肿胀量与温度的关系。[31]下面介绍辐照肿胀的有关实验现象。

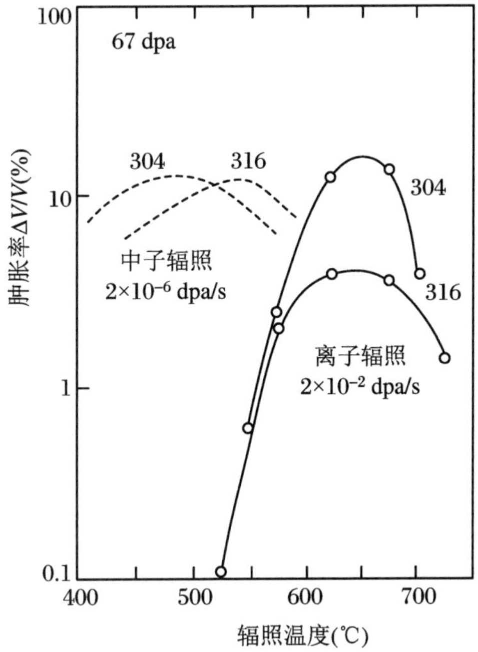

图 4.26 奥氏体钢中的辐照肿胀量与辐照温度的关系

一般认为，空洞的长大需要有空位的纯流入，而这种空位的纯流入则是自间隙原子大量流向空洞以外的点缺陷陷阱，如位错环所带来的结果。在辐照损伤产生的过程中，自间隙原子与空位作为弗伦克尔点缺陷对，二者的总数量应该是相等的。但这些点缺陷形成之后，由于它们的特性不同，二者的形态也有很大不同。自间隙原子的迁移能一般为 0.1 eV，而空位迁移能则一般为 0.5 eV。与空位相比，自间隙原子更容易聚集形成团簇。在辐照缺陷的形成与发展过程中，还有不少因素使得这两种点缺陷呈现出很不相同的行为——一个是产生偏压(production bias)，还有一个是点缺陷阱引起的陷阱偏压(sink bias)。因此，材料中实际存在的空位浓度要远远大于自间隙原子浓度。很高的空位浓度和很低的自间隙原子浓度，是产生材料辐照肿胀的前提。在这种状态下，虽然空洞的陷阱偏压为中性，即对于空位和自间隙原子的吸引力大致相同，但由于两种点缺陷的浓度相差太大，因此实际上流入空洞的空位数量大于自间隙原子数量，如式(2.17)所示。这一基本概念对于理解辐照肿胀很有帮助。事实上，自间隙原子与空位的性能之间的差异越大，材料辐照肿胀也会越大。

辐照导入的空位和自间隙原子，不会全部相互成对再结合以致湮灭，它们中的一部分会各自形成团簇，对于空位来说，就会形成空洞。即空洞和自间隙原子的各自不同的行为，其原因在于它们各自受到的驱动力，这就是偏压效应(bias effect)。这里起主要作用的是位错(刃性位错)，它们会优先吸收自间隙原子，从而在基体中出现过剩空位，导致肿胀。这是一直就有的关于位错偏压的基本认识，也确实准确表现了这一物理现象。现在的课题是如何通过实验或模拟来确定位错偏压的强度以及偏压因子。但是，即使采用实验和模拟相结合的方法，也不容易确定偏压因子。如对于奥氏体钢的偏压因子来说，现有的报道值有10%、40%、80%等。

下面是一些有关材料辐照肿胀的实验现象：

(1) 出现辐照肿胀的温度一般为 0.3～0.55 T_m。在此温度范围内，空位可以迁移，而且能够在辐照下形成过饱和浓度的空位。温度较低时，空位的低迁移率限制了空洞长大。温度较高时，空洞会向外发射空位，从而抑制肿胀。如果辐照损伤速率增加，辐照肿胀的形成温度将向高温方向偏移。图 4.26 中，离子辐照下的损伤速率比中子辐照的损伤速率大 4 个数量级，此时辐照肿胀的形成温度升高了 200 ℃左右。如果先在出现大肿胀量的温度处进行辐照，在样品中预先产生空洞，或采用其他方法在样品中引入空洞，然后对该样品在较低温度进行辐照[32]，或在更高温退火[33]，则可能观察到之前形成的空洞会不断缩小。这是因为在低温辐照时，空位难以迁移，辐照产生的自间隙原子将会填充已有的空洞；而在高温退火时，已有的空洞会向外发射空位。通过这种对已有空洞进行更低温度辐照或更高温度退火的实验，能够基于有限的辐照条件，获得更加详细的材料辐照肿胀性能。

(2) 辐照空洞的尺寸一般为 2 nm 至数十纳米，空洞数密度的数量级为 10^{21}～10^{22} m^{-3}。辐照空洞的尺寸与辐照温度有关。温度越高，空洞直径越大，但空洞数密度却随温度升高而降低。所以存在着一个温度，在该温度下辐照肿胀率具有最大值，如图 4.26所示。对于奥氏体不锈钢来说，中子辐照时的肿胀率最大的温度为 450 ℃左右。如果辐照剂量增加，空洞的直径和数密度都会增加。

(3) 辐照肿胀量与辐照剂量成指数关系[34]，即 $S = \Phi^n$，$n = 1～3$ 。但是在辐照初期有一个潜伏辐照期(incubation dose)，如图 4.27 所示。辐照剂量小于这个值时，可以认为没有明显的辐照肿胀。有关辐照肿胀潜伏期的机制是一个很有趣的问题。参考 3.9 节速率理论，似乎可以认为这一潜伏期与点缺陷浓度稳定状态的建立有关系。即在辐照初期，自间隙原子与空位的浓度差很小。随着辐照时间的增加，这个浓度差逐渐增大，并达到稳定状态，此时辐照肿胀量与辐照剂量开始呈正比增加。在研究比较材料抗辐照性能时，尤其应该重视比较这个潜伏期长度，而不仅仅是比较潜伏期状态下的辐照肿胀量的数值大小。也就是说，对于两种材料，如果前者的潜伏期大于后者，那么即使前者在潜伏期时的肿胀量大于后者，也应该认为前者的抗辐照肿胀性能更好。开发抗辐照材料的指导思想也应该是如何延长这个潜伏期。

(4) 利用冷加工方法在材料中导入大量位错，对辐照空洞的形成会产生很大的抑制作用。需要注意的是，冷加工产生的位错能够抑制辐照肿胀，而辐照损伤产生的位错环却具有促进辐照肿胀的效应。其原因应该是前者含有大量的螺型位错,而后者则是以刃型位错为主。两种位错的应力场不同,决定了它们与点缺陷的相互作用不同,即陷阱偏压不同。图 4.28 所示为冷加工对辐照肿胀的影响。

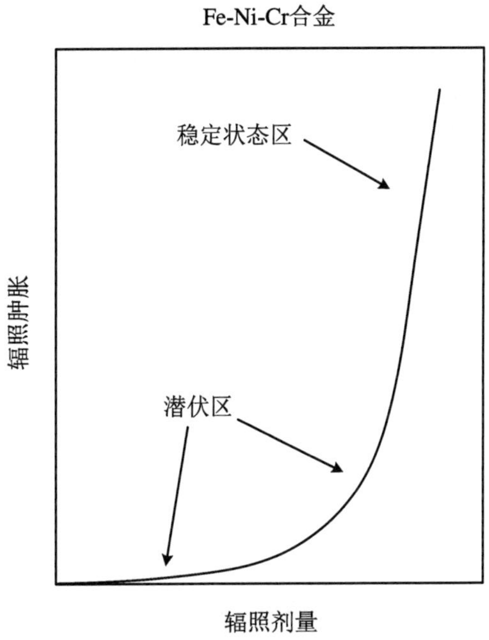

图 4.27　辐照肿胀潜伏期的示意图

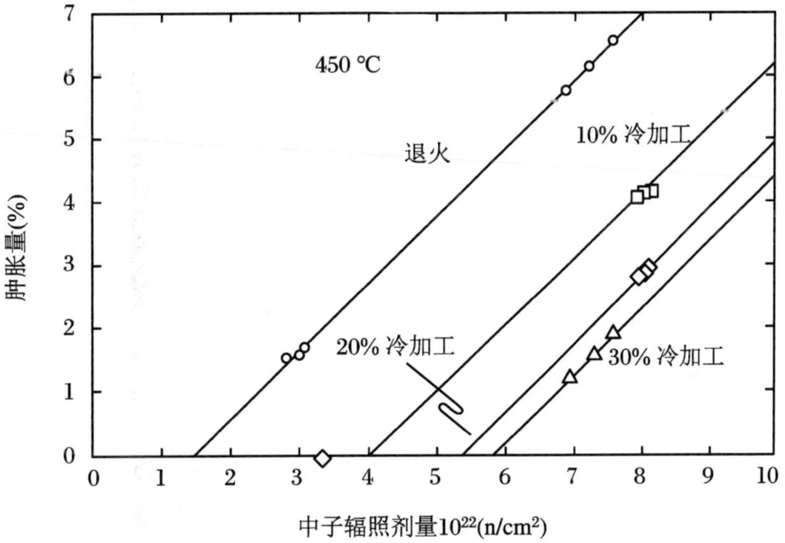

图 4.28　冷加工与辐照肿胀的关系

(5) 核嬗变产物氦、氢对空洞的形成有明显影响。有关氦对辐照肿胀的影响，已经做了大量的工作，证实氦的存在在大多数情况下将增加辐照肿胀量。但是氢对辐照肿胀的影响却研究甚少，4.2.4 小节将介绍笔者的这方面的部分研究结果。

饱和空位浓度是空洞形核与长大的主要热力学驱动力，而这些饱和空位浓度来自刃型位错对自间隙原子的吸收(偏压)。因此，在偏压驱动体系中，对于空位聚集以及辐照肿胀来说，位错起着主要的作用。

材料的晶体结构对辐照肿胀影响最大。例如，BCC 晶体的辐照肿胀量一般要比 FCC 晶体小一个数量级以上。这一现象在辐照损伤研究中已成为常识，也是开发低辐照肿胀率新材料的一个重要思路。BCC 的辐照肿胀较小的原因，可能与其致密度小于 FCC 的致密度有关。致密度较小，自间隙原子与空位的性能差异则较小，两种点缺陷的浓度差也随之减小，因此空洞长大的趋势减小。另外，BCC 晶体中的位错环的陷阱偏压可能与 FCC 的不一样。

还有，空洞的形成与层错环的关系，层错环绕成的空心部会成为空洞的形核。FCC 的层错能要小于 BCC 的层错能，这可能也是 FCC 材料容易肿胀的原因之一。对于空洞肿胀来说，层错可以从两个方面发挥作用。层错四面体可以作为空洞的形核。层错吸收自间隙原子点缺陷后，容易扩展长大，从而可以起到偏压的作用。同时，层错扩展的各向异性，可以围绕形成“空余”部分，成为空洞形核之处(参见 6.1 节)。

关于 BCC 结构材料的低辐照肿胀性能的机制，目前还尚未完全搞清楚[35-36]。但是有报道说[37]，同样具有 BCC 结构的钒合金在中子辐照后，可能出现较大的辐照肿胀，如图 4.29 所示。利用核反应堆 EBR-Ⅱ对含铁的钒合金进行中子辐照后发现，随着铁含量的增加，空洞尺寸随之增大，当辐照剂量为 11 dpa 时，肿胀量达到 30%。在 V-5%Fe 中，添加 1 at.%Ti 会显著抑制空孔形成，而添加 5 at.%Ti 则会完全抑制肿胀。[37] 上述结果表明，该合金的辐照肿胀与合金中溶质原子的尺寸有关。如果溶质原子小于基体原子(undersize)，其合金的辐照肿胀量就大。相反，如果溶质原子大于基体原子(oversize)，辐照肿胀就小。此外，在溶质原子为 undersize 的钒合金中，辐照形成的位错大部分是 $\boldsymbol{b}=\frac{1}{2}\langle 111\rangle$类型。位错密度的变化与肿胀量的变化一致。

另一个有意思的研究结果是辐照肿胀量与距离样品表面的距离关系。有学者在 469 ℃中子辐照 105 dpa 的 316 不锈钢中发现，距离表面 20 μm 处的肿胀量要远大于距离表面 660 μm(样品中心)处的肿胀量，如图 4.30 所示。[38] 由于材料表面的点缺陷陷阱效应会降低点缺陷浓度，因此仅仅根据材料表面效应，难以解释这一现象。但如果考虑两种点缺陷浓度的差值 $\Delta C = C_v - C_i$，则有可能解释为什么靠近材料表面处反而具有较大的肿胀量。如图 4.31 所示，在接近材料表面时，两种点缺陷的浓度均会降低。但是两

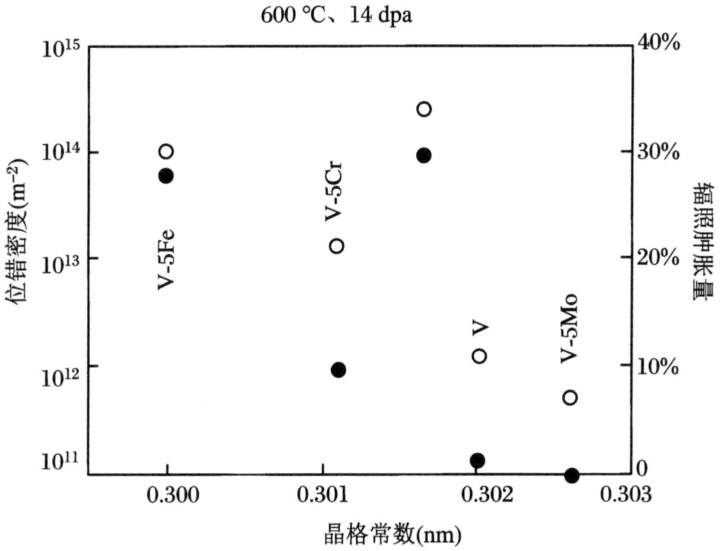

图 4.29　钒合金中的辐照肿胀与位错密度

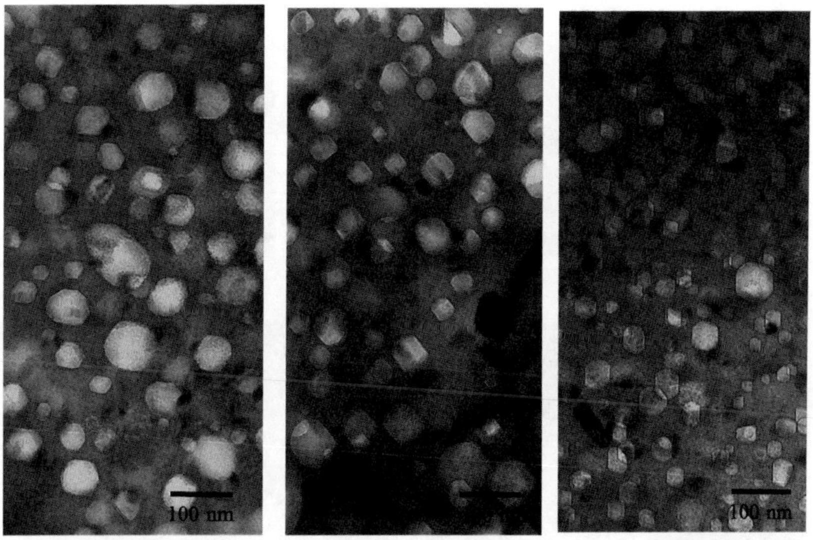

肿胀量20.8%　　肿胀量14.3%　　肿胀量7.3%

图 4.30　在 469 ℃辐照 105 dpa 后 316 不锈钢中的空洞形貌[38]

注：距材料表面分别为 20 μm(左)、50 μm(中)、660 μm(右，样品中心部位)。

条浓度曲线的变化并不一致。因此，有可能在材料表面附近的某一位置，两种点缺陷的浓度差值会出现最大值 ΔC_{max}，因而导致此处的辐照肿胀量大于材料内部的肿胀量。当然，上述肿胀量与表面距离的关系，必须在均匀产生辐照点缺陷的前提下才能够观察到。也就是说，只有中子辐照的样品能够在很大的深度范围内均匀产生辐照点缺陷。对于离子辐照这种只能在很小区域内产生辐照点缺陷且分布不均匀的实验来说，则不可能讨论这种现象。

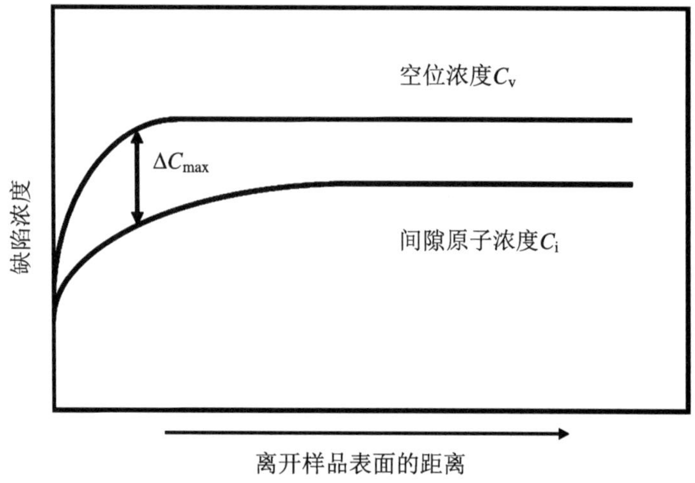

图 4.31　缺陷浓度与离开样品表面的距离的关系

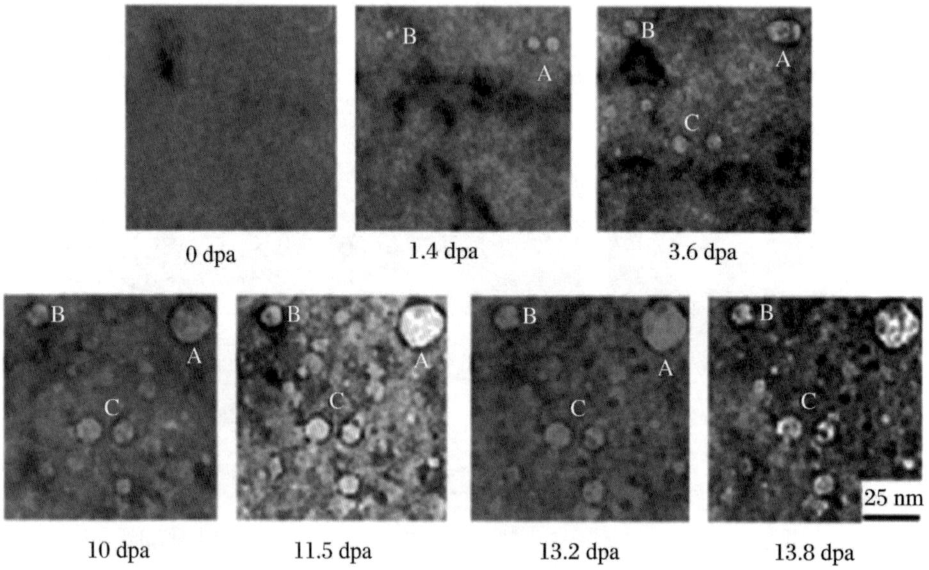

图 4.32　CLAM 钢在 450 ℃进行电子束辐照时的空洞长大现象[39]

虽然 BCC 结构的铁素体钢具有良好的抗辐照肿胀能力，但是仍非常需要分析其中辐照下的空洞长大行为。图 4.32 展示了高压电镜的电子束辐照下中国低活化马氏体钢(China low activation martensitic，CLAM)中的空洞长大过程。在较低的 1.4 dpa 辐照剂量下就已经有空洞形成，且发现两个相邻的较小的空洞(图中标识 A 处)随着辐照剂量的增加会长成一个大空洞。

图 4.33 所示为表示材料自由表面和空洞表面分别与点缺陷相互作用的不同结果的示意图。为什么空洞吸收空位点缺陷，而材料自由表面吸收自间隙原子？如果情况相反，让空洞吸收自间隙原子，材料自由表面吸收空位，就不可能出现辐照肿胀。材料表面与空洞表面都具有"自由表面"的性质，其对点缺陷的"偏压强度"也似乎一样。但是，它们与点缺陷相互作用的结果却完全不同。实际情况是，空洞吸收空位不断长大，材料表面吸收自间隙原子，从而产生材料体积膨胀。这一原因可能来自应力场的影响，具体来说，是应力场引起的自间隙原子浓度与空位浓度之间的差值。由于空洞附近仍存在应力场，使得空位浓度远远大于自间隙原子浓度，空洞得以不断吸收空位而长大。在材料表面附近，应力场得以释放，自间隙原子浓度与空位浓度没有很大差别。由于自间隙原子迁移快，所以到达材料表面的点缺陷是自间隙原子。

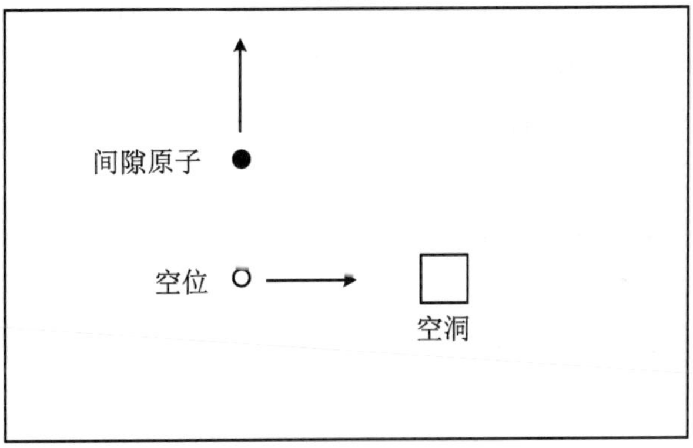

图 4.33　材料自由表面和空洞表面分别与点缺陷发生相互作用的不同结果

如果不能准确认识材料辐照肿胀的本质，那么就会出现一些不正确的说法。例如，有人提出作为控制材料辐照损伤的方法，可以在材料中引入微小的纳米空穴，以此来吸收辐照点缺陷。如果真能这样的话，辐照产生的空洞本身就是这种最理想的纳米空穴了。还有人说，可以对材料施加应力，以抑制辐照空洞长大。殊不知施加应力的结果，更会促使自间隙原子的迁移，扩大空位与自间隙原子之间的浓度差，最终只会进一步促进辐照肿胀。例如，燃料包壳管的内外壁附近的应力大于包壳管中心处的应力，因而在内外壁处观察到的中子辐照肿胀量要大于包壳管中心处的辐照肿胀量。[40] 如果能够使得自间隙原子周围的应力场发生弛豫，则有可能迟滞自间隙原子的迁移，降低空位与自间隙原子之间的浓度差，从而抑制空洞长大。空洞点阵的由来，也许就是空洞周围的应力场发生弛豫的结果。另外，甚至有人错误地认为可以将材料辐照时可能产生的 dpa 的大小，作为选择抗辐照损伤材料的标准。前本说过，实际上 FCC 结构的奥氏体钢与 BCC 结构的铁素体钢，辐照时产生的 dpa 并没有多大差别。人们在利用 SRIM 软件计算辐照产生的 dpa 时，也没有考虑晶体结构的因素。但是，不同晶体结构的材料的辐照肿胀量却可以相差很大。稍有一点争议的是，企图利用孪晶晶界作为吸收点缺陷的陷阱，开发孪晶组织丰富的抗辐照损伤材料。如 4.3.1 小节所述，孪晶晶界并没有表现出特别的点缺陷阱性质。

关于晶界与辐照点缺陷的相互作用，有人提出从晶界向晶内投射自间隙原子的理论。[41]一般来说，晶界作为点缺陷陷阱，对辐照损伤有很大的抑制作用。但是，这种抑制作用是否就是这种投射自间隙原子的机制？如果是，表明晶界会起着类似负偏压的作用，显然有助于抑制辐照肿胀。这个机制的依据是建立在计算机模拟研究结果之上的，要通过实验来证实它的存在还有很大的困难。

不过，孪晶与辐照之间还存在另一种关系，那就是辐照有可能促进孪晶的形成。[42]例如在室温时，孪晶变形所需的应力远大于滑移变形所需的应力，因此晶体的变形主要是通过滑移来实现的，室温下很少发生孪晶变形。但是，对于辐照材料来说，由于辐照引入了大量的缺陷，增加了位错滑移所要面对的阻力，从而容易发生局部集中变形，此时就容易发生孪晶变形。对于非辐照样品来说，孪晶发生在晶界处。而在辐照样品内，孪晶则可以发生在位错集中的区域。

有序合金中难以形成辐照肿胀，其原因可能是在有序合金中位错长大非常困难，阻碍了间隙型位错环的长大过程，其实质是降低了这些位错环的偏压强度。实际上，合金的短程有序对于辐照肿胀具有强烈影响。例如，含有 G-P 区的铝铜（Al-Cu）合金、含有调幅结构的铜钛（Cu-Ti）合金、含有不同程度化学有序的镍钼（Ni-Mo）合金等，都具有抵抗高温辐照肿胀的能力。反过来，辐照产生的移位原子会改变微观区域的化学组分。实验表明，短程有序或长程有序、调幅分解的合金，都具有抑制辐照肿胀的能力。对于具有有序结构的 Ni-20 at.%Mo 和 Ni-7 at.%Mo，辐照至 40 dpa，仍没有形成辐照空洞。[43]

另外要注意的是，不仅存在位错偏压，还存在级联过程引发的产生偏压，目前学界对这一概念的理解仍不全面。在高温辐照下的样品中，空位和自间隙原子流向点缺陷阱，但从实验上尚未能观察到这种流动。即便是计算机模拟，由于需要进行介观领域的模拟，计算量也远超现有计算机的处理能力。当前计算机能够模拟单个级联、单根位错、位错环周边的状态，并努力将这些状态组合在一起。实验上，为了对应级联过程的有无，有效的方法是对比中子辐照与电子辐照在低损伤速率下的辐照效应。空洞肿胀是建立在辐照缺陷的基本行为之上的高层次物性，要把握其全貌，还需要走很长的路。将来有望开发新的实验方法，如同时进行辐照与正电子测量的原位实验技术。另外，空洞对材料机械性能的影响，至今尚未开展系统的研究。

4.2.2 关于辐照肿胀的速率理论

辐照时产生的空位和自间隙原子的数量总是一样多的。但是，位错、晶界等点缺陷阱对这两种点缺陷的吸引力却不一样。尤其是位错环对自间隙原子的吸引力远大于对空位的吸引力。这样，辐照时产生的自间隙原子不断地流向位错环等点缺陷阱，基体中空位的浓度便逐渐升高，以至相互聚集形成空洞。这是辐照肿胀的最简单的物理描述。

在关于辐照肿胀的速率理论中，可以利用下面的偏微分方程式[44]来描述辐照下点缺陷浓度 C_i、C_v 随时间的变化。

$$\nabla\cdot\left(D_v\cdot\nabla C_v+\frac{D_vC_v}{kT}\nabla U_v\right)+G_v+G_v^e-RC_vC_i-K_vC_v=\frac{dC_v}{dt} \tag{4.1}$$

$$\nabla\cdot\left(D_i\cdot\nabla C_i+\frac{D_iC_i}{kT}\nabla U_i\right)+G_i-RC_vC_i-K_iC_i=\frac{dC_i}{dt} \tag{4.2}$$

式(4.1)和式(4.2)中，第一项表示扩散和跃迁到材料表面等点缺陷阱的点缺陷，U_i、U_v 为点缺陷与材料表面点缺陷阱的相互作用能，K_i、K_v 是位错、空洞、晶界等各种点缺陷阱与点缺陷之间的反应速率常数之和，即有

$$K_i=\sum_j K_i^j,\quad K_v=\sum_j K_v^j$$

D_v、D_i 是点缺陷的扩散系数，且 $D=D_0\exp(E/kT)$，E 为空位或自间隙原子的迁移能，G_i、G_v 为辐照下点缺陷的生成速率，G_v^e 表示空洞、位错等缺陷点缺陷阱在热平衡状态下向外发射空位的速率，R 是自间隙原子和空位再结合的反应速率。

如果忽略试样表面效应，且利用稳态条件 $\mathrm{d}C_i/\mathrm{d}t=\mathrm{d}C_v/\mathrm{d}t=0$，就可以求解出式(4.1)和式(4.2)中的 C_i、C_v。因为空洞的生长受到流入空洞的自间隙原子和空位以及空洞向外发射的空位的综合影响，可得空洞的生长速率 $\mathrm{d}r_v/\mathrm{d}t$ 或辐照肿胀速率 $\mathrm{d}S/\mathrm{d}t$ $(S=\Delta V/V)$与空位浓度的关系：

$$\frac{\mathrm{d}S}{\mathrm{d}t}=4\pi r_v^2\rho_v\frac{\mathrm{d}r_v}{\mathrm{d}t}=D_v(C_v-C_v^e)K_v^v-D_iC_iK_i^v \tag{4.3}$$

式中，K_i^v、K_v^v 为空洞对自间隙原子和空位的点缺陷阱强度，ρ_v 为空洞的数密度，r_v 为空

洞半径，C_v^e 为空洞外表面处的空位平衡浓度。空位从空洞里向外逸脱时所作的功为 $2\gamma/r_v - p$，γ 为表面张力，p 为内压力。

$$C_v^e = C_v^v \exp\left[\left(\frac{2\gamma}{r_v} - p\right)\frac{\Omega}{kT}\right]$$

氢、氦对辐照肿胀的影响一般通过内压 p 反映出来。如果还存在外部应力，在上式中的括号内还应加上一项“$-\sigma$”。

值得指出的是，描述点缺陷动态变化的速率微分方程，并不一定非要是式(4.1)和式(4.2)的形式，而且这种形式的微分方程也很难求解。事实上，或由于研究角度的不同，或由于数学处理的简化，人们提出了众多的速率理论公式。例如，第 3 章中的式(3.87)和式(3.88)主要关注两种点缺陷的浓度平衡，第 7 章中的式(7.2)和式(7.3)则是为了从位错环长大速度求解空位迁移能。对于利用速率理论研究辐照缺陷的人来说，提出自己独特的速率微分方程，并力图与辐照实验结果联系起来，是很常见的现象。

4.2.3 空洞超点阵

在高能、高剂量粒子辐照下，会大量产生空位和自间隙原子，且空位残留下来的概率相对较大。这些空位聚集起来，形成空洞。另外，辐照过程中的入射粒子或核反应产生的气体原子会与空位一起聚集，形成气泡。空洞和气泡的形成导致金属材料出现肿胀，这是一个极为关键的问题。这里介绍一个从晶体缺陷研究角度来看更具吸引力的现象——空洞超点阵(void superlattice)。图 4.34 所示为典型的空洞超点阵。当辐照剂量达到 400 dpa 时，由大量空位形成的高密度空洞在相互之间的应力场的作用下，有规律地排列成空洞超点阵。有关空洞超点阵的形成机制是材料辐照损伤研究中的热点之一。[45]

早在 1971 年，世界有 3 个研究所基本上同时发现，如果满足某种条件，那么空洞会沿三维方向有规律的排列。[46-48]空洞超点阵有如下特征：

(1) 一般来说，空洞形成的点阵与基体的晶格点阵相同，即 FCC 金属中的空洞超点阵为 FCC 结构，BCC 金属中的空洞超点阵则为 BCC 结构，且晶体轴方向一致。

(2) 这种空洞超点阵的形成温度为空洞形成的下限温度，即 $0.3T_m$。

(3) 需要满足 dpa>1。

(4) 离子辐照和反应堆中子辐照都能形成空洞超点阵，形成空洞超点阵时的损伤形成速度跨度为 $10^{-2} \sim 10^{-6}$ dpa/s，因此与损伤形成速度无关。

(5) 空洞超点阵的晶格常数 a 与空洞半径 r 之间，存在关系 $a/r \approx 8$。

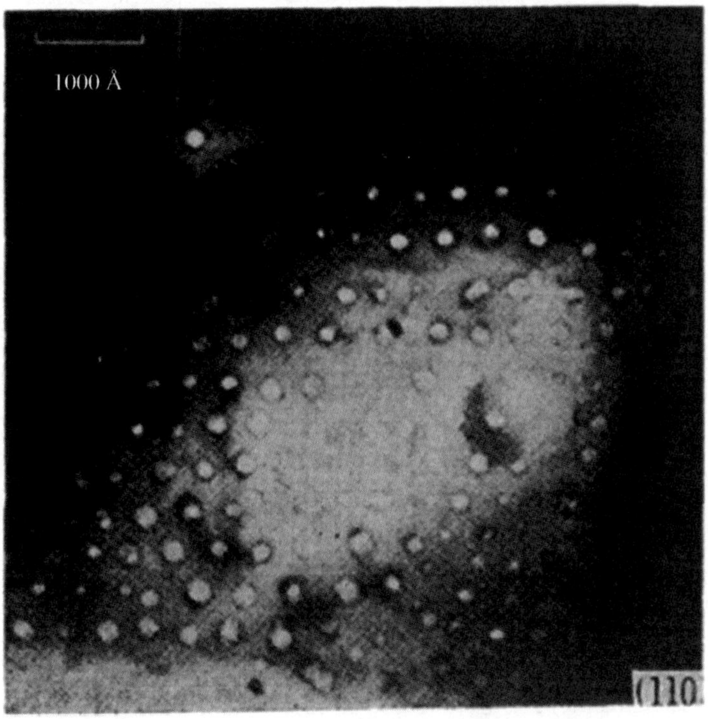

图 4.34 8 MeV 的硒离子在 525 ℃、400 dpa 辐照条件下，镍中的空洞超点阵[46]

为什么会形成这种空洞超点阵？Malen 和 Bullough 利用基体金属的弹性各向异性产生的空洞间相互作用进行说明[49]，并进行了计算。[50-51]但是，弹性各向异性极小的钨中也会出现空洞点阵[52]，因此还不能说在理论上解决了这个问题。但是，重要的是，如果 $a/r \approx 8$ 的关系能够成立，意味着肿胀将不会继续发展。即一旦出现空洞点阵，空洞就会作为自间隙原子和空位二者的点缺陷阱。Brown 在此基础上，未考虑弹性各向异性，对 $\Delta V/V$ 与 a 展开了讨论[53]，但是该讨论还不足以解释空洞超点阵的形成原因。

虽然在镍、铝和不锈钢中已经观察到了空洞点阵，但 BCC 金属比 FCC 金属更容易形成空洞点阵。空洞点阵的形成与级联过程有关，与辐照粒子的类型无关。空洞超点阵大多在级联损伤条件（中子或离子辐照）下出现，在纯弗伦克尔点缺陷对（电子辐照）的情况下很少出现。一般认为，它与级联过程中出现的自间隙原子团簇的一维迁移可能有很大关联。但是，利用自间隙原子团簇的一维迁移，可以解释空洞超点阵的朝向，即沿〈111〉方向出现无空洞通道的原因是自间隙原子团簇在该方向的一维迁移，清除掉了这一通道上的空位团簇，但是无法解释这个超点阵的间距是什么原因。另外，在辐照剂量较低的情况下，空洞的位置呈现出随机性。只是当辐照剂量达到很高水平时，空洞才逐渐呈现出有规律的排列。一维迁移似乎无法解释这种辐照剂量的影响。

当前，空洞点阵的形成机制还没有完全弄清楚。不过，在空洞超点阵的形成机制中，应力场可能发挥了重要作用。根据3.9节介绍的速率理论，辐照过程中形成的空位浓度与间隙原子浓度之间存在一个差值。这个差值可能会受到相邻空洞的应力场的影响。在辐照初期形核的空洞尺寸小，且数密度较大，但位置是均匀地随机分布的。随着辐照剂量的增大，空洞尺寸长大。由于大尺寸空洞的存在，其周围某些特殊方向和位置处的应力场发生弛豫，这些地方的自间隙原子的浓度增加，这样该位置的空洞所吸收的间隙原子数量就会多于空位数量，从而使得这些空洞尺寸缩小以至消失。也就是说，在辐照初期形核的空洞由于尺寸小，其周围的应力场弛豫也很小，不会出现空洞超点阵现象。当空洞长大到一定尺寸时，其应力场开始发生作用，此时不同位置的空洞的长大速率开始变得不一样，有些位置的空洞会缩小以至消失。如果这些应力场弛豫的分布各向异性不是很强烈，那么长大后的空洞仍然会是随机分布的。只有当空洞周围的应力场弛豫分布具有很强的各向异性时，才会导致长大的空洞呈现特殊的点阵分布。这可能就是部分材料中会出现空洞超点阵的原因。空洞超点阵的点阵常数 a 与空洞半径 r 之间一般有 $a/r\approx 8$，这大致与空洞产生的应变场有关。

在7.4节中还会提到的气泡超点阵(gas bubble superlattice)，与空洞超点阵有很大的相同之处。也就是说，最初气泡形核时是随机分布的，没有有序的点阵结构。随着氦泡长大，高压氦泡产生的应力场使得特定位置的氦泡能够继续长大，而其他位置的氦泡则难以长大，甚至会消失。不过，一旦形成点阵后的氦泡，当长大到一定尺寸后，也许难以继续维持之前点阵状态。上述应力场与空洞超点阵或气泡超点阵之间的关系的猜想，可能需要通过计算机模拟来证实。

尤其值得注意的是，人们在裂变中子辐照的BCC的U-7Mo燃料中，观察到了具有FCC结构的氙(Xe)气泡超点阵，从而打破了之前认为空洞超点阵和气泡超点阵总是与基体材料保持同构的结论，即空洞超点阵的结构可以与基体的晶体结构不相同，这样似乎可以排除基体材料结构是选择超点阵结构的决定因素。[54]

4.2.4 氢对辐照肿胀的影响

著者利用日本铁素体马氏体钢(Japan ferritic martensitic steel, JFMS, Fe-9.85Cr-0.94Ni-0.12V-0.67Si-0.58Mn-2.31Mo)，研究了氢对辐照肿胀的影响，让试样经离子加速器注氢，再在超高压电子显微镜中进行电子辐照，观察辐照空洞的形成。[55]

在透射电子显微镜下，若采用欠焦(under-focus)成像条件，则可以观察到比较鲜明的空洞的衬度像。[56]测量这些空洞的尺寸，便可知辐照肿胀量。为了方便，将多面体结构的空洞近似处理为球形，测定空洞的直径 d，根据下式可以计算辐照肿胀量：

$$S = \frac{\Delta V}{V} = \frac{\pi}{6xyt}\sum_i d_i^3 \tag{4.4}$$

式中，xy 为所测量的视场的面积，t 为所观察视场的薄膜厚度。

式(4.4)用于肿胀量较小的情况，若肿胀量较大，则应采用更精确的公式，即测量视场位置的试样体积 V 应该减去空洞体积 ΔV，即

$$S = \Delta V/(V - \Delta V)$$

结合 SRIM 计算结果，进行辐照肿胀测量实验。此时，样品制备简单，可以基本不管样品厚度问题，厚度值采用模拟计算结果。

在电子辐照量不变的前提下，通过改变辐照温度，研究注氢的影响。从图 4.35 中可以看到，在室温时还看不出注氢的效果。在高温处，注氢使得空洞的数密度增大，而且这种趋势随着电子辐照温度的升高而增强。

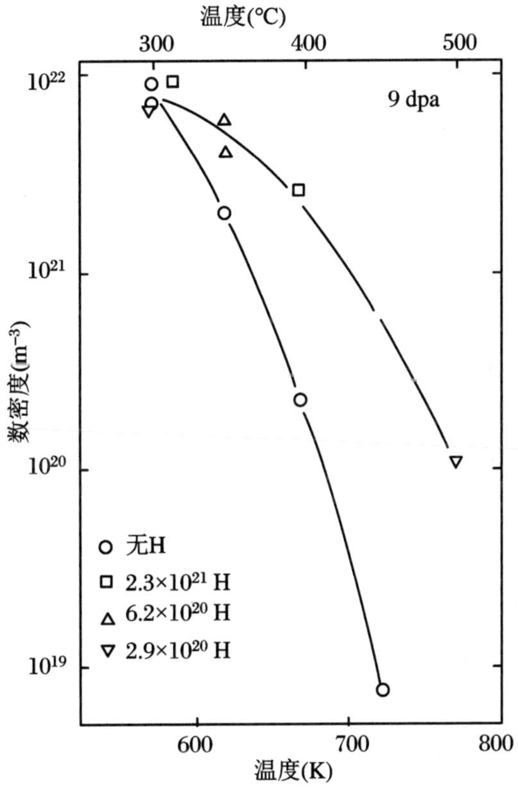

图 4.35　各种温度下电子辐照时产生的空洞的数密度

另外，注氢对辐照肿胀的影响如图 4.36 所示。虽然数据比较分散，但仍可看出，在

高温电子辐照时，注氢促进了辐照肿胀的产生。

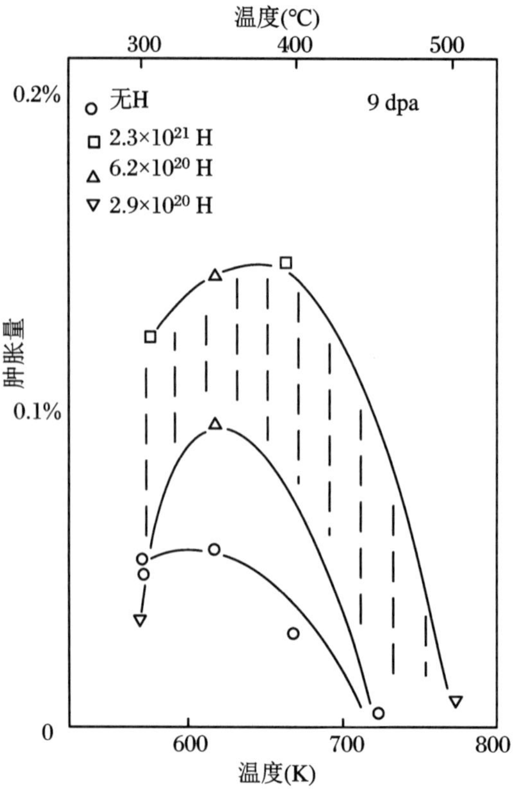

图 4.36　各种温度下电子辐照时产生的辐照肿胀

一般情况下，氢在材料中，尤其在铁中很容易扩散。但如果材料中含有大量的空位缺陷，氢的扩散将受到很大抑制。这种现象在 4.3.2 小节中将再次证明。氢和空位之间有非常强的相互作用，其结合能为 0.2～0.6 eV。[57-58]反过来，从空位迁移角度看，由于氢与空位的相互结合，空位的迁移能将变大。空位若和氢结合形成一种复合体，便比较稳定地存在于材料中。这种复合体很容易成为空洞形核的位置。低温辐照时，在没有注氢的试样中，空位的迁移比较困难，这些空位也可以成为空洞的核。因此低温下注氢对空洞形核的影响不太明显。高温辐照时，没有与氢结合的空位很容易迁移，因而难以成为空洞的核，此时氢和空位的复合体对空洞形核的影响则显得十分突出。由此可以得出一个结论，氢对辐照形核的影响开始变得突出时的温度，也就是空位开始急剧迁移的温度。所以该试样中空位开始急剧迁移的温度为 300 ℃，这个数值比一般报道的高一些，可能是所使用的 JFMS 试样的含碳量比较高的缘故。

氢对辐照肿胀的影响，主要是通过影响空位形核产生的。虽然注氢试样中的辐照空洞的尺寸要小一些，但由于其数密度增加较多，实际上还是增加了辐照肿胀。除了 BCC

的纯铁外，在 FCC 的奥氏体钢中也观察到了氢促进辐照空洞形核的实验现象。[59]

4.3 辐照下的扩散与析出

自 1973 年第一次在核反应堆材料中观察到了因中子辐照出现的合金元素的偏析现象后[60]，人们对材料中的偏析、析出和相变等过程在辐照下发生的变化进行了大量的研究。[61]现已发现，辐照会改变合金元素的偏析状态，能够产生热力学上不可能出现的相变，会使相界面发生迁移，且一些本来稳定的相(如一些有序相)在辐照下也变得不稳定。

4.3.1 辐照对扩散的影响及辐照析出

辐照对扩散的影响主要有：

(1) 缺陷浓度变化对扩散的影响。

(2) 晶格原子跃迁频率变化对扩散的影响。

这里只讨论第一种情况。简单纯金属中的自扩散中，无辐照时热力学扩散系数 D_t 依存于空位的扩散。热平衡状态下的空位浓度 C_v^0 可由式(2.3)给出。设 D_v 为空位扩散系数，则

$$D_t = C_v^0 D_v \tag{4.5}$$

由于辐照时产生的空位浓度 C_v 远远大于热平衡状态时的空位浓度 C_v^0，因此辐照会大大促进自扩散过程。

除了空位，辐照产生的自间隙原子也能促进自扩散，只是一般情况下自间隙原子的浓度比较小，所以它对自扩散的影响也很小。辐照时的自扩散系数 D_r 可由下式给出：

$$D_r = D_v C_v + D_i C_i \tag{4.6}$$

如 2.1.2 小节所述，辐照缺陷对溶质原子的扩散将产生很大影响，当溶质原子的尺寸比基体原子的尺寸小(即 undersize 条件)时，一个溶质原子易与一个基体原子组成混合哑铃型自间隙原子。当辐照时，自间隙原子向晶界等点缺陷阱处迁移，因此辐照后可以在晶界处看到这种溶质原子的富集现象。另外，当溶质原子的尺寸比基体原子的尺寸

大(即 oversize 条件)时,溶质原子更易于与空位相互作用[图 2.5(b)]。这时,随着空位向晶界处迁移,溶质原子将向相反的方向,即离开晶界的方向迁移,因而在晶界处会出现溶质原子的贫乏现象。作为一般的辐照偏析规律,如果溶质原子比基体原子小,晶界处的溶质原子的浓度就会增加。相反,如果溶质原子比基体原子大,晶界处溶质原子的浓度则会减少。[62]但是,如果溶质原子与空位的结合能很大,溶质原子的迁移方向就会与空位相同[图 2.5(a)]。这时,上述的溶质原子尺寸因素与辐照偏析之间的规律就不成立。另外,如果某种溶质原子与其他溶质原子发生更强的相互作用也会改变它在辐照下的扩散、偏析过程。

图 4.37 所示为辐照偏析的实验结果。[63]镍合金在 3.5 MeV 的镍离子辐照后,在试样表面处,比基体原子大的溶质元素钼、钛(Ti)、铝的浓度减小,而比基体原子小的溶质元素硅则在表面处富集。

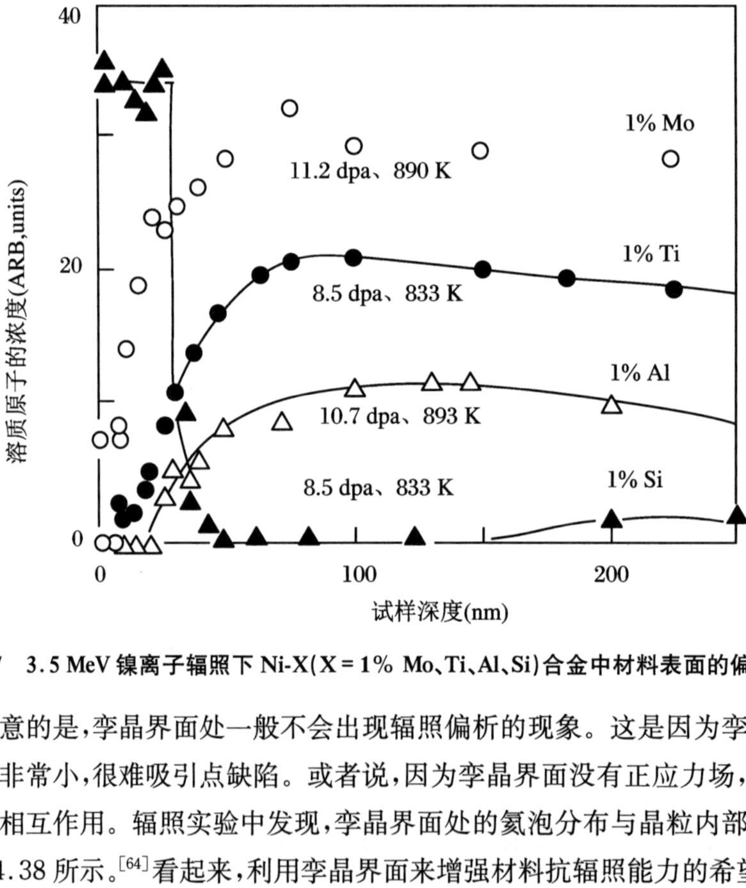

图 4.37　3.5 MeV 镍离子辐照下 Ni-X(X = 1% Mo、Ti、Al、Si)合金中材料表面的偏析现象

值得注意的是,孪晶界面处一般不会出现辐照偏析的现象。这是因为孪晶界面的点缺陷阱强度非常小,很难吸引点缺陷。或者说,因为孪晶界面没有正应力场,所以不能与点缺陷发生相互作用。辐照实验中发现,孪晶界面处的氦泡分布与晶粒内部并没有很大区别,如图 4.38 所示。[64]看起来,利用孪晶界面来增强材料抗辐照能力的希望不大。

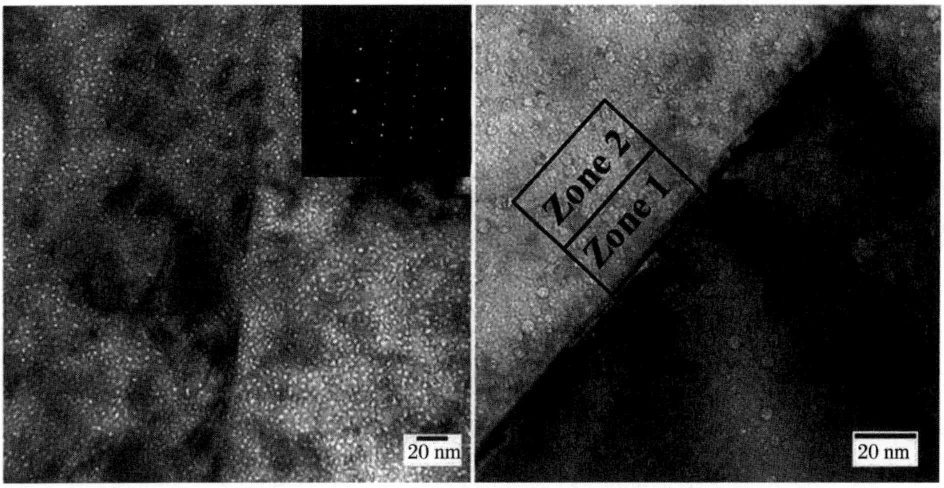

(a) 氦泡在孪晶界附近的分布　　(b) 高倍显微照片

图 4.38　孪晶界面处的氦泡分布

4.3.2　辐照析出与相变

析出的过程包括形核(nucleation)与长大(growth)两个过程。由于辐照对这两个过程可能产生不同的影响,因而辐照对析出的影响变得非常复杂[65],具体来说辐照的影响可分为以下几种:

一是对形核过程的影响。辐照的级联过程以及辐照下的缺陷聚集等现象都能促进形核过程。

二是对长大过程的影响。析出物的长大过程与原子的扩散紧密相关,辐照时产生的缺陷一般能够促进溶质原子的扩散,所以也会促进析出物的长大过程。如果溶质原子为间隙扩散方式时,它们容易被辐照空位捕获而迟滞其扩散过程,此时辐照就会阻碍析出物的长大。

三是对析出物稳定性的影响。一方面在辐照条件下,原本从热力学角度看稳定的析出物也可能发生分解。另一方面,还会出现一般条件下观察不到的新析出现象,特别是有些共格析出物,由于其晶格常数与基体不匹配,会引起较大畸变,辐照时产生的空位将会流向这些共格析出物的界面,使畸变得到缓和,从而促进这类共格析出物的形成。

如果固溶在基体中的合金元素在某一热处理条件下会形成析出物,那么辐照引入的缺陷则有可能影响甚至抑制这种析出现象。这就是所谓的"辐照抑制析出",与"辐照促进析出”一样，都是材料辐照损伤中的重要问题。

下面是一个比较典型的辐照抑制析出例子。[66]

铁碳(Fe-C)合金在淬火时效时，以 150～200 ℃为界限；在更低温时效时，沿{100}面析出准稳定的 ε 碳化物；在更高温时效时，沿{110}面析出渗碳体(Fe_3C)。如果在该中间温度时效时，开始析出的是 ε 碳化物，然后再析出 Fe_3C。在这些析出物中，ε 碳化物沿位错线优先析出，Fe_3C 则优先沿晶界析出。

该实验采用 Fe-0.025wtC%合金，固溶化处理后淬入水中，使碳原子固溶在基体中，然后制成电镜用薄膜样品。用于观察实验的透射电镜的加速电压(350 kV)低于铁的击出能量阈值电压 450 kV，因此观察时不会产生辐照缺陷。而用于电子束辐照实验的透射电镜的加速电压则为 650 kV，此时可以在铁中产生弗伦克尔缺陷。

图 4.39 所示为电子束辐照后的代表性组织。照片中央部约 10 μm 的区域为辐照区域。由于辐照剂量较低，此时还看不到辐照产生的明显缺陷，从而也没有明显的辐照区域与未辐照区域的区别。之所以要控制电子束辐照剂量，是因为如果辐照量较大，将会出现点缺陷团簇的黑点衬度像，从而难以将其与后面加热时效实验产生的析出物区别开来。

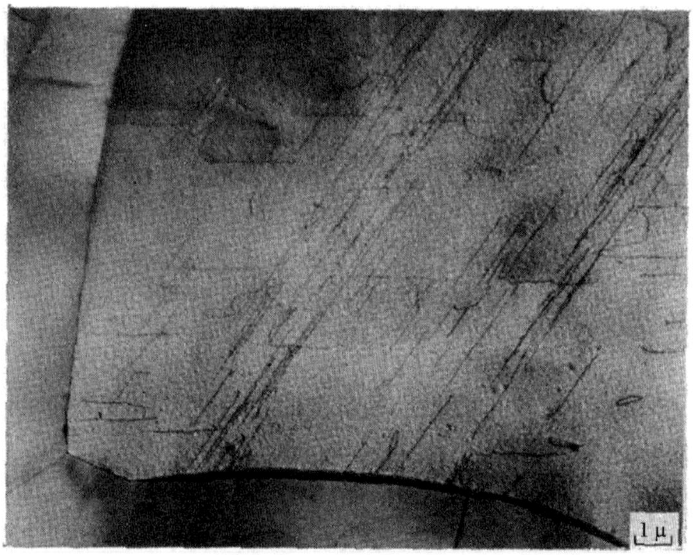

图 4.39　低剂量电子束辐照后材料代表性组织图像

注：水淬后在室温辐照至 1.7×10^{21} e/cm^2，未发现辐照影响。

电子束辐照之后，在 60 ℃对样品进行加热时效，其结构变化如图 4.40 所示。此时，在没有受到辐照的外圈区域，出现许多析出物；但在辐照区域，没有观察到析出物。此时能够明显地区分辐照区域与未辐照区域。辐照区域没有析出物出现，是因为碳被空位捕获，形成碳与空位的复合体，从而抑制了碳原子的移动。

在 240 ℃左右，碳与空位的这种复合体将会发生解离。其结果是解离的碳原子凝聚在一起析出时，不经过 ε 碳化物阶段，直接形成 Fe_3C。图 4.41 所示为辐照后在 250 ℃时效20 min后的组织。在该温度下，空位点缺陷已经与碳原子发生解离，在辐照区域与未辐照区域的边界的侧，开始形成 Fe_3C。所以，在边界区域由于 C-V 对的解离而形成 Fe_3C，无析出区域也随之变窄。虽然在中心部还没有观察到析出物，但随着时效的进行，越靠近中心部，Fe_3C 析出物的尺寸越大。

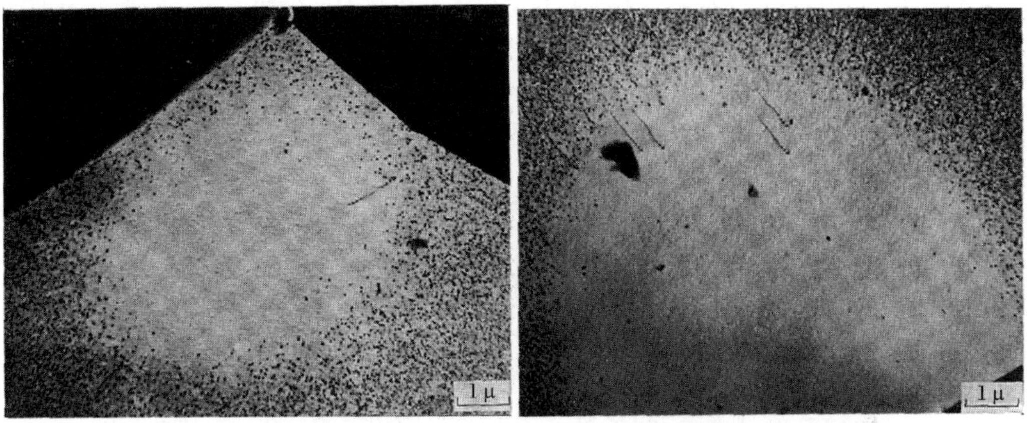

(a) 辐照至1.5×10^{20} e/cm^2　　(b) 辐照至4.6×10^{20} e/cm^2

图 4.40　60 ℃加热时效后电子束辐照样品的结构变化图像

注：水淬后在同一晶粒内改变辐照量，然后在 60 ℃时效 308 h。

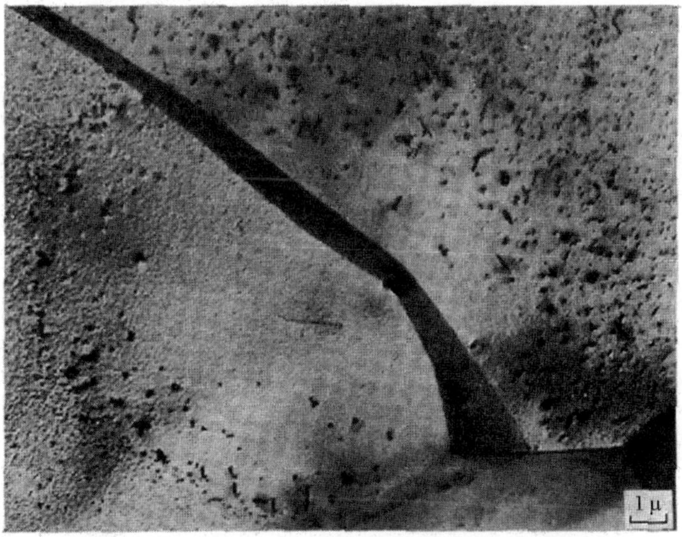

图 4.41　碳辐照后在 250 ℃时效 20 min 后的组织图像

注：水淬后在室温辐照至 1.7×10^{21} e/cm^2，然后在 250 ℃时效 20 min。

在辐照与未辐照的边界区域的内侧，出现 Fe_3C 析出。

至于为什么碳是与空位而不是与自间隙原子结合成复合体，原因是铁的自间隙原子迁移能很低，在辐照温度下容易移动，因此大部分自间隙原子都消失在材料表面或其他点缺陷陷阱处。然而空位的迁移能相对来说比较高，移动速度非常慢，室温下仍有大部分空位存在于晶格中。值得指出的是，淬火时也会形成空位（肖特基缺陷），这些空位为什么不与试样中的碳结合成复合体呢？这是因为此时形成的空位浓度远远低于样品中的碳浓度，可以忽略它的影响。

采用同样的方法，也可以研究其他材料中由于辐照缺陷与溶质原子结合而产生的辐照抑制析出的现象。

4.3.3 注氢合金中的辐照析出

著者利用 JFMS 等试样，在注氢之后进行高压电镜的电子辐照，观察到了一种辐照引起的共格析出现象。[67]

图 4.42 所示为该实验过程的说明。从图 4.43 所示的衍射花样中可以看到，通过离子加速器注氢的 JFMS 试样在 400 ℃的电子辐照下，出现了明显的衍射线条花样。

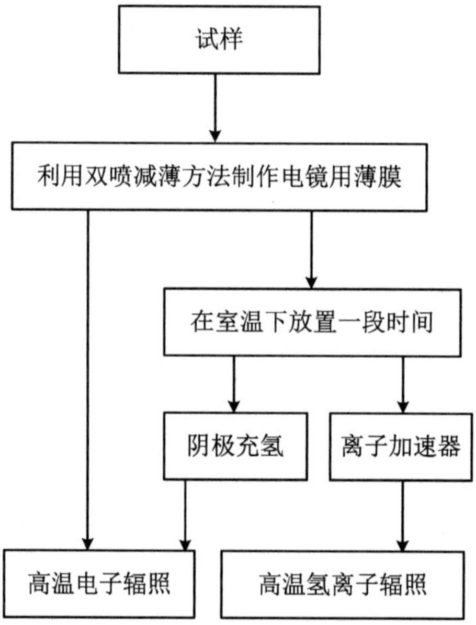

图 4.42　辐照实验过程

为了确定这种衍射线条花样与氢的关系，除了利用离子加速器注氢外，还可以利用电化学方法对试样进行阴极注氢。这些试样在随后的电子辐照实验中，同样观察到了衍射线条花样的形成。不同的是，离子加速器注氢的试样，放置数年后再进行电子辐照仍然会出现衍射线条花样，而阴极注氢的试样只要放置24小时，电子辐照下的结果就会与未注氢试样一样，不会出现衍射线条花样，其原因可能是利用阴极注氢方法注入的氢，在试样中以比较自由的溶质原子状态存在。这些氢即使在室温下也极易扩散，放置时间稍长，就会逸出试样表面。而利用离子加速器注入的氢，被注氢时同时被产生的辐照缺陷（主要是空位）所捕获，这些氢和缺陷一起组成复合体，能够长期地残留在材料中。

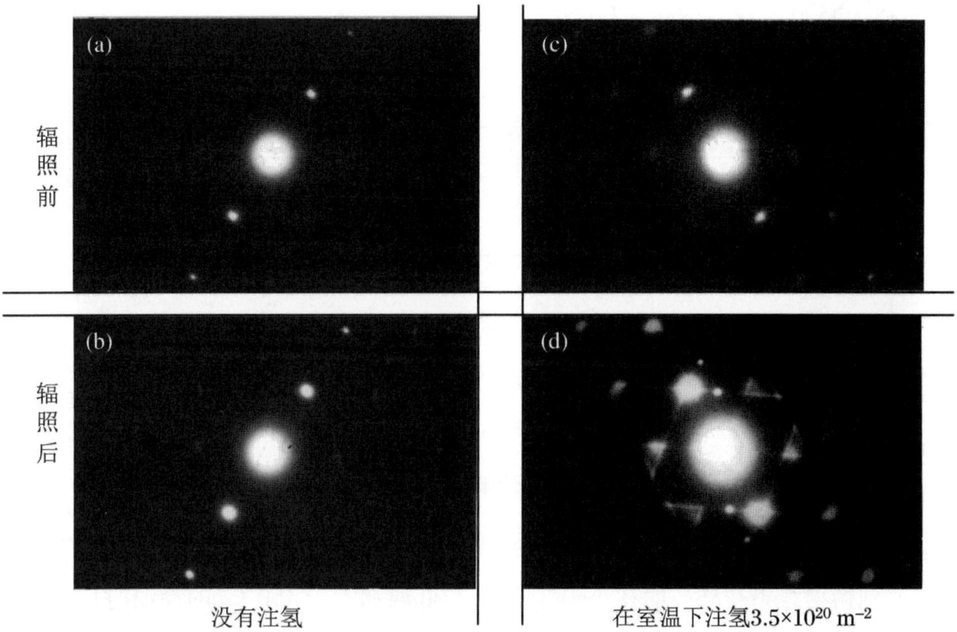

图4.43　400 ℃下电子辐照12 dpa前后JFMS的试样的电子衍射花样

在此实验中，有两个现象需要注意：

一是实验的电镜试样均采用电解双喷减薄方法制备。如果将制得的电镜试样立即在高压电镜下进行电子辐照，同样也能观察到衍射线条花样。但若将电镜试样放置一段时间再进行电子辐照，就不会有衍射线条花样。图4.44所示为双喷减薄（as polished）、阴极充氢（cathode charged）和加速器充氢（ion implanted）三种状态的试样在电子辐照下的示意图。由于双喷减薄时试样为阳极，与电化学阴极注氢时的极性刚好相反，带正电的氢离子应该不会进入试样。但从实验结果来看，对于衍射线条花样的形成，双喷减薄的效果与阴极充氢完全一样，也许是溶解在电解溶液的中性的氢原子进入了试样，此时被化学抛光的试样表面可能具有很高的活性，从而能够吸附溶液中的氢。

二是离子加速器注氢时，在氢离子质谱中发现有三个峰值，其质荷比分别对应于$e/m=1$，$e/m=2$，$e/m=3$。其中$e/m=1$和$e/m=2$两种离子注入过的试样，能够出现衍射线条花样。而 $e/m=3$ 的离子注入过的试样在电子辐照下观察不到衍射花样，这种现象的原因还不清楚[15]，一种可能的解释是此时的 $e/m=3$ 的离子是 H^+-H_2 团簇离子，也许这种团簇很难进入样品。

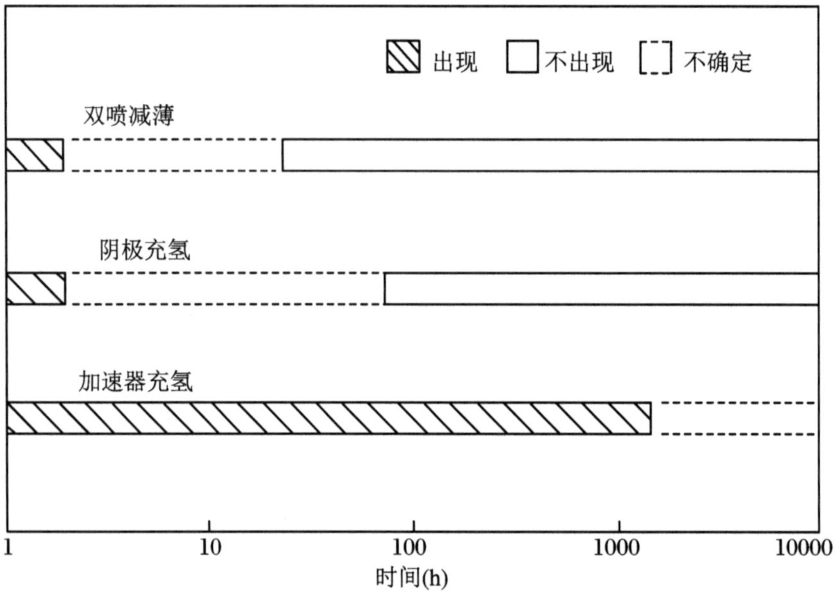

图 4.44　电子衍射线条花样的出现与试样处理方法的关系

通过各种温度下的电子辐照实验发现，只有在 350～450 ℃温度下进行电子辐照，才能够观察到衍射线条花样。而在小于 350 ℃ 的低温和大于 450 ℃ 的高温时均没有衍射线条花样的形成。另外，注氢试样如果不进行电子辐照，而是继续在高温(400 ℃)下进行氢离子辐照，同样能够观察到衍射线条花样。由此可见，出现衍射线条花样的前提是必须满足“注氢”和“高温辐照”两个条件。当电子辐照量很小时，就已能观察到衍射线条花样。

实验结果表明，只有 JFMS、Fe-10Cr 合金中会出现衍射线条花样，纯铁中则不会出现。

图 4.45 所示为不同电子束入射方向时的衍射线条花样。当入射电子束方向连续变化时，这些衍射线条之间的夹角连续发生变化，但仍保持线条状态，如图 4.46 所示。分析结果表明，造成这种衍射线条花样的原因在于出现了一种铬的〈100〉方向的针状共格析出，且该针状析出物的直径为 1～2 个原子大小。图 4.47 所示为电镜下观察到的这种析出物的暗场像。[68]这种共格析出物在 600 ℃温度下时效时出现分解，此时衍射线条花样也会消失，如图 4.48 所示。

Fe-Cr 合金在 450 ℃ 以上温度电子辐照产生的位错环类型主要是〈100〉型，Fe-10at% Cr 合金在室温注入氢离子后，样品中铬原子和氢原子相互结合形成铬氢

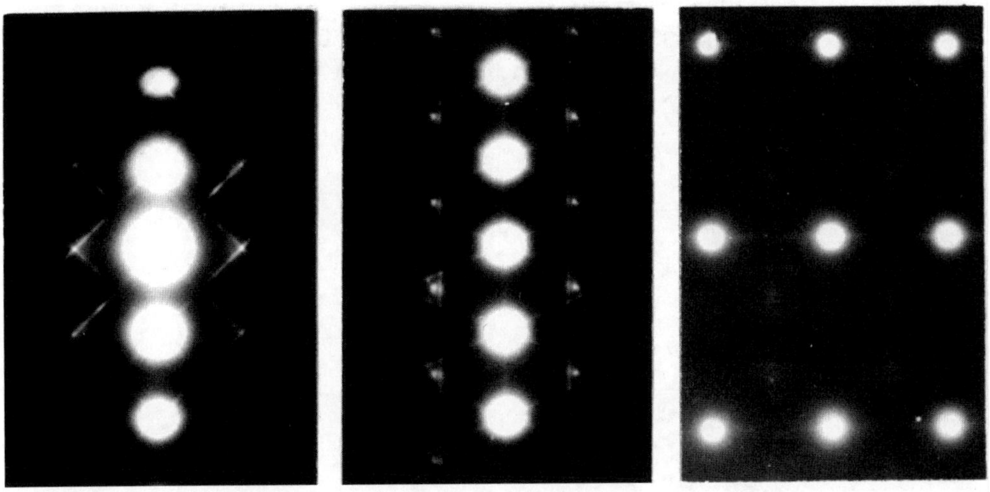

(a) ⟨100⟩　　(b) ⟨111⟩　　(c) ⟨112⟩

图 4.45　不同电子束入射方向时的衍射线条花样

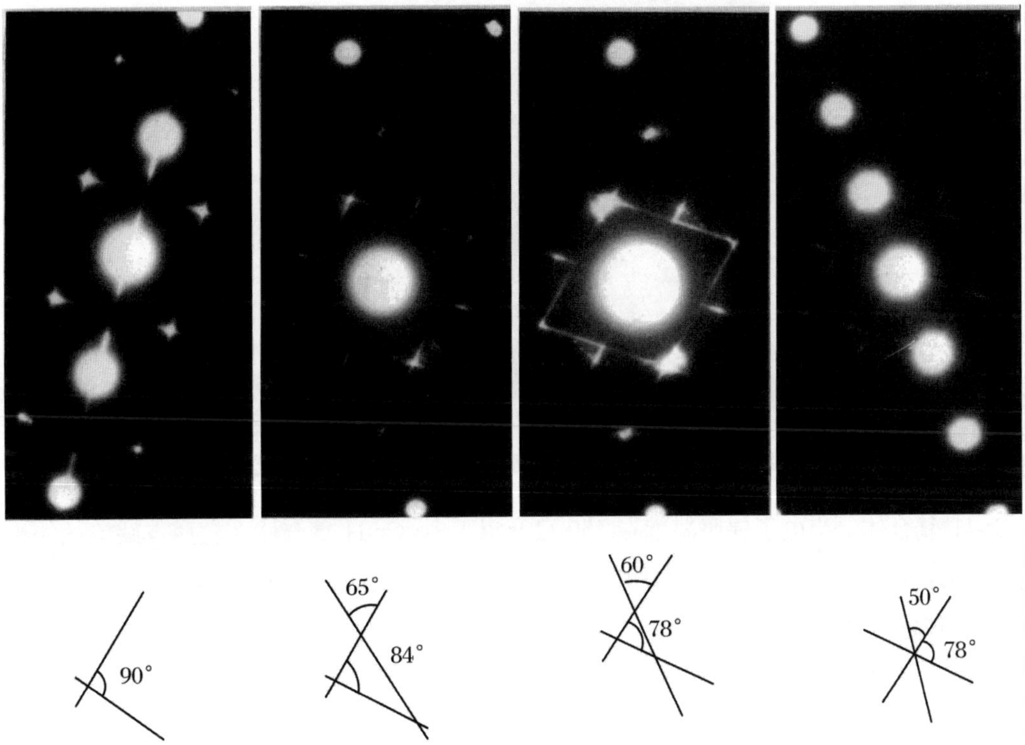

(a)　　(b)　　(c)　　(d)

图 4.46　电子束入射角度连续变化时的衍射线条花样的变化

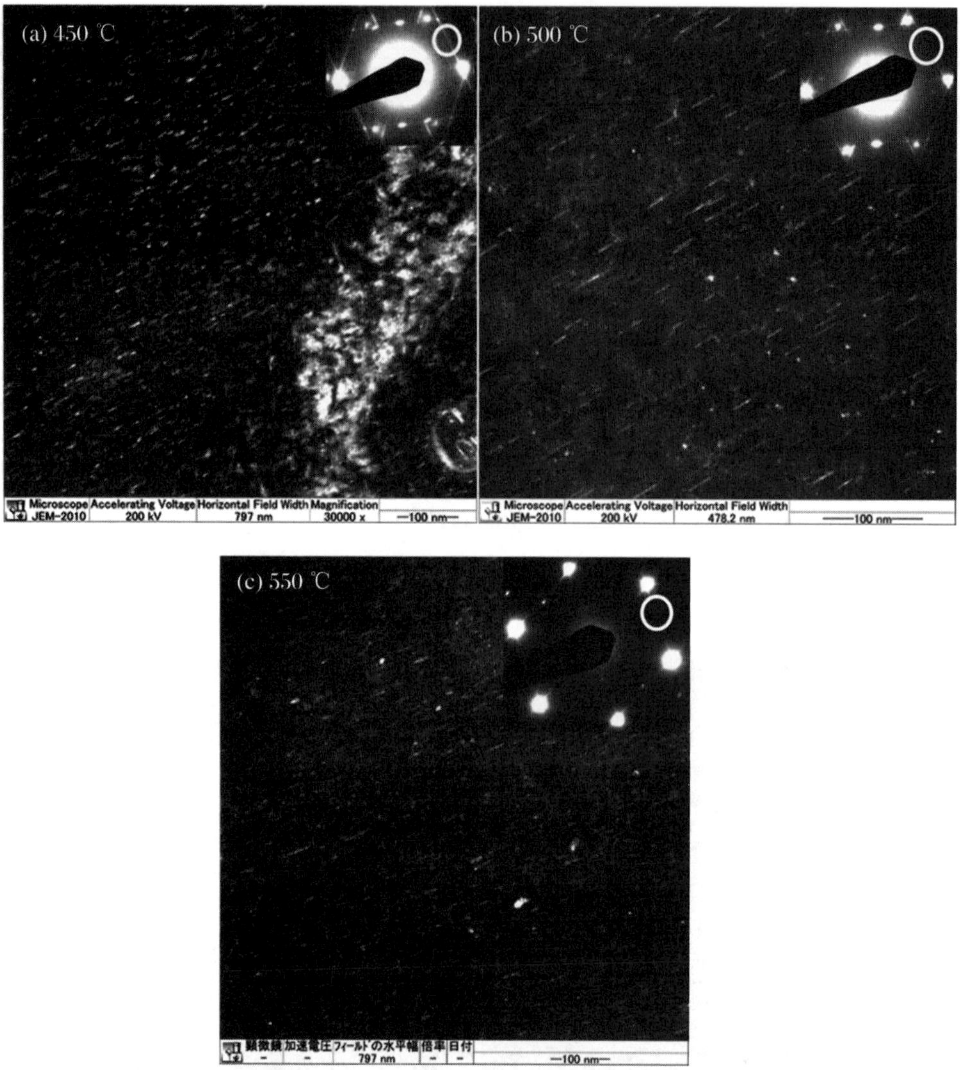

图 4.47　室温注氢 Fe-10Cr 合金在各温度下进行电子辐照后析出物的暗场像

(Cr-H)复合体。当电子辐照温度在 450 ℃及以上时，Cr-H 复合体在辐照点缺陷的协助下开始迁移到〈100〉位错环附近，因此 Cr-H 复合体优先沿〈100〉方向偏聚析出，并且与铁素体基体保持共格界面关系，氢原子的存在缓和了铬析出物与基体的晶格畸变。

滨口等曾用氢离子高温辐照后的合金进行穆斯堡尔谱实验，发现基体内固溶的铬浓度因氢离子辐照而减少[69]，这一结果与本实验现象相吻合。如果铬原子出现共格析出，它对周围铁原子电子配置状态的影响也会减少，反映在穆斯堡尔谱实验结果上就是铬元素的表观浓度降低。Arakawa 等报道了在 Fe-Cr 合金在 277 ℃电子辐照下，在位错环的边缘发现了铬元素的偏析。[70]

(a) 400 ℃下电子辐照10 dpa以后　(b) 继续在400 ℃时效3小时　(c) 然后在600 ℃时效3小时

图 4.48　注氢 JFMS 试样中电子衍射线条花样的变化

铬元素的共格析出将会降低合金基体中弥散分布的铬浓度，从而减少铬的合金效应。在实际开发的铁素体钢中，存在着 9% 铬和 12% 铬两种方案。而从该实验现象来看，高铬铁素体在辐照下应该更能够维持合金性能。

4.4　辐照下的材料力学性能变化

4.4.1　辐照脆性

金属材料的断裂形式与温度有密切关系，低温时一般是脆性断裂，高温时则是韧性断裂。除了 FCC 金属，其他金属随温度下降，可能在某一特定温度附近发生由韧性断裂向脆性断裂的突然变化，也就是说只要低于该温度，金属的面缩率、延伸率或冲击韧性将会急剧下降。这个转变温度通常称为韧脆转变温度（ductile brittle transformation temperature，DBTT），又称无韧性转变温度（nil-ductility temperature，NDT）。要注意的是，一般来说，材料的韧性都会随着温度的降低而减少。然而韧脆转变现象意味着在某一温度附近出现韧性的显著减少，而在低于或高于该温度的范围，这种减少趋势则要缓和得多。即使是非辐照状态下的 DBTT 的机制，也仍是材料科学研究的重点问题。有报道称 DBTT 与位错的扭折有关。而 FCC 材料为什么无 DBTT，可能与其低温时孪晶形变有关。BCC 因为没有孪晶形变，只能依靠位错滑移来变形，所以在低温状态下，位错难以滑移，就出现 DBTT 脆性问题。HCP 晶系的 DBTT 问题，比较复杂。

DBTT 在工程上具有十分重要的意义。如果材料的使用温度低于材料的 DBTT，材料就有可能发生脆性断裂。脆性断裂一般在很短时间内发生，且没有什么先兆，常常造成灾难性的事故。DBTT 也是评价核电站压力容器材料的重要因素。为了确保安全，工程上明确规定核电站压力容器材料的 DBTT 必须比使用温度低 33 ℃以上。

铁素体钢材经过中子辐照以后，它的 DBTT 将向高温方向移动(图 4.49)，表明材料经过中子辐照后出现了脆化，这就是所谓的辐照脆性(radiation embrittlement)。

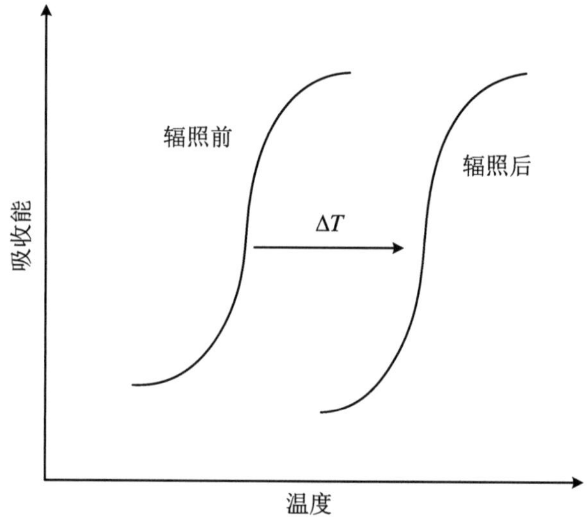

图 4.49　辐照引起的 DBTT 的上升

导致辐照脆性的因素可以分为硬化性因素和非硬化性因素。硬化性因素包括溶质原子团簇(solute cluster，SC)和基体损伤(matrix damage，MD)。非硬化性因素主要是杂质元素 P 在晶界处的偏析。

大量研究结果表明，产生辐照脆性的直接原因是材料中的微量铜元素出现了析出。辐照之前固溶在具有 BCC 结构基体中的微量铜元素，在辐照缺陷的帮助下，离开原来的位置，相互聚集并形成极小的 FCC 结构的析出物[71]，这些析出物的形状像圆盘或圆球，圆盘的直径一般为 20 nm 左右，厚度只有 1～2 个原子，圆球的直径也只有 20 nm 左右，这样细小的析出物甚至在透射电镜下也很难观察到。析出物的尺度很小，所以材料中只要有很微量的铜元素存在，辐照后所产生的铜的析出物的数目就可能非常大。有报道认为[72]，固溶在 BCC 结构的基体内的铜首先以 9R 孪晶结构析出，这是一种马氏体相变。这种析出物的尺寸一般为 6～15 nm。当它长大到一定尺寸时，就会转变成 FCC 结构。

铜元素与辐照脆性的对应关系的发现，对于核电站压力容器材料的研究开发影响很大。20 世纪 70 年代以后建造的核电站，其压力容器材料的含铜量都受到了严格的限制。

尽量降低材料中铜的残余含量，不仅是制造合格的压力容器的需要，也是现在材料设计中减轻辐照脆化的主要方法。但是，当铜含量降至某一临界值后，继续降低在冶金工艺学上困难很大。因此，有必要研究铜的析出规律，以及其他合金元素对铜析出过程的影响，以期找到抑制铜析出的新途径。

由于镍、锰在铁中的溶解度大于实际添加量，一般来说不会出现析出。然而研究结果表明，在 Cu 析出物周围，出现了镍、锰的富集。关于这种镍、锰富集的驱动力，还需进一步研究。这种镍、锰团簇称为迟发型(late blooming)团簇，也属于基体损伤。

除了上述元素外，影响辐照脆性的还有其他杂质元素，如磷(P)、硫(S)等，其中磷的影响更大一些。人们发现，在铜的析出物附近，常有磷元素出现，所以认为，磷可能是通过促进铜元素析出而间接地促进材料辐照脆化的。ASME 标准中，杂质磷的浓度限制为低于0.015wt%。从晶界脆化的观点来看，这是比较宽松的限制。根据计算，即使这些少量的磷如果在 290 ℃下达到平衡状态，也足以覆盖大部分晶界，从而产生明显的晶界脆化。但是，在非辐照的 290 ℃下，磷的扩散非常缓慢，即使时效 60 年，也不会到达平衡状态，此时可以忽视磷的晶界偏析。另一方面，中子辐照会促进磷的晶界偏析。不过即使在高辐照剂量 10^{20} n/cm^2 时，晶界脆化也不太明显。[73]

工程上有许多估算辐照脆性的经验公式。下式就是其中一个例子：

$$\Delta T_{\mathrm{DBTT}} = 17.5\Phi^n$$

式中，Φ 为中子辐照剂量，单位为 10^{18} cm^{-2}，指数 n 为 1/3。实际上辐照脆性与具体的材料以及该材料的状态有很大关系。在其他类似的有关 DBTT 变化与辐照剂量关系的估算公式中，低辐照剂量状态的指数 n 为 0.3～0.6，而在高辐照剂量状态下，指数 n 接近 1。

图 4.50 所示为中子辐照剂量与辐照脆性的关系。曲线 a 表示溶质原子团簇引起的脆化，在辐照初期会达到饱和状态。在辐照后期，基体损伤引起的脆化将逐渐趋于显著，如曲线 b 所示。a 与 b 相加后为总脆化量。在轻水堆运行 30 年左右的状态下，可以只关注脆化因子 a 的情况。由于核电站延寿，辐照剂量进一步增加，脆化因子 b 的作用会越来越重要。也就是说，在中子辐照剂量到达 10^{19} n/cm^2(对应于数年的反应堆运行时间)时，铜析出的影响将趋近饱和。继续增加辐照剂量时，位错环则是辐照脆性的主要来源。也就是说，延寿后的核电站，其辐照脆性的增加主要来自晶体缺陷。[74]也有研究认

为，高辐照剂量下的辐照脆性主要来自镍、锰、硅的迟发型析出相。[73]

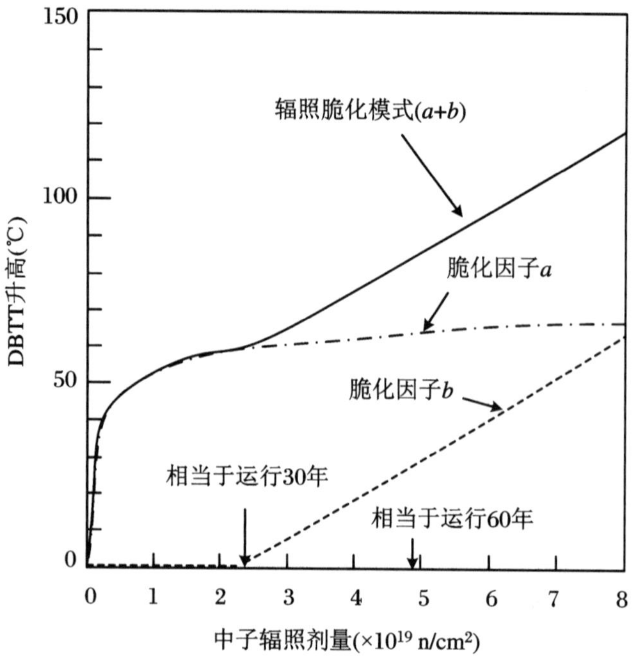

图 4.50　中子辐照剂量与辐照脆性的关系[74]

当前，关于辐照脆性的科学机制，尚未完全明确。在辐照脆性预测领域，主要存在以下问题：高辐照剂量时脆化与辐照剂量的关系、焊接热影响部分的辐照脆化评估、商用反应堆与研究反应堆之间的辐照数据相关性等。对于反应堆运行 30 来年的低辐照剂量状态和延寿后继续运行的高辐照剂量状态来说，其辐照脆化影响因素是有可能发生变化的。

与核电站压力容器材料相比，核聚变堆结构材料的辐照问题更为严峻。核电站压力容器承受的辐照剂量比聚变堆材料小三个数量级。根据 3.5.3 小节的估算，压力容器即使延寿至 60 年后，其辐照剂量 1×10^{20} n/cm^2 也只有 0.2 dpa，然而核聚变堆材料将要面临的辐照剂量是数百 dpa。所以，利用聚变堆材料的辐照实验，可以获得更为全面的辐照脆性的信息。

有关辐照脆性的研究，还需注意下述问题：

一是辐照温度的影响。与低温辐照（约 200 ℃）相比，在约 300 ℃ 的高温进行中子辐照时，辐照脆化要小许多。例如，从辐照剂量来看，沸水堆（0.3×10^{19} n/cm^2）远小于压水堆（3×10^{19} n/cm^2），但其辐照脆化仍然严重，其原因可能在于沸水堆的工作温度（285 ℃）低于压水堆的工作温度（325 ℃）。如果从铜析出现象来理解的话，辐照温度越高，析出问题应该越严重。然而辐照产生的位错环等晶体缺陷对于辐照脆性的影响，却刚好与温度的升高成反比，因此高温下的辐照缺陷在相当程度上会得到回复。

图 4.51 所示为用于核聚变堆的几种铁素体钢的辐照数据。从此图可知，随着辐照温度降低，DBTT 温度升高。当辐照温度大于 350 ℃时，基本可以不用担心 DBTT 升高的问题。

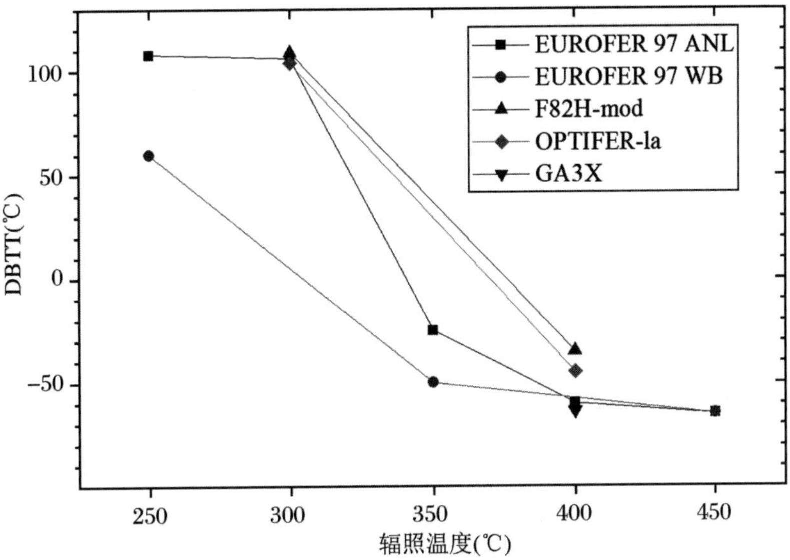

图 4.51　各种铁素体钢在中子辐照 16 dpa 后的 DBTT 变化与辐照温度的关系[75]

二是在船舶用钢中，采用铜析出的方法来提高钢材强度，成本低廉，且没有面临所谓的铜析出造成的 DBTT 问题。纳米富铜相是船舶用高强度低合金钢(high strength low alloy steel，HSLA)实现强化的重要机制。[76]其中，如 HSLA-80 的铜含量达到1%～2%，在 − 84 ℃低温进行夏比冲击实验时，冲击韧性高达 136 J，表现出优秀的强韧性。[77]

在压力容器钢中，加入 0.6at% Cu，在 370 ℃下经过 13200 h 热时效，使富铜团簇析出后，DBTT 只升高了 55 ℃，其脆化并没有中子辐照引起的那样显著。原因之一是富铜团簇的数量密度低，只有 10^{22} m^{-3}，而中子辐照可能产生的富铜团簇的数量密度可能达到 10^{24} m^{-3}，另外，基体中没有中子辐照产生的晶体缺陷也是重要的原因。[78]

图 4.52 所示表明，330 ℃中子辐照 15 dpa 后，铁素体钢 EUROFER 97 的 DBTT 升高了 200 ℃左右。然后，在 550 ℃退火 3 h 后，其 DBTT 将降低 150 ℃。[79-80]从图 4.51 和图 4.52 所示的结果可知，引起 DBTT 升高的主要因素是辐照缺陷。辐照温度越低，产生的辐照缺陷越多。辐照后的 550 ℃退火可以使得这些辐照缺陷在很大程度上得以回复。

对于高密度纳米析出物导致 DBTT 升高的说法，可能还存在一个问题，即如何解释引入高密度纳米氧化物后，氧化物弥散强化(Oxide Dispersion Strengthened，ODS)铁素体钢的 DBTT 非但没有升高，反而降低了。

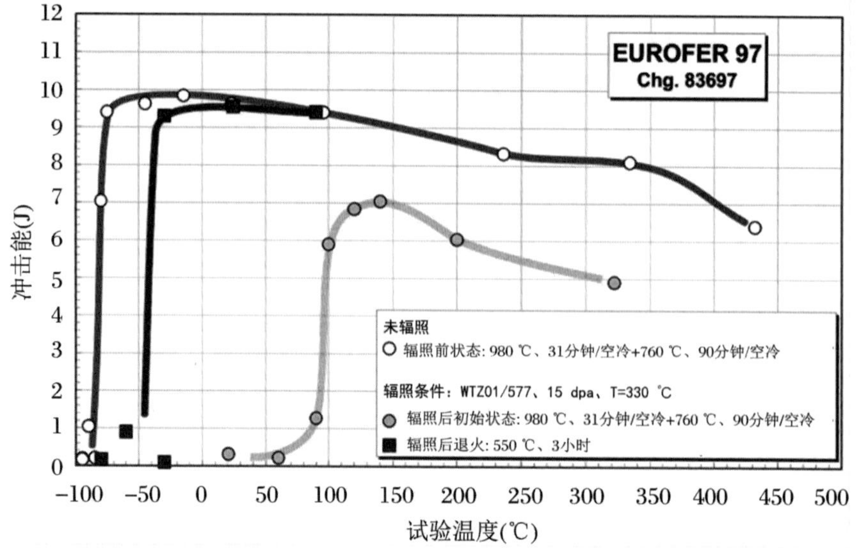

图 4.52　不同处理条件下 EUROFER 97 铜的冲击能与辐照温度关系

根据上述船舶用钢和辐照温度的相关情况，是否可以认为，铜与辐照点缺陷（主要自间隙原子）结合，形成复合型间隙原子，进而形成自间隙原子团簇（位错环）。正是这些含有铜原子的自间隙原子团簇，才是铜与 DBTT 产生关联的主要原因。总之，HSLA 中的铜析出与反应堆压力容器中的铜析出这二者的区别，是一个亟需研究的问题。

4.4.2　辐照蠕变

金属即使在较低的弹性领域的应力作用下，如果时间太长，也会发生变形，即所谓的蠕变(creep)。产生蠕变的机制有很多种，如高温下位错与点缺陷进行相互作用时发生的攀移、晶界的滑移等。

材料蠕变强度对长时间使用的高温结构件来说，是最基础、最重要的材料特性。火力发电厂及化工设备等高温结构件的设计，一般参照 10 万小时持久强度，但在一部分国家中，也进行以 20 万小时持久强度为基础的设计。我国《压力容器》(GB150—2011)规定，钢材许用应力需考虑设计温度下经 10 万小时断裂的持久强度平均值，以及设计温度下经 10 万小时蠕变率为 1%的蠕变极限。因此，准确掌握材料长时间蠕变强度特性，是极为重要的问题。

由于长时间的蠕变实验存在困难，有时人们会通过短时间的蠕变实验来外推长时间的蠕变性能。但这种外推的结果常与实际情况不符，一般不被工程设计所认可。例如，在大部分的铁素体耐热钢的等温蠕变断裂曲线中，都发现有屈折变化。[81] 该屈折变化点(point of inflection)的位置与温度和时间有关。也就是说，如果利用短时间的蠕变实验数据进行外延，预测铁素体耐热钢的长时间蠕变特性，则有可能出现较大误差。

对于核反应堆材料来说，由辐照引入的点缺陷会影响材料蠕变强度，这种现象称为辐照蠕变。处于辐照环境中的金属发生的蠕变包含由于辐照而被加速的成分(辐照蠕变)，以及与应力无关的辐照长大成分。

辐照蠕变是与辐照肿胀同样重要的辐照问题，但有关辐照蠕变的研究远不如辐照肿胀深入。影响辐照蠕变的因素有温度、辐照通量、辐照剂量、应力大小、材料历史、应力状态等，因此辐照蠕变现象非常复杂。需要强调的是，辐照蠕变与辐照肿胀、辐照脆性、辐照析出等并不是各自独立的现象，它们相互之间有着密切的关系。目前，关于辐照蠕变的系统性研究仍较为匮乏，仅针对几种主要的材料开展了初步探索，如快堆包壳材料 316 不锈钢、轻水堆或重水堆的包壳材料锆合金等。

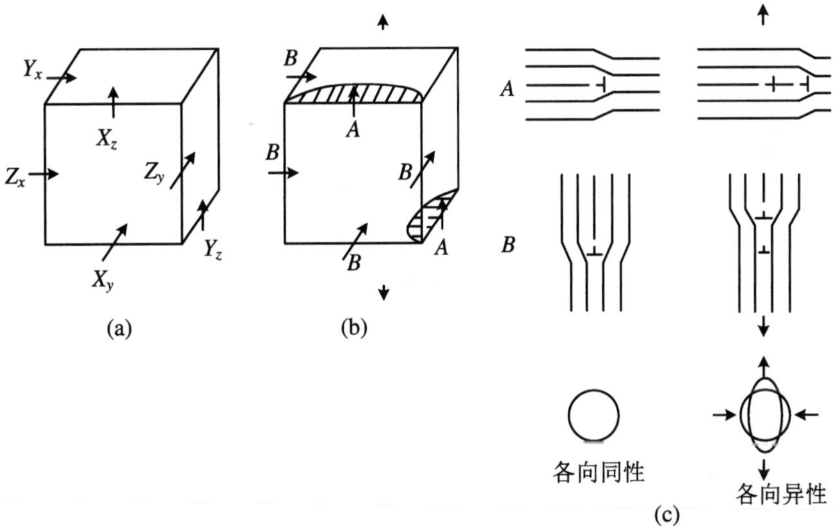

图 4.53　辐照蠕变的 SIPA 机制

与辐照肿胀的潜伏期类似，只有到了一定的辐照剂量后，才会出现比较显著的蠕变速率增加的现象。对于 SUS316 钢来说，当中子辐照量为大于 10^{22} cm^{-2} 时，蠕变速率将明显增加。

辐照蠕变可分为两类：第一类蠕变无辐照时也能产生，但辐照加快了蠕变速率，故称为辐照增强蠕变(radiation enhanced creep)；第二类蠕变在无辐照时不会产生，它必须依靠辐照去诱发，这种蠕变就称为辐照诱发蠕变(radiation induced creep)。重要的是，在应力作用下，位错吸收点缺陷的效率将会发生变化。

下面将简单分析产生辐照蠕变的原理。

如图 4.53(a)所示，设位错柏氏矢量 $\boldsymbol{b}$ 的方向有 X、Y、Z 三种。如果只考虑刃型位错，则可能存在 6 种位错。图 4.53(a)中的 X_y 表示位错线平行于 x 轴，柏氏矢量平行于 y 轴，其余类推。这些位错都将会吸收辐照产生的点缺陷并产生攀移运动。在无应力状态下，这 6 种位错吸收点缺陷的概率相同。自间隙原子以相同的概率向这些位错迁移，导致材料中形成辐照空洞，此时材料因辐照肿胀发生的变形是各向同性的。如果加上 Z 方向的应力后[图 4.53(b)]，那些柏氏矢量与应力平行的位错就更容易吸收自间隙原子，出现所谓应力诱发优先吸收(stress induced preferential absorption，SIPA)现象。如图 4.53(c)所示，$\boldsymbol{b}$ 平行于应力方向的 A 位错和 $\boldsymbol{b}$ 垂直于应力方向的 B 位错时所吸收的自间隙原子的数量不一样，材料的变形就出现各向异性，因此出现了辐照蠕变量。SIPA 机制引起的辐照蠕变属于辐照诱发蠕变。

一方面一般金属材料的变形是由位错的滑移引起的。而上面叙述的 SIPA 是一种完全通过位错攀移产生材料形变的机制，这是辐照下特有的形变现象。

另一方面，辐照对位错滑移引起的蠕变自然也会产生影响。一般情况下位错滑移时，若遇上第二相粒子，则与位错相遇的那段位错会以攀移运动绕过去。无辐照的高温蠕变时，位错的这部分攀移运动主要依靠热平衡浓度的空位来完成，而辐照产生的点缺陷将促进这一攀移运动。这种辐照蠕变机制又称为优先吸收与滑移(preferred absorption and glide，PAG)机制。PAG 机制引起的辐照蠕变属于辐照增强蠕变。

PAG 的辐照蠕变速率与应力的平方成正比，而 SIPA 的辐照蠕变与应力成线性关系，这是 PAG 与 SIPA 的最大区别。另外，位错密度对 PAG 的影响比对 SIPA 的影响大，这也是区别二者的方法。[82]

从上述内容可知，辐照蠕变速率除了受位错的影响外，还将受到辐照产生的缺陷的影响。而一般高温蠕变速率则主要受位错的影响。所以，位错密度对辐照蠕变速率的影响就不如对一般高温蠕变的影响那样明显。这是辐照蠕变与一般高温蠕变最大的不同之处。

辐照蠕变需要长期置于中子束流轰击下的环境，难度大，成本高。受试验条件的限制，需采用小样品技术。为了尽量保证小样品短时间的辐照蠕变数据的可靠性，需要在无辐照条件下比较标准样品与小样品的蠕变实验数据，以及标准样品的短时间与长时间的蠕变实验数据，在各类数据间建立可靠的关联。

辐照蠕变实验的设计还受到辐照源条件的限制。例如，在反应堆内开展中子辐照蠕变实验时，可以将待测材料样品设计成密封圆筒形，在圆筒内充入高压惰性气体，以此作为蠕变实验的应力载荷。值得注意的是，有些辐照蠕变的实验是先辐照引入缺陷，然后在非辐照环境下进行高温蠕变，这与真实环境的辐照下蠕变状态可能存在显著差异。

4.4.3 辐照硬化

辐照下的金属材料会出现硬化现象。如图 4.54 所示，辐照后，材料的屈服点上升（A 点），加工硬化量减少（应力 B 与应力 A 的差值），并使韧性减少（C 点在应变轴上的坐标）。与 BCC 材料的辐照脆化不同的是，辐照硬化可以发生在 FCC 等具有其他晶体结构的材料中。

Higgy 和 Hammad 研究了辐照对不锈钢室温性能的影响。[83] 实验时首先在较低温度（<100 ℃）进行中子辐照，然后在室温进行拉伸、硬度实验。结果表明，辐照时材料屈服强度明显增加。在辐照剂量小于 $5\times10^{19}/\text{cm}^2$ 时，屈服应力的变化 $\Delta\sigma_y$ 与辐照剂量 Φ 有下列的指数关系：

$$\Delta\sigma_y \sim \Phi^{1/2}$$

辐照引起的屈服应力变化 $\Delta\sigma_y$ 和维氏（Vickers）硬度变化 ΔH 之间有如下关系：

$$\Delta\sigma_y = K\Delta H$$

对于 AISI304 不锈钢，$K = 2.82$；对于 AISI316 和 AISI347 不锈钢，$K = 3$。对于退火材料，辐照硬化引起的 σ_y 的变化量可达 400% 。而对于同样的材料，加工硬化引起的 σ_y 的变化量最多只有 70%。

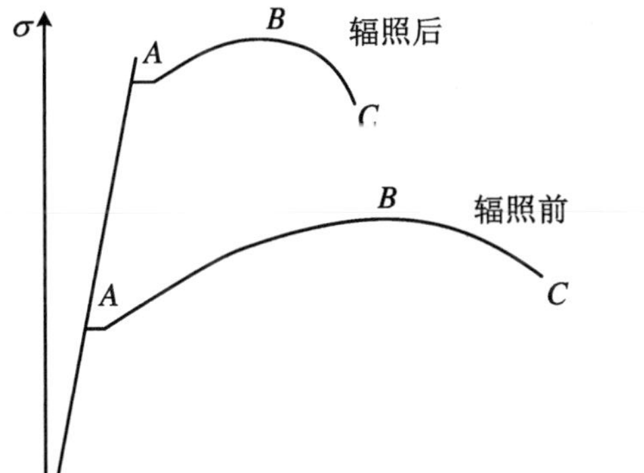

图 4.54　辐照引起的材料硬化

在高温（如 300～400 ℃）辐照时，不再能够观察到辐照硬化的现象，而且低温辐照产生的材料硬化也可以通过高温退火来消除。辐照硬化源于辐照在材料中产生的大量微小的缺陷团簇。

4.4.4 辐照疲劳

金属材料受到周期性应力作用下，即便应力远低于材料的断裂强度，也可能产生微裂纹。这些裂纹逐渐扩展，最终导致材料断裂，这一现象称为疲劳。疲劳的发展过程非常复杂，理论上仍然存在不少难题。

辐照疲劳主要指辐照对疲劳过程的影响。由于实验难度很大，辐照中环境的疲劳数据很少见到，多为辐照后的疲劳实验报告，而且数量也比辐照蠕变少。

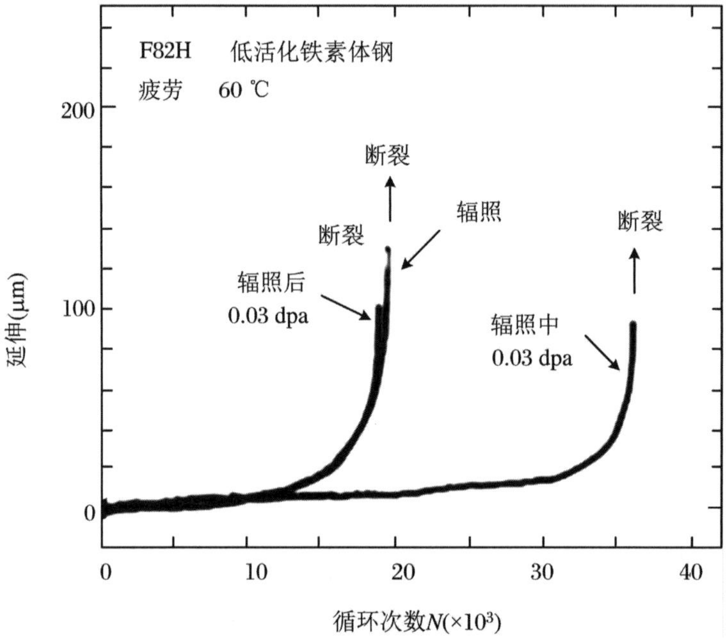

图 4.55 辐照对疲劳寿命的影响

可以认为，辐照对疲劳的影响与对蠕变的影响是不一样的。辐照蠕变速率与辐照点缺陷的生成速率，即辐照过程有关。而辐照疲劳主要取决于辐照后材料组织的变化，与每一时刻的辐照缺陷生成情况关系不大。所以说，辐照蠕变的实验必须在辐照下进行。如果在辐照后进行蠕变实验没有多大意义，但辐照疲劳则不同，虽说不能肯定辐照下疲劳实验与辐照后疲劳实验的结果一定会相同，却也可以认为辐照后疲劳实验仍具有相当的意义。当然，在实际的反应堆中，存在蠕变与疲劳的重叠效应。此时，疲劳特性可能会通过蠕变损伤而受到影响。因此，如果辐照下疲劳实验与辐照后疲劳实验出现不同的结果，也是不足为奇的。

现在已有的实验结果表明，辐照后的材料疲劳寿命缩短了，其原因可能与辐照引起的材料脆化有关。但有报道称，在 60 ℃对冷变形 316 不锈钢辐照时发现，其辐照中的疲劳寿命要长于非辐照下的疲劳寿命，并认为辐照硬化是导致疲劳寿命增加的原因。[84] 在低活化铁素体钢 F82H 中也发现同样的 60 ℃辐照中的疲劳寿命延长的现象，如图 4.55 所示。

4.4.5 辐照促进应力腐蚀

辐照诱发应力腐蚀断裂(irradiation assisted stress corrosion cracking，IASCC)指的是，由于中子辐照引起的辐照损伤的影响，在奥氏体不锈钢等材料中发生的应力腐蚀断裂现象。IASCC 属于晶界型断裂，发生在辐照剂量大于 1 dpa 时，且不需要焊接热敏化。IASCC 已发生在沸水堆的控制棒部件、压水堆的堆内结构件等中。由于不锈钢的IASCC 的敏感性随着中子辐照剂量的增加而加大，现已成为轻水堆材料的重要研究课题。掌控 IASCC 裂纹进展情况，对反应堆内厚尺寸结构件的可靠性评估来说，十分必要。[85]

虽然各国对 IASCC 的系统性研究始于 20 世纪 80 年代中期，但追溯到 20 世纪 60 年代轻水堆实用化初期，采用不锈钢燃料包壳时出现的包壳管外侧裂纹，就是 IASCC 的实例。20 世纪 70 年代之后，在沸水堆的中子源夹持器以及中子探测器管套上发现了 IASCC损伤。1989 年，法国某反应堆压水堆的堆芯围板螺栓(baffle former bolt)的裂纹成因也是 IASCC。至此，IASCC 成为了沸水堆和压水堆的共有现象。日本国内沸水堆控制棒板和手柄部的裂纹同样由 IASCC 所致。2001 年之后，日本国内沸水堆堆芯围板(shroud)的不锈钢中，出现许多应力腐蚀开裂(stress corrosion cracking，SCC)。由于大部分位置的辐照剂量低于后述的 IASCC 阈值，且在未受到辐照影响的再循环配管焊接部也发现类似裂纹，因此将其归类为晶界应力腐蚀开裂(intergranalar stress corrosion cracking，IGSCC)。另外，2006 年报告的沸水堆铪板控制棒外套材料(SUS316L)裂纹损伤原因也是 IASCC，其应力因素是铪板的辐照肿胀，环境因素则是由铪板与外套间隙内冷却水沸腾引起的杂质浓缩，以及辐射分解。随着中子辐照剂量(运行期间)的增加，不锈钢的 IASCC 敏感性显著提升。伴随轻水堆运行年限的提高，IASCC 已成为堆内结构件的重要研究内容。

IASCC 与热敏化导致的不锈钢 IGSCC 不同，如果受到某种程度的中子辐照，即使不锈钢处于固溶化状态，也会发生 SCC。以 IASCC 为例，经固溶处理的 316 不锈钢在反应堆中进行中子辐照后，在高温水中进行低应变速率拉伸(slow strain rate tensile，SSRT)，观察到了 IASCC 现象。对于 304 不锈钢和 316 不锈钢的 IASCC 敏感性，研究人员通过轻水堆的退役材料和实验堆的辐照样品，进行了许多有关 SSRT 的实验。结果表明，IASCC 的发生存在中子辐照剂量阈值。在相当于沸水堆的高温水环境中，304 不锈钢的剂量阈值为5×10^{24} N/m^2（$E>0.1$ MeV），316 不锈钢的剂量阈值为 1×10^{26} N/m^2（$E>0.1$ MeV）；在相当于压水堆的高温水环境（溶解氧浓度低于 5 ppb①）中，剂量阈值为 3×10^{25} N/m^2（$E>0.1$ MeV）。另有报告指出，轻水堆环境中的奥氏体系不锈钢的IASCC辐照剂量阈值约为0.7 dpa。[86]

有关应力关联性的知识不是很多。利用辐照后的高温水单轴定载荷实验，发现IASCC的应力阈值与屈服应力的比值约为 0.4。但是，由于辐照硬化，材料的屈服应力升高，产生 IGSCC 的应力阈值（以应力值计）约为 2 倍（约 350 MPa）。

有关水质关联性，如果降低高温水中的溶解氧溶度，则 IASCC 敏感性下降，与此同时，IASCC 的辐照剂量阈值升高。但在高辐照剂量下，在几个 ppb 的低溶解氧浓度的水中添加氢后，IASCC 则会升高。

材料受到辐照后，会引起辐照偏析。例如，对于不锈钢来说，热敏化会造成晶界的铬元素的贫化。而辐照偏析的状态下，除了铬元素的贫化之外，在晶界还会出现其他元素（如镍、硅）的富集或贫化（如钼）的晶界偏析。而且，辐照偏析的宽度要比热敏化偏析的宽度更小，只出现在晶界附近 10 nm 区域。

辐照形成的晶体缺陷会导致材料内部的晶格应变重新分布，因此在施加应力的状态下，或者材料内部应变增大（辐照蠕变），或者应力降低（辐照应力缓和）。应力缓和会抑制 IASCC，然而裂纹前端出现的辐照蠕变会加速 IASCC。

沸水堆中的通常水质为氧化气氛，而压水堆中因为添加有氢，属于还原气氛。然而在沸水堆添加氢的水质中，堆底部的溶解氧浓度具有与压水堆相同的低水平。由于中子和 γ 射线的辐照，堆内水发生辐射分解，生成各种短寿命的自由基和过氧化氢，从而加速 SCC。另外，在结构缝隙内部以及 SCC 裂纹前端内部，也有很大的辐照影响。

由于影响 IASCC 的因素有很多，而 IASCC 的机制通常需要综合考虑这些因素的影响。有关 IASCC 的机制，现在还没有定论。

由于辐照诱发偏析，晶界出现铬贫化，从而降低晶界的耐蚀性。但是，只是根据IASCC敏感性与铬贫化的相关性，还不足以解释 IASCC。另外，晶界处的硅的富集也是促进晶界 SCC 的一个原因。

人们早已知道，冷加工引起的不锈钢硬化会促进 SCC，辐照硬化与 IASCC 之间也存在正相关。但是，单独利用辐照硬化也不能解释 IASCC 现象。

辐照材料的形变特征在于位错通道引起的局部应变集中，从而产生局部形变（不均

---

① ppb 为液体浓度的一种单位符号，1 ppb $=1\times10^{-9}$。

匀形变)。这种局部形变如果发生在晶界,会产生很大的局部形变,从而出现晶界滑移,破坏材料表面的氧化膜,加速晶界型 SCC。

透射电镜观察发现,在 SCC 裂纹前端部,氧元素会沿着晶界向合金内部扩散。氧元素在晶界的高速扩散以及辐照促进的扩散,可能是加速 IASCC 的原因。

与上述情况不同的是,辐照蠕变会弛豫残余应力,从而抑制 IASCC 的发生和进展。但是,也有研究认为裂纹前端部的蠕变现象会对 IASCC 产生影响。

作为 IASCC 的应对措施,需要考虑材料、水质、应力等因素。

材料方面,提出了降低磷含量的 SUS316L 系不锈钢、高铬奥氏体不锈钢等,旨在提高耐 IASCC 性能的合金。

水质方面,通过注入氢,在一定程度的辐照剂量下,降低 IASCC 敏感性。但对于高剂量辐照,其效果可能会降低,需要进一步研究溶解氢的问题。另外,核电站运行调峰时注入的硼酸水也可能是 IASCC 的原因之一。

应力方面,与 IGSCC 一样,可以采用在材料表面施加压应力的喷丸技术(shot peening)。然而,这些对策在高辐照剂量下的有效性都可能会降低。

实际上,IASCC 均发生于堆内辐照环境。在辐照条件下出现的一些现象,诸如辐照诱发应力缓和、高温水的辐射分解等,在辐照后实验中难以再现。此外,材料在应力载荷下受到辐照时,其微观组织的变化会与无载荷下的情况存在差异。这些问题都加剧了 IASCC 实验研究的复杂性。

4.5 辐照下的核嬗变反应

4.5.1 (n,p)和(n,α)核嬗变反应

中子辐照时的核嬗变反应中,(n,p) 和 (n,α) 是两个非常重要的反应。此时,金属材料的原子吸收一个中子后,会放出一个质子或氦核。这两种核嬗变反应的结果是材料中出现大量的气体元素氢、氦。表 4.2 所示为各种元素的 (n,p) 和 (n,α) 核嬗变反应的产额。[87]

(n,p)、(n,α) 核嬗变的反应截面随中子能量的增大而增加。一般热中子堆的结构

材料中的氦主要是来自硼元素的核嬗变反应，而快堆材料中几乎所有的元素都能生成大量的氢、氦。

氢、氦的存在对材料性能会产生很大的影响。氦在晶体材料中的溶解度极小，很容易在晶界、位错处析出，形成氦泡，因此，出现的材料脆性现象称为氦脆。有关氦脆和氦对辐照损伤影响等方面已经有不少比较系统性的工作。[88]本书则较多地介绍了著者有关氢对辐照损伤影响的研究工作。

表 4.2　各种元素的 (n,p)、(n,α) 核嬗变反应的产额(快中子辐照量为 $6\times10^{23}\,cm^{-2}$)

元素	同位素质量数	H 原子数/元素的原子数	He 原子数/元素的原子数
B	10	—	6.28×10^{-2}
C	12	6.24×10^{-8}	2.98×10^{-4}
N	14	5.04×10^{-9}	2.57×10^{-2}
O	16	1.07×10^{-5}	3.77×10^{-3}
Mg	24	7.76×10^{-4}	1.83×10^{-3}
Al	27	1.95×10^{-3}	4.10×10^{-4}
Si	28	2.41×10^{-3}	4.20×10^{-4}
P	31	1.95×10^{-2}	8.19×10^{-4}
S	32	3.62×10^{-2}	8.76×10^{-3}
Ti	46	1.94×10^{-3}	3.47×10^{-4}
Cr	50	1.11×10^{-3}	2.38×10^{-4}
Mn	55	2.52×10^{-4}	8.19×10^{-5}
Fe	54	2.92×10^{-3}	2.78×10^{-4}
Ni	58	4.77×10^{-2}	3.76×10^{-4}
Nb	93	1.13×10^{-3}	2.52×10^{-5}
Mo	92	7.12×10^{-4}	4.56×10^{-4}
W	180	4.89×10^{-6}	6.30×10^{-8}

4.5.2 核嬗变反应与低活化合金设计

中子辐照引起的核嬗变反应，会在受辐照的材料中产生一些放射性强、半衰期很长的同位素[89]，给核反应堆材料的维修和管理以及废弃核反应堆的处理带来极大不便。因此，研究开发低放射能的低活化合金对于核反应堆，尤其是对核聚变堆结构材料来说具有重要意义。

Fe-Cr-Mn-X(X = W、V、C 等) 是一种新的低活化奥氏体合金。这类合金中长寿命的放射性比常见的 Fe-Cr-Ni 奥氏体合金低两个数量级，即低放射性合金开发中常见的“锰代镍”方案。尽管这类合金能够大大减少长寿命的放射性，但短寿命放射性依然很强，仍对结构材料的维修造成威胁。锰挥发也是一个问题。在 1600 ℃时，铁的蒸气压为 0.87×10^{-4} atm①，锰的蒸气压为 5.9×10^{-2} atm，锰的蒸气压为铁的 680 倍。未来在事故工况的高温下，这些挥发的这些放射性锰元素所带来的危害确实不容忽视。[90-91]

近年来，引人注目的低活化合金是铁素体马氏体双相钢。设计低活化合金的主要思路是用钨、钒、钽(Ta)、锰、钛等代替钼、镍、氮(N)、铌。已经提出的合金主要有 2-1/4Cr 和9-12Cr钢。根据这一思路，几十年来各国都在大力开发低活化铁素体马氏体钢(reduced-activation ferritic-martensitic steels，RAFM steels)，以作为核聚变堆结构材料的候选材料。最近研究发现，低活化铁素体钢中的钽活化问题也不容忽视。

图 4.56 所示为中子辐照低活化铁素体钢的 γ 能谱分析结果[92]，强烈的放射性主要是由钽的同位素造成的，尽管该低活化铁素体钢的钽含量只有 0.13 wt%。虽然钽同位素的半衰期较短，但在衰变的最初几年里，几种元素中钽放射性同位素的活化度最严重。尽管钽的活化度在聚变中子辐照中有所减弱，但仍可能处于相当高的水平。因此，有必要从包括力学性能在内的各种合金效应，综合考量该材料中的钽添加量，以尽量降低其活化影响。

从低活化合金的长远发展来看，应该开发无铁合金。特别是钒及钒合金，物理性能好、放射性低，尤其适合作为核聚变堆的液态锂氚增殖包层，是核聚变堆结构材料的有力的候选合金。表 4.3 所示为部分材料的活化性能。同时为了对比，给出了天然铀的放射性数据。钒合金的缺点在于抗氧化性差和氢的溶解度太大，因此需要着重从这两个方面深入研究，加以改进。

① 标准大气压(atm)是蒸气压的常用单位之一，1 atm = 101325 Pa。

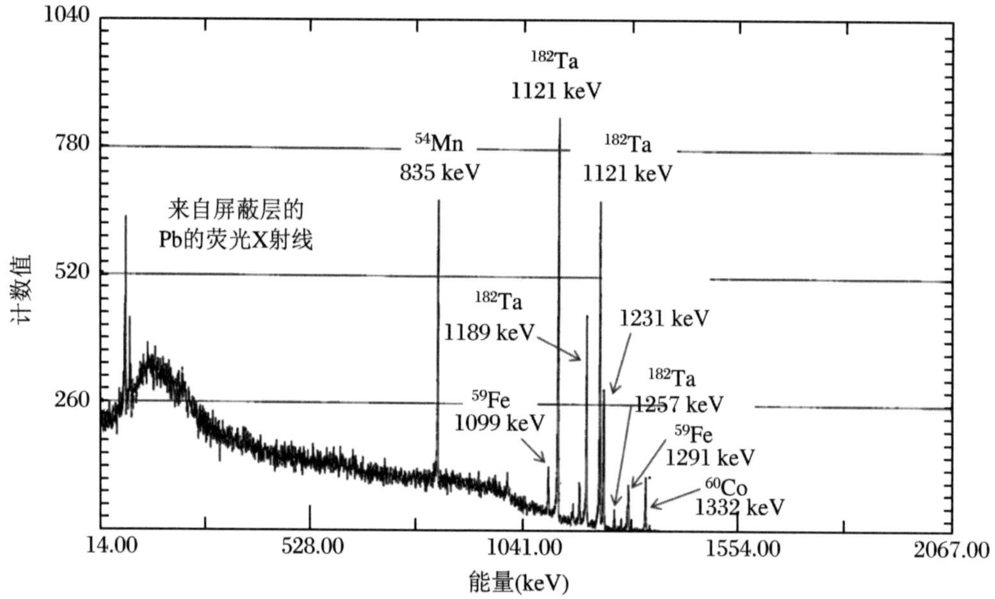

图 4.56　中子辐照低活化铁素体钢中的钽活化

表 4.3　聚变堆包层 1.25 MW/m² 运行后衰减时间后的放射性(Ci/cm³)

材料	$T=0$	1 天	1 年	300 年
SS316	101	68	28	8×10^{-4}
Nb-1Zr	144	56	2.9	6×10^{-3}
Mo(TZM)	101	59	0.10	5×10^{-3}
Al-2024	48	7.0	0.26	6×10^{-4}
天然铀	6×10^{-6}	6×10^{-6}	6×10^{-6}	6×10^{-6}

碳化硅(SiC)复合材料也是低放射性材料。这种材料的优点是耐高温,但有关它在中子辐照下的性能变化以及氢、氦的影响等研究现在还很少。

核嬗变反应除了会使材料具有放射性外,还会改变合金中的原子类型,进而引起合金成分变化。因此,在进行核反应堆材料的合金设计时,应充分考虑到这一因素。

参考文献

［1］ 石野栞. 照射損傷[M]. 東京: 東京大学出版社,1979.

［2］ 堂山昌男. 金属の点欠陥研究の歴史:金属の照射損傷 StageⅢを中心に—[J], Materia Japan, 1988, 37(8): 651-654.

[3] 桐谷道雄. 超高圧電子顕微鏡で点欠陥の挙動を探る[J],日本金属学会会報,1978, 17(8): 646-650.
[4] Ehrhart P, Haubold H G, Schilling W. Investigation of point defects and their agglomerates in irradiated metals by diffuse X-ray scattering[J]. Advances in Solid State Physics, 1974, 14: 87-110.
[5] Was G S. Fundamentals of radiation materials science: metals and alloys[M]. 2nd ed. New York: Springer, 2017.
[6] 冯端,等.金属物理学第一卷:结构与缺陷[M]. 北京:科学出版社,1987:243.
[7] Woo C H, Frank F. Void growth and vacancy migration enthalpy in Alpha-iron[J]. Radiation Effects, 1983, 77(1-2): 49-55.
[8] Schuele W. The modified two-interstitial model: a review[J]. International Journal of Materials Research, 1994, 85(2): 78-91.
[9] Seidman D N. On the point-defect annealing mechanism for stage Ⅲ recovery in irradiated or quenched tungsten[J]. Scripta Metallurgica, 1979, 13(4): 251-257.
[10] Takamura J. Point Defects in Physical Metallurgy[M]. 2nd ed. North-Holland Publish, 1970:857.
[11] Iwai T, Murakami K, Iwata T, et al. Defect formation in iron by MeV ion beam investigated with a positron beam and electrical resistivity measurement[J]. Nuclear Instruments and Methods in Physics Research Section B: Beam Interactions with Materials and Atoms, 2013, 315: 153-156.
[12] Wan F, Ohnuki S, Takahashi H, et al. Vacancy loop formation in hydrogen-ion-implanted Alpha-iron[J]. Philosophical Magazine A, 1986, 53(2): L21-L26.
[13] 万发荣,朱晓峰,肖纪美,等. 氢对铁中缺陷行为的影响[J]. 物理学报, 1990, 39(7): 1093-1096.
[14] Loretto M H, Smallman R E. Defect Analysis in Electron Microscopy[M]. London: Chapman and Hall Press, 1975:79.
[15] 万发荣. フェイライト系鋼における照射点欠陥と水素との相互作用に関する研究[D].札幌:北海道大学,1988.
[16] Stathopoulos A Y, Murphy S M, Wood M H, et al. On the growth of dislocation loops in electron irradiated copper foils[J]. Journal of Nuclear Materials, 1982, 110(2-3): 301-308.
[17] Gao J, Du Y F, Ohnuki S, et al. Evolution of dislocation loops in annealed iron pre- irradiated with hydrogen ion in high-voltage electron microscope[J]. Journal of Nuclear Materials, 2016, 481: 81-87.
[18] Myers S M, Richards P M, Wampler W R, et al. Ion-beam studies of hydrogen-metal interactions[J]. Journal of Nuclear Materials, 1989, 165(1): 9-64.
[19] Yi X O, Jenkins M L, Kirk M L, et al. In-situ TEM studies of 150 keV W^+ ion irradiated W

and W-alloys: damage production and microstructural evolution[J]. Acta Materialia, 2016, 112(1):105-120.

[20] 黄依娜,万发荣,焦治杰. 利用透射电镜衬度像变化判定位错环类型及注氢纯铁中形成的位错环分析[J]. 物理学报,2011(3): 509-520.

[21] Du Y F, Cui L J, Han W T, et al. Formation of vacancy-type dislocation loops in hydrogen-ion-implanted Fe-Cr alloy[J]. Acta Metallurgica Sinica (English Letters), 2019, 32(5):566.

[22] Kiritani M, Sota T, Tawara T, et al. Defect structures introduced in FCC metals by high-speed deformation[J]. Radiation Effects and Defects in Solids, 2002, 157(1-2): 53-74.

[23] 姜少宁,万发荣,龙毅,等. 氦、氘对纯铁辐照缺陷的影响[J]. 物理学报,2013, 62(16): 313-319.

[24] Liu P P, Zhu Y M, Zhao M Z, et al. The effect of isotope on the dynamic behavior of 〈100〉 vacancy-type dislocation loop in deuterium-implanted Fe[J]. Fusion Engineering and Design, 2015, 95: 20-26.

[25] Huang Y N, Wan F R, Xiao X, et al. The effect of isotope on the interaction between hydrogen and irradiation defect in pure iron[J]. Fusion Engineering and Design, 2010, 85(10-12): 2203-2206.

[26] 姜少宁，万发荣，龙毅，等. 同位素效应对铁中辐照损伤的影响[J]. 功能材料，2013，44(2): 262-265.

[27] 李然然,殷玉鹏，渡边英雄,等. 注氢铁基二元合金中辐照位错环演化及退火温度影响研究[J]. 物理学报，2022，71(13)：293-300.

[28] Li R R, Xue L W, Hideo W H, et al. Effect of Mn addition on the formation of vacancy-type dislocation loops in α-Fe[J]. Materials Characterization, 2022, 185: 111755.

[29] Wan F R, Zhan Q, Long Y, et al. The behavior of vacancy-type dislocation loops under electron irradiation in iron[J]. Journal of Nuclear Materials, 2014, 455(1-3): 253-257.

[30] Cawthorne C, Fulton E J. Voids in irradiated stainless steel[J]. Nature, 1967, 216: 575-576.

[31] Johnston W G, Rosolowski J H, Turkalo A M, et al. Nickel ion bombardment of types 304 and 316 stainless steels: comparison with fast-reactor swelling data[J]. Effects of Radiation on Substructure and Mechanical Properties of Metals and Alloys, 1973:213.

[32] Fan C, Sreekar A R G, Shang Z, et al. Radiation induced nanovoid shrinkage in Cu at room temperature: an in situ study[J]. Scripta Materialia, 2019, 166: 112-116.

[33] Packan N H, Braski D N. Electron microscope in situ annealing study of voids induced by irradiation in aluminum[J]. Journal of Nuclear Materials, 1970, 34(3): 307-314.

[34] Surh M P, Sturgeon J B, Wolfer W G. Radiation swelling behavior and its dependence on temperature, dose rate, and dislocation structure evolution[J]. Journal of Nuclear Materials, 2005, 336(1-2): 217-224.

[35] Hayns M R, Williams T M. Void-swelling in FV607 ferritic steel: Ⅱ. A theoretic model[J].

Journal of Nuclear Materials, 1978, 74(1): 151-162.

[36] Little E A. Void-swelling in irons and ferritic steels: Ⅰ. Mechanisms of swelling suppression [J]. Journal of Nuclear Materials, 1979, 87(1): 11-24.

[37] Fukumoto K, Kimura A, Matsui H. Swelling behavior of V-Fe binary and V-Fe-Ti ternary alloys[J]. Journal of Nuclear Materials, 1998, 258-263(B): 1431-1436.

[38] Yamagata I, Akasaka N. Swelling behaviors in a fuel assembly for the wrapping wire and duct made of modified 316 austenitic stainless steel[J]. Journal of Nuclear Science and Technology, 2010, 47(10): 898-907.

[39] Zhao F, Qiao J S, Huang Y N, et al. Effect of irradiation temperature on void swelling of China low activation martensitic steel (CLAM)[J]. Materials Characterization, 2008, 59(3): 344-347.

[40] Akasaka N, Yamagata I, Ukai S. Effect of temperature gradients on void formation in modified 316 stainless steel cladding[J]. Journal of Nuclear Materials, 2000, 283(A): 169-173.

[41] Bai X M, Voter A F, Hoagland R G, et al. Efficient annealing of radiation damage near grain boundaries via interstitial emission[J]. Science, 2010, 327(5973): 1631-1634.

[42] 東口安宏,茅野秀夫. 双晶変形に対する中性子照射効果[J]. 日本金属学会会報,1980, 19(7): 525-534.

[43] Carpenter B W, Kenik E A. In-situ radiation response of nickle-molybdenum alloys in an HVEM[C]//Imura T,Hashimoto H. Proceedings of the Fifth International Conference on High Voltage Electron Microscopy. Kyoto:Japanese Society of Electron Microscopy,1977:577-580.

[44] Mansur L K. Void swelling in metals and alloys under irradiation: an assessment of the theory [J]. Nuclear Technology, 1978, 40(1): 5-34.

[45] Ipatova I, Wady P T, Shubeita S M, et al. Radiation-induced void formation and ordering in Ta-W alloys[J]. Journal of Nuclear Materials, 2017, 495: 343-350.

[46] Kulcinski G L, Brimhall J L, Kissinger H E. Production of voids in nickel with high energy selenium ions[J]. Journal of Nuclear Materials, 1971, 40: 166-174.

[47] Evans J H. Observations of a regular void array in high purity molybdenum and T. Z. M. irradiated at high temperatures with 2MeV nitrogen ions[J]. Radiation Effects and Defects in Solids, 1971, 10(1-2): 55-60.

[48] Wiffen F W. The effect of alloying and purity on the formation and ordering of voids in BCC metals [C]// Proceedings of the International Conference on Irradiation-Induced Voids in Metals. New York: Oak Ridge National Laboratory, 1971.

[49] Malen K, Bullough R. Voids formed by irradiation of reactor materials [C]// Proceedings of the British Nuclear Energy Society Conference on Voids Formed by Irradiation of Reactor Materials. Reading: British Nuclear Energy Society, 1971: 109.

[50] Stoneham A M. Theory of regular arrays of defects: the void lattice[J]. Journal of Physics F: Metal Physics, 1971, 1(6): 778-784.

[51] Tewary V K, R. Bullough R. Theory of the void lattice in molybdenum[J]. Journal of Physics F: Metal Physics, 1972, 2(4): L69-L72.

[52] Sikka K, Moteff J. Superlattice of voids in neutron-irradiated tungsten[J]. Journal of Applied Physics, 1972, 43: 4942-4944.

[53] Brown L M. A simple explanation for the stability of voids in materials under irradiation[J]. Scripta Metallurgica, 1972, 6(5): 387-393.

[54] Zhang Y F. A review of void and gas bubble superlattices self-organization under irradiation [J]. Frontiers in Nuclear Engineering, January 2023, 1-.3389/fnuen.2023.1110549.

[55] 万发荣,黄学军,褚武扬,等. 铁素体钢中氢对材料辐照肿胀行为的影响[J]. 金属学报, 1995, 31 (2): 69-73.

[56] Hirsch P B, Howie A, Nicholson R B, et al. Electron Microscopy of Thin Crystals[M]. London: Butterworths Pub., 1965.

[57] Myers S M, Wampler W R, Besenbacher F, et al. Ion beam studies of hydrogen in metals[J]. Materials Science and Engineering, 1985, 69(2): 397-409.

[58] Besenbacher F, Bo/ttiger J, Myers S M. Defect trapping of ion-implanted deuterium in nickel [J]. Journal of Applied Physics, 1982, 53(5): 3536-3546.

[59] Takeyama T, Ohnuki S, Takahashi H, et al. Progress in metal physics and physical metallurgy [C]// Proceedings of the International Conference on Metal Physics and Physical Metallurgy. Tokyo: Business Center for Academic Societies, 1986: 15.

[60] Okamoto P R, Wiedersich H. Segregation of alloying elements to free surfaces during irradiation[J]. Journal of Nuclear Materials, 1974, 53: 336-345.

[61] Nolfi F V. Phase Transformation During Irradiation[M]. Applied Science Publishers, 1983.

[62] Takeyama T, et al. Grain boundary structure and related phenomena[C]. Proceedings of JIMIS-4, 1986: 401.

[63] Rehn L E, Okamoto P R, Potter D I, et al. Effect of solute misfit and temperature on irradiation-induced segregation in binary Ni alloys[J], Journal of Nuclear Materials, 1978, 74(2): 242-251.

[64] Gao J, Liu Z J, Wan F R. Limited effect of twin boundaries on radiation damage[J]. Acta Metallurgica Sinica (English Letters), 2016, 29(1): 72-78.

[65] 橋本直幸. オーステナイト系ステンレス鋼の照射誘起粒界移動挙動[D]. 札幌:北海道大学, 1996.

[66] 竹山太郎. 電子線照射効果と鉄鋼の析出[J]. 日本金属学会会報, 1974, 13(8): 591-596.

[67] Wan F, Takahashi H, Ohnuki S, et al. Behavior of implanted hydrogen in ferritic / martensitic

steels under irradiation[J]. Journal of Nuclear Materials, 1988, 155(2): 770-774.

[68] Du Y F, Han W T, Cui L J, et al. Electron-irradiation-induced Cr segregation in Fe-Cr model alloy pre-implanted with hydrogen ions[J]. Materials Characterization, 2018, 139: 364-372.

[69] Hamaguchi Y, Kuwano H, Kamide H, et al. Effects of proton irradiation on the hardening behavior of HT-9 steel[J]. Journal of Nuclear Materials, 1985, 133-134C: 636-639.

[70] Arakawa A, Hatanaka M, Mori H, et al. Effects of chromium on the one-dimensional motion of interstitial-type dislocation loops in iron[J]. Journal of Nuclear Materials, 2004, 329-333: 1194-1198.

[71] Buswell J T, English C A, Hetherington M G, et al. An analysis of small clusters formed in thermally aged and irradiated Fe-Cu and Fe-Cu-Ti model alloys [C]// Effects of Radiation on Materials: 12th International Symposium, Volume 2. Nashville: ASTM International, 1990: 127.

[72] Othen P J, Jenkins M, Smith G, et al. Transmission electron microscope investigations of the structure of copper precipitates in thermally-aged Fe-Cu and Fe-Cu-Ni[J]. Philosophical Magazine Letter, 1991, 64(6): 383-391.

[73] Odette G R, Yamamoto T, Williams T J, et al. On the history and status of reactor pressure vessel steel ductile to brittle transition temperature shift predict models[J]. Journal of Nuclear Materials, 2019, 526: 151863.

[74] 木村晃彦. 材料が支える原子力システム[J]. 日本原子力学会志,2011, 53(11): 782-786.

[75] Gaganidze E, Dafferner B, Ries H, et al. Irradiation programme HFR phase Ⅱb - SPICE Impact testing on up to 16.3 dpa irradiated RAFM steels[J]. Wissenschaftliche Berichte-Forschungszentrum Karlsruhe, 2009:1-50.

[76] 朱露珊. Fe-Cu-Ni 合金中富 Cu 相团簇早期析出行为的分子动力学模拟研究[D]. 上海:上海大学,2014.

[77] 王文杰. 高性能先进舰船用合金材料的应用现状及展望[J]. 材料导报, 2013, 27(7): 98-105.

[78] 徐刚,蔡琳玲,冯柳,等.OPW 富 CU 团簇的析出对 RPV 模拟钢韧-脆转变温度的影响[J]. 金属学报, 2012, 48(6): 753-758.

[79] Diegele E. Some remarks on DEMO blanket structural materials[D]. IAEA consultancy meeting on Role of Research Reactors in Materials Research for Nuclear Fusion Technology, 13-15 December 2010, Vienna, Austria.

[80] Petersen C, Aktaa J, Diegele E, et al. Mechanical properties of reduced activation ferritic/martensitic steels after European reactor irradiations[D]. Scientific Report for FT/1-4Ra, January 2006.

[81] 横井信,門馬義雄. 長時間クリープ破断強さの推定[J]. 鉄と鋼, 1979, 65:831-842.

[82] 井形直弘. 核融合材料[M]. 東京:培風館,1986.

[83] Higgy H R, Hammad F H. Effect of fast-neutron irradiation on mechanical properties of stainless steels: AISI types 304, 316 and 347[J]. Journal of Nuclear Materials, 1975, 55: 177-186.
[84] 永川城正. 高エネルギー粒子照射下の金属疲労挙動[J]. 溶接学会誌, 2001, 70(6): 626-630.
[85] Was G S , Bahn C B, Busby J, et al. How irradiation promotes intergranular stress corrosion crack initiation[J]. Progress in Materials Science, 2024, 143: 101255.
[86] Gordon G M, Brown K S. Dependence of crevice BWR component IGSCC behavior on coolant chemistry [C]// Proceedings of the 4th International Symposium on Environmental Degradation of Materials in Nuclear Power Systems-Water Reactors. Lake Tahoe: National Association of Corrosion Engineers (NACE), 1989: 14-46.
[87] 长谷川正义,三岛良绩. 原子炉材料ハンドブック[M]. 東京: 日刊工業新聞社,1977.
[88] Maziasz P J. Effects of helium content of microstructural development in type 316 stainless steel under neutron irradiation[D]. ORNL-6121, 1985.
[89] Jarvis O N, von Harwell A E R. Nuclear data requirements for transmutation and activation of reactor wall and structural materials [C]// Nuclear Data for Fusion Reactor Technology: Proceedings of an Advisory Group Meeting. Vienna: International Atomic Energy Agency, 1979: 47-76.
[90] Andritsos F, Zucchetti M. Afterheat in fusion structural material and thermal transient scenarios in ITER[J]. Fusion and Engineering Design, 1991(C), 17: 409-414.
[91] Lorenz R A. The vaporization of structural materials in severe accidents[C]. International meeting on thermal nuclear reactor safety, Chicago, August 29- September 2, 1982.
[92] Zhang L, Du Y F, Han W T, et al. The neglected activation of tantalum in reduced activation materials[J]. Nuclear Materials and Energy, 2023, 35: 101432.

第 5 章

辐照损伤与核反应堆材料

本书前几章主要从晶体结构的角度出发，介绍了材料辐照损伤的一些基本问题，较少涉及材料的具体使用环境。然而，任何材料的使用总是要满足特定的目的，无法脱离使用环境。在分析材料辐照损伤时，需结合材料的特点、性能，以及工程上的具体要求。

5.1 核反应堆材料的使用环境

要研究核反应堆材料的使用环境，首先要知道核反应堆的具体类型。世界上已有的核反应堆类型很多，但真正广泛采用的堆型只是有限的几种。我国经过长期的论证，基本确定了核电站主要以压水堆型为主的方针；在长期的核能发展战略上，确定了以发展快中子增殖反应堆为中心，同时发展高温气冷堆和核聚变堆的方针。因此，我国的材料辐照损伤研究也应该以此为明确的支撑目标。

高温气冷堆中的主要结构材料是石墨。在高温(700～950 ℃)中子辐照下,石墨的尺寸先随辐照而减小。达到最小值后,尺寸又随辐照而增加。恢复到原来的尺寸后,石墨还会继续膨胀。一般情况下,石墨受辐照后恢复到原来的尺寸时就不能再使用了。与此对应的中子辐照剂量为石墨的辐照寿命,石墨的辐照寿命与石墨材料的组织结构有很大关系。本书主要讨论金属材料的辐照问题,不涉及高温气冷堆的石墨材料的辐照损伤。本章主要介绍压水堆、快中子堆、核聚变堆的材料辐照损伤问题。

核反应堆中所用的材料大体分为两种:

(1) 反应堆堆芯以及堆芯周围的结构材料。

(2) 反应堆本体所属的机器、设备、辐照实验装置,以及容纳反应堆的压力容器等材料。

另外,按照反应堆构造来分,又有核燃料、燃料包壳、减速材料、反射材料、控制材料、屏蔽材料、冷却材料等等。对于反应堆来说,最重要的材料是核燃料和燃料包壳材料。燃料包壳材料和堆芯结构材料处在的环境中有严酷的中子辐照、高温以及腐蚀等因素,且从成本和操作性来说,对于这些材料的更换周期有着很高的要求。因此,对这些材料的要求显然比一般工业材料严格得多。

从辐照损伤角度看,核反应堆中使用的材料一般可以分为三类,对于第一类,辐照损伤是影响材料性能的主要问题;第二类材料中,辐照损伤虽然重要,但不是主要问题;第三类则一般不必考虑辐照损伤问题。属于第一、第二类的有压水堆中的压力容器钢、燃料包壳管,快中子堆中的燃料包壳管、六角形外套管,核聚变堆的第一壁材料、氚增殖包层材料等。图 5.1 展示了这些材料的工作要求。

除了抗辐照性能外,核反应堆材料还应该具备其他一些重要特性。[1] 当然,不同的材料、不同的堆型,其所要求的性能也有所不同。例如:

(1) 中子吸收截面小,即材料造成的中子消耗应尽可能少。这一性能对于燃料包壳材料特别重要。如果使用天然铀燃料,由于裂变产生的中子数量少,要求包壳材料应具有最小的中子吸收截面,而可使用的材料只有铍、镁、铝、锆四种金属;如果采用浓缩铀为燃料,因裂变产生的中子密度高一些,包壳材料的选择范围可以扩大一些。对于中子通量很大的快中子反应堆,可以采用不锈钢作为其包壳材料。

(2) 高温力学性能好。处于高温状态的包壳管、燃料元件支架(六角形外套管)需具备足够高的高温蠕变强度和良好的冲击韧性。

(3) 导热性好且热膨胀系数小。导热性是保证燃料包壳材料得到可靠冷却的必要条件,因为包壳内的温度梯度可能引起热应力,其值可达数 MPa。

(4) 抗腐蚀性好。快堆采用液钠作冷却剂,金属材料长期工作在液钠环境中,碳元素会被浸蚀出来,这种现象又叫质量迁移。

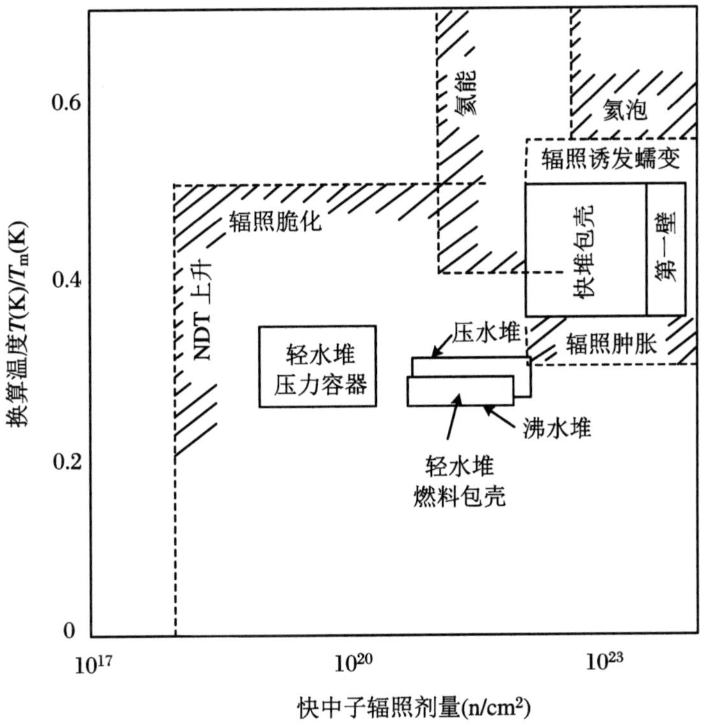

图 5.1　核反应堆中材料的使用条件

接下来，将主要讨论各种核反应堆材料的抗辐照性能。

5.2　压水堆材料的辐照损伤

5.2.1　压水堆简介

压水堆(pressurized water reactor，PWR)是当前颇受重视且应用最广的反应堆型。[2]世界上正在运行的核电站中有 60%左右是压水堆。

压水堆的燃料元件一般是将数百个低浓缩的二氧化铀(UO_2)陶瓷燃料作成的芯块(尺寸为ϕ9 mm×10 mm)排成一列，封装在锆合金包壳管内而制成。铀的浓缩度一般为

2%～3%，或略高些。压水堆中利用水作为中子慢化剂，它将裂变放出的能量为 2 MeV 左右的高速中子慢化到热中子左右的速度，以增加中子对^{235}U的裂变反应概率。这种使用^{235}U作为燃料的反应堆又称为热中子堆。水还同时作为冷却剂，从堆芯流过的水通过“一回路”将热量引导到堆外，使蒸汽发生器产生蒸汽，再由“二回路”把蒸汽导入汽轮机发电(图 5.2)。为了把反应堆出口水温提高到 300 ℃左右而不致沸腾，必须将压力提高到 150 个大气压，并需要有一个耐高压的容器，即压力容器来放置堆芯，这就是压水堆名称的由来。

注意，压水堆温度压力要低于普通火电站的温度压力。

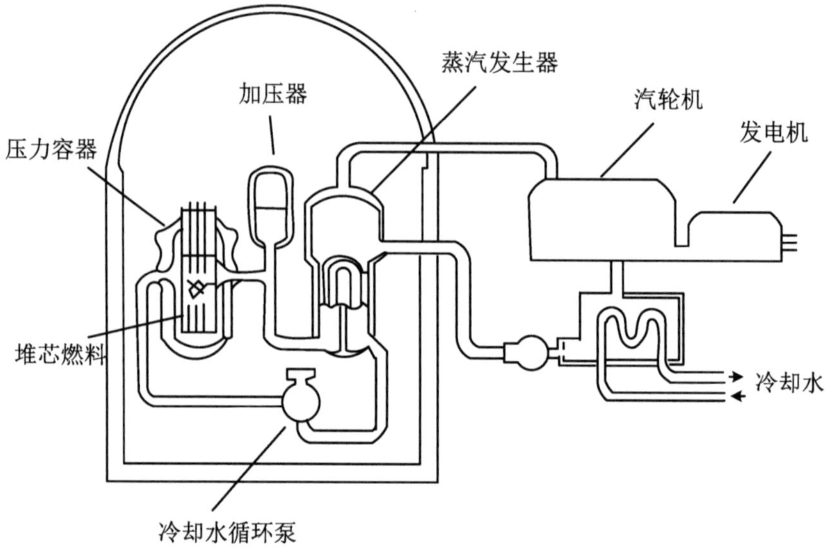

图 5.2　压水堆构造示意图

压水堆的主要优点是结构紧凑、体积小、功率密度大、燃料利用率较高、造价便宜等，是当前比较成熟的堆型。我国已经决定今后的核电站建设选用压水堆型。

压水堆是轻水堆的一种。轻水堆还有一种堆型，叫作沸水堆(boiling water reactor，BWR)。沸水堆中的水处在沸腾状态，所产生的蒸汽直接导入汽轮机进行发电。沸水堆的水温低于压水堆，水压只有 70 个大气压。

5.2.2　压力容器材料

压水堆中的压力容器一般内径为 3～4 m，高度为 11～13 m。为了承受巨大的压力，压力容器的材料厚度达 230 mm。压力容器材料必须工作 40～60 年，在这一期间，压力容器一直受到从堆心放出来的中子的辐照，所承受的累积快中子辐照通量可达 10^{19}～10^{20} cm^{-2}（$E>1$ MeV）。压力容器体积庞大，不可更换，其使用寿命决定了核电厂的使用寿命。

压力容器的材料采用的是锅炉用低合金钢，即含碳量为 0.08%～0.4%的珠光体钢，因为工程中使用这种钢材已有很长历史，对其性能十分熟悉，它的优点是强度高且便宜，只是这种低合金钢在高温水中的耐腐蚀性不太好，此时可在压力容器内侧衬护一层奥氏体不锈钢。

辐照脆化是压力容器材料面临的最大难题。当承受的中子辐照通量大于 10^{18} cm^{-2}，尤其是辐照温度低于 230 ℃时，铁素体钢脆化现象非常显著。

判定脆化的标准是 DBTT。图 5.3 所示为利用麦氏（Charpy）冲击实验获得的辐照对 A543（HY80）钢的冲击吸收能的影响。从图 5.3 可知，与正火炉冷后的粗晶的铁素体贝氏体组织相比，淬火时效后的细晶的回火马氏体组织对辐照脆化的敏感性更小。

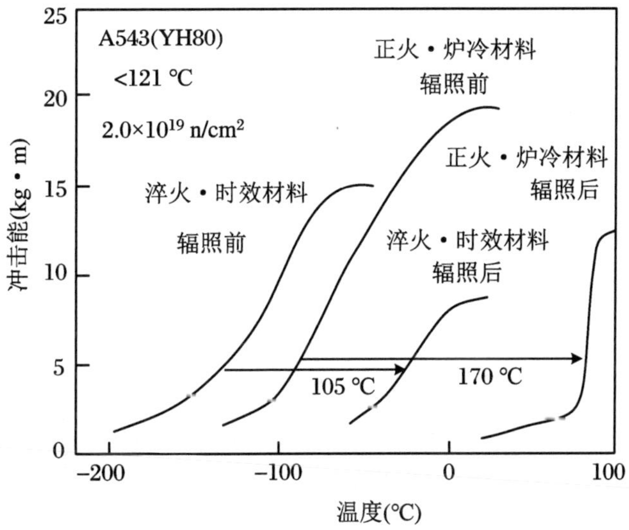

图 5.3　压力容器材料 A543 钢在中子辐照后 DBTT 的升高

受到辐照损伤的压力容器，当处于比它辐照温度更高的环境下时，其辐照产生的缺陷会出现回复，从而使材料性得以恢复。如果能实现高工况现场退火，就可以减少辐照硬化，从而延长压力容器的使用寿命。[3] 当然这种现场退火的难度比较大。

为了避免压力容器的灾难性的脆性断裂事故，工程设计上要求材料的 DBTT 必须比使用温度低 33 ℃（60 F）以上。同时，反应堆启动或停止所引起的温度变化速度必须小于每小时 55 ℃。

20 世纪五六十年代，人们投入大量精力研究压力容器的辐照脆性现象。直到 20 世纪70年代，才发现辐照下铜的析出是引起辐照脆性的主要因素。为此，相关部门专门制定了严格限制铜含量的压力容器材料标准，使得1972年以后建造的核电站的压力容器材料的辐照脆性得到了相当程度的改进。

此外，在制造压力容器不可缺少的焊接工艺中，铜元素极易混入焊缝，导致焊缝往往比母材更早出现辐照脆性。

为了实时监测压力容器材料的辐照脆性，一般都要在堆内合适位置预先放置一些与压力容器相同的材料，让其随堆接受辐照考验。随后定期将这些材料取出，测试其DBTT。如果材料的辐照脆性确实严重，就要考虑降低反应堆运行功率，甚至有可能不得不关闭该反应堆。日本玄海一号核电站的压力容器材料样品曾因DBTT达到98℃，引起各方关注。最终，核电站正式宣布该机组报废，该机组只运行了30多年，并没有达到40年的服役年限，更没有达到一般机组延寿后的60年服役年限。我国第一座核电站秦山核电站的压力容器是从日本进口的，这在当时对加快秦山核电站的建设起到重要作用。压力容器材料的国产化是我国核电站事业发展的必要环节，急需开展国产压力容器材料的辐照脆性的研究。

5.2.3 燃料包壳

轻水堆的燃料包壳材料管长度为3～4 m，管壁厚为0.6 mm，管径为9～10 mm，比燃料芯块略大一些。燃料芯块放入包壳管内，再将两端密封焊接。数百根这样的包壳管组合在一起，构成燃料元件集合体。包壳管一般采用Zr-2合金（沸水堆型）和Zr-4合金（压水堆型）。Zr-2合金与Zr-4合金物性上并无大区别，只是由于压水堆的温度稍高一些，为了抑制腐蚀时的氢的吸收，Zr-4合金作了一些改进。由于Zr-2合金中的镍具有加速吸氢的作用，因而Zr-4合金就不再加入镍，镍的合金化作用则依靠增加铁含量来弥补。表5.1为Zr-2和Zr-4合金的标准成分。

表5.1 Zr-2合金和Zr-4合金的标准成分(wt%)[4]

	Sn	Fe	Cr	Ni
Zr-2	1.5	0.12	0.1	0.05
Zr-4	1.5	0.15	0.1	—

轻水堆包壳材料与300℃的水接触，包壳内外存在数十度的温度差，最大的快中子辐照通量不超过10^{22} cm^{-2}。虽然辐照会引起包壳材料的延性下降，但还不至于影响锆合

金的使用。造成包壳材料破坏的主要问题是燃料与包壳的相互作用。由于 UO_2 燃料芯块热应变发生破裂，造成芯块与包壳材料接触。这样，堆功率上升时，包壳内侧就会产生局部应变，同时由于核裂变产物（主要是碘）的存在，包壳材料将发生应力腐蚀断裂。包壳的辐照损伤以及水中的氢浓度（最高为 150 ppm①）对这种应力腐蚀断裂的影响目前还不完全清楚。还有，过应变状态在高温下维持太久，会出现应力缓和，也就是蠕变，与辐照有很大关系。另外，UO_2 燃料芯块在 1000 ℃以上也会发生蠕变。因此，为了正确把握辐照下燃料棒的变化，必须掌握辐照下蠕变的规律。

日本福岛核电站事故中，燃料包壳锆在高温下与水反应生成氢气。这些氢气泄露后导致电站厂房发生爆炸，造成严重后果。之后，事故容错燃料（accident tolerant fuel, ATF）包壳材料铁铬铝（FeCrAl）引起了很大的关注。尽管 FeCrAl 合金的宏观中子吸收截面要远远高于锆合金，但其良好的耐腐蚀性、优越的高温力学性能及抗辐照损伤能力，使其被列为事故容错燃料包壳的候选材料之一。

5.3 快堆材料的辐照损伤

5.3.1 快堆简介

在天然铀中裂变元素 ^{235}U 的含量只有 0.7%，其余 99%以上是非裂变元素 ^{238}U。作为能源的铀 ^{235}U 资源是不丰富的，据说与石油资源差不多。但是，^{238}U 在吸收一个能量较高的快中子后，会转变成裂变元素 ^{239}Pu，这是快中子反应堆的能源所在。这样，在快堆中装入的 ^{238}U 在运行时会不断转变成 ^{239}Pu，因此核燃料会逐渐增加。所以快堆的全称为快中子增殖反应堆（fast breeder reactor, FBR）。[5]

为了确保有足够多的快中子去转变 ^{238}U，快堆中不能使用中子慢化剂，也就不能用水作为冷却剂。现在较普遍的做法是用液态钠作为冷却剂。液态钠的化学性质非常活泼，一旦与水相混便会发生激烈的化学反应，甚至爆炸。因而一般快堆都采用三个回路："一回路"中的放射性钠通过热交换器把能量传给"中间回路"的非放射性钠，而后再通过

① ppm 为液体浓度的一种单位符号，1 ppm = 1×10^{-6}。

蒸气发生器产生蒸气，最后蒸气通过“二回路”到汽轮机去发电，如图 5.4 所示。

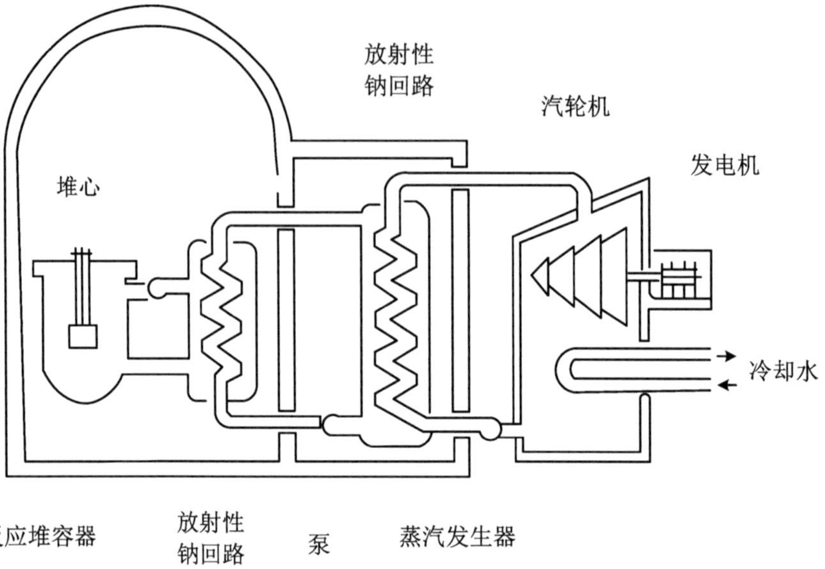

图 5.4　快堆构造示意图

从长远来看，建造快堆可以开拓更为丰富的核能资源。据估算，通过快堆技术的应用，地球上的^{238}U 可供人类使用约 1000 年，这是快堆最突出的优点。此外，快堆还可充分利用热中子堆核电站生产的工业级钚(Pu)。因此，目前许多国家都高度重视快堆技术的开发。我国已经建成一座实验快堆，且示范快堆正在建设中，这一系列工作揭开了我国快堆发展的帷幕。

快堆的反应堆容器的工作环境与压水堆的压力容器有很大不同。由于堆芯温度低于钠的沸点，快堆的反应堆容器不存在高压负荷的问题。因此，容器材料的厚度比较小，约为 25 mm。为了防止液钠泄漏，通常采用双层构造，中间充满氮气。快堆中主要的材料辐照损伤问题是堆芯材料。

5.3.2　快堆堆芯材料

快堆堆芯材料包括燃料包壳和六角形外套管。快堆燃料包壳的直径大约为 6 mm，长约为 2 m。100～200 根这样的包壳管集成于六角形外套管内，包壳管的设计温度为 600～700 ℃。

快堆燃料包壳材料是决定整个快中子反应堆经济上是否可行的关键材料。与普通的热中子反应堆不同，快堆对包壳材料的中子吸收截面要求不高，因为快堆堆芯的中子束流强、能量高，包壳材料所消耗的中子对整个系统影响不大。因此，快堆包壳材料可以选用力学性能更好的不锈钢，而热中子反应堆包壳材料则必须使用中子吸收截面较小的锆合金。

为了降低快堆燃料成本，商用快堆的燃耗深度要求达到每天每吨 200 GW，与此相对应，包壳材料所必须承受的中子辐照损伤量可能达 150 dpa。

快堆包壳材料面临的最主要的问题是辐照肿胀。现在世界上正在运行的实验快中子反应堆一般都采用奥氏体钢作为燃料包壳材料，如 AISI316 等。但是奥氏体钢的辐照肿胀率很大，一般可达 1%/dpa。奥氏体钢的这个缺点限制了燃料利用率的提升。因为当包壳内的核燃料还远远没有消耗完时，包壳材料本身因肿胀太大而必须更换。所以说，不解决包壳材料的抗肿胀问题，就无法建成经济可行的商用快堆。

为提升奥氏体钢的抗辐照肿胀性能，研究人员做了大量的工作。例如，为改善 316 钢的合金设计，加入了适量的钛、铌等元素，在一定程度上可以提升抗辐照肿胀性。另外，事先对包壳材料进行一定的冷加工（变形量可达 20%），也能明显地抑制辐照空洞的产生。根据这些思路，日本研发出新的奥氏体钢包壳材料。该材料具有优秀的抗辐照肿胀性能，已应用于日本“文珠”原型快中子反应堆。但研究结果同时也表明，具有 FCC 结构的奥氏体钢包壳材料所能承受的最高辐照量不超过 100 dpa。[6]

为了研发抗辐照性能更好的快堆包壳材料，人们将目光转向 BCC 结构的铁素体钢。铁素体钢的辐照肿胀率远远低于奥氏体钢（图 5.5）。然而，铁素体钢的高温性能，尤其是最主要的高温蠕变性能，不如奥氏体钢。包壳内产生的大量裂变气体元素对包壳会产生

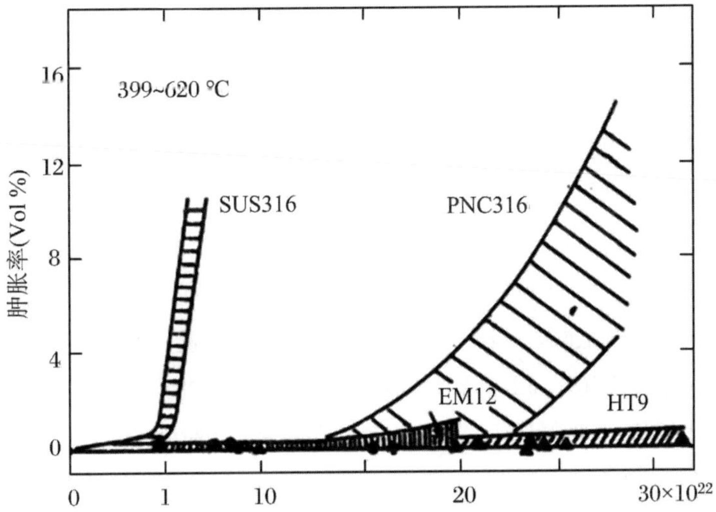

图 5.5　各种材料的辐照肿胀与辐照剂量的关系

注：SUS316、PNC316 为奥氏体钢，EM12、HT9 为铁素体钢。

很大的径向应力，这种高应力状态对包壳材料的高温蠕变性能提出了严格的要求。包壳管之间的空间很小，包壳管的蠕变形变量一般不允许超过 1%。PNC-316 奥氏钢在 650 ℃、10000 小时的蠕变强度为 250 MPa。日本研究开发的最新的快堆包壳用铁素体钢 PNC-JFMS 在 650 ℃、10000 小时最高的蠕变强度只有 100 MPa。如果采用铁素体钢作为包壳材料，就需要降低快堆的堆芯温度，这将严重影响快堆的热效率。目前，兼具辐照肿胀小、高温蠕变性能好的 ODS 铁素体钢被认为是最有希望的快堆核电站的燃料包壳材料。

5.4 核聚变堆材料的辐照损伤

5.4.1 核聚变堆的构造与原理

关于核聚变反应堆的类型，目前有许多设计方案，其中最有希望的是托卡马克(Tokamak)型聚变堆。[7]在 20 世纪 80 年代，世界上建成了三大托卡马克装置：TFTR(美国)、JT-60(日本)和 JET(欧洲共同体)。在此基础上，国际社会开展了规模宏大的合作项目国际热核聚变实验堆(International Thermonuclear Experimental Reactor，ITER)。图 5.6 是 ITER 装置的概念图(左)和托卡马克反应堆四分之一截面图(右)。ITER 的研究已经有数十年的历史。1978 年，在国际原子能机构的主持下，ITER 计划创立。在经过近 30 年的设计研究后，于 2000 年确定了最终的 ITER 设计方案。这个总耗资近 100 亿美元的 ITER 项目最终选址法国的卡达拉奇(Cadrache)，这也是聚变研究进入一个崭新阶段的里程碑。我国作为 ITER 成员国，担负着建设和研究的责任。借助 ITER 的发展契机，各国科学家们也建起了本国的大型超托卡马克装置，如法国的 Tore-Supra、俄罗斯 T-5、日本与欧洲共建的 JT-60SA。我国不仅拥有自主的托卡马克装置 EAST 和 HL-2M，还提出了建设中国聚变工程实验堆(China fusion engineering test reactor，CFETR)的构想。

核聚变反应堆的研究与开发是科学发展中耗资巨大的重大项目。尽管目前困难重重，可一旦建成，将为人类提供无穷无尽的能源。正是这一前景吸引着一代又一代的科学家不懈奋斗。

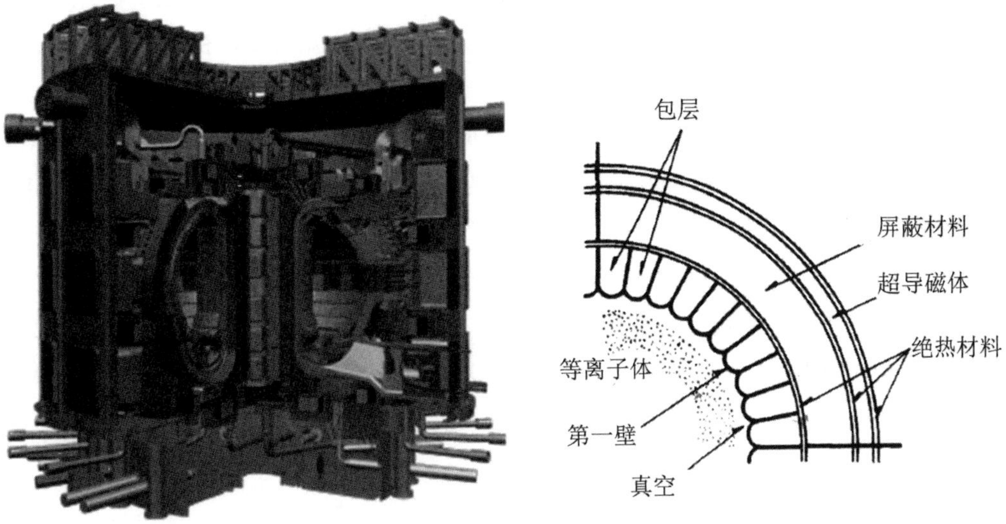

图 5.6　ITER 装置的概念图(左)与托卡马克反应堆四分之一截面图(右)

5.4.2　第一壁材料

核聚变堆第一壁(first wall)材料的环境非常严酷。一般认为,第一壁材料的工作温度在 550～1300 ℃,中子通量为 10^{15} $cm^{-2} \cdot s^{-1}$,表面热负荷为 1000 W/cm^2(其中中子造成的热负荷为 900 W/cm^2)。首先,最突出的是要承受核聚变反应放出来的能量高达 14 MeV的中子的辐照,辐照剂量将达几十乃至数百 dpa。同时,14 MeV 中子的(n,p)、(n,α)核嬗变反应所产生的氢、氦的数量也比快堆多许多。除了高能中子外,高温等离子体对材料表面会产生强烈的溅射作用。第一壁材料表面的原子被溅射到等离子体内,又会造成等离子体温度下降。总之,本书中所叙述的各种材料辐照损伤问题都会在第一壁材料中出现。

第一壁材料主要有面向等离子体材料和热沉材料。面向等离子体材料(plasma facing materials, PFMs)是指在核聚变装置中直接面对等离子体的材料,如偏滤器(divertor)和限制器(limiter)。面向等离子体材料要求具有良好的导热性、抗热冲击性、高熔点,以及低的溅射产额,对氢(氘、氚)的吸附尽可能小。从改善等离子体性能的目的出发,利用低 Z(原子序数)材料,如碳、铍等,已获得很好的效果。迄今碳基材料以其低 Z、优良的热物理和力学性能而广泛应用于大中型托克马克装置中。但对于稳定运行的聚变堆而言,部件寿命是一个重要指标。低 Z 材料对于今后聚变反应堆第一壁来说,其寿命太短。使用低 Z 材料(碳、铍)每年将被溅射腐蚀掉 3 mm 以上,而高 Z 的钨每年溅射产额还不到0.1 mm。如果第一壁以每5年更换一次来计算，其总腐蚀产额也不超过0.5 mm。在具有最高溅射阈值（对氢离子的溅射阈值高达几百 eV）的所有候选材料当中，钨等难熔金属由于熔点高、导热率高、低蒸气压、低氚滞留，加之高的抗等离子冲刷能力，最有希望用作面向等离子体材料。除了面向等离子体材料的本身问题外，面向等离子体材料还有一个与热沉材料连接的问题。热沉材料主要起着强化散热的作用。现在考虑的热沉材料主要是铜或铬锆铜（CuCrZr）合金。

第一壁材料的研发是决定核聚变反应堆成功与否的关键问题。鉴于这项工作的复杂性与艰巨性，非常需要国际合作研究。对我国而言，应该按照核聚变堆的工况要求，加速第一壁材料的研究与开发进程。

5.4.3 增殖包层

氘氚核聚变堆的一个重大问题是氚的增殖，常用的方案是利用核聚变反应产生的中子轰击锂得到氚。此时，含锂靶材料的形式有固态和液态两种形式：故有固态氚增殖包层、液态氚增殖包层。

由于需要承受高剂量的中子辐照，作为核聚变堆增殖包层的候选材料，现在提出了低活化铁素体马氏体钢、钒合金和 SiC 复合材料。低活化铁素体马氏体钢的优点在于已经积累了大量的工业使用经验，缺点是使用上限温度比较低，只有 550 ℃。对于液态氚增殖包层来说，因为存在与锂等增殖剂相容性的问题，将采用钒合金作为包层材料。

早期，钒合金曾作为快中子反应堆的燃料包壳材料被研究。近几十年来，其作为核聚变堆的低活化结构材料一直备受关注。在早期的 ITER 设计中，曾有过采用钒合金来建造的方案。钒合金的放射性衰减速率快，具有低活化性，在 700 ℃左右具有良好的耐热性，且辐照下的肿胀速率和脆化趋势都很小。对于采用氦气作为冷却剂、要求 600～650 ℃高温强度的聚变堆包壳，钒合金具有明显的优势。早期，曾推出过 V-5Cr-5Ti 和 V-15Cr-5Ti，后来逐渐聚焦于 V-4Cr-4Ti 合金。美国在 DⅢD 装置进行了钒合金作为偏滤器的安装试验。尤其值得注意的是，钒合金与液态金属（如常用作增殖剂的液态锂）具有良好的相容性。

为了减少液态金属在高磁场下出现的磁流体动力学（magneto-hydro-dynamics，MHD）压力损失，需要在材料表面形成绝缘被覆层。但是，钒合金不仅不会像不锈钢那样形成坚固的钝化膜，而且外加镀层形成绝缘被覆层又难以满足聚变堆中的使用要求，这是钒合金开发所面临的重大问题。

商业聚变反应堆的包层材料必须具有低活化属性，并且能够抵抗能谱的谱峰在

14 MeV左右的中子、辐照剂量达 100～150 dpa 的损伤。在 ITER 之后、商业堆之前，一个重要的里程碑就是建成聚变示范堆——DEMO（DEMOnstration power station）。为了测试并且鉴定适用于高中子通量示范堆的候选实用材料，需要建立并运行一个能够产生高能中子、具有较大通量的中子源，该中子源不仅要求较高的可获取性，能够产生相应的聚变材料数据库，还需在时间方面与预期建设的聚变示范堆协调一致。

核裂变堆中的辐照损伤最严重的是燃料包壳材料，然而燃料包壳材料尺寸小，且可以更换。核聚变堆中受到高剂量中子辐照的大型结构材料却多是通过焊接连接，难以更换。

参考文献

[1] Герасимов В В，Монахов А С. 核工程材料［M］. 吕允文，高绣雯，译. 北京：原子能出版社，1987.

[2] 大山彰. 原子力発電［M］. 東京：コロナ社，1973.

[3] Kuleshova E A，Fedotova S V，Zhuchkov G M，et al. Degradation of RPV steel structure after 45 years of operation in the VVER-440 reactor［J］. Journal of Nuclear Materials，2020，540：152362.

[4] 长谷川正义，三岛良绩. 原子炉材料ハンドブック［M］. 東京：日刊工業新聞社，1977.

[5] 安成弘. 高速增殖炉［M］. 東京：同文書院，1982.

[6] 立石嘉德，柚原俊一，柴原格，等. 高速炉炉心材料用改良 SUS316ステンレス鋼の開発［J］. 日本原子力学会誌，1988，30(11)：1005-1019.

[7] 冈崎隆司. 核聚变堆设计［M］. 万发荣，叶民友，王炼，等译. 合肥：中国科学技术大学出版社，2023.

第 6 章

辐照损伤与材料选择

对于不同晶体结构的材料，例如 FCC 的奥氏体钢或 BCC 的铁素体钢，相同辐照剂量下产生的缺陷数量，即 dpa 数值不会有很大差别，通过 SRIM 软件的计算可以得知这一结果。MD 模拟结果[1]也表明，不同晶体结构的金属之间，级联过程的点缺陷产生效率没有什么区别。

一般金属材料的辐照损伤出现的差异大都源自点缺陷的性能。在辐照级联过程形成初始点缺陷之后，正是这些点缺陷性能影响了材料微结构的演化。第 2 章中提到，晶体结构中的致密度对于点缺陷的性能影响巨大。随着致密度的增加，自间隙原子与空位的性能差异增大，辐照损伤也趋于严重。实际上，FCC 材料与 BCC 材料的最终辐照损伤相差极大，主要是二者的晶体结构的差异所导致的。从表 6.1 可知，BCC 铁的空位形成能与间隙原子形成能的差值大致为 2 eV，而 FCC 的镍、金、铜的空位形成能与间隙原子形成能的差值却大于 3.5 eV。类似的数据，在表 2.3 中也可看到。因此，从辐照损伤角度进行的材料选择，首先应该是晶体结构的选择。

即使是相同晶体结构的金属之间，辐照缺陷的行为也存在很大的差异。如对于 FCC 金属，铝中的空位团簇形成行为就不同于其他 FCC 金属。不过这些差异可能只是定量的，而不是定性的。至于 BCC 金属（尤其是铁）中的空位团簇形成，则完全不同于 FCC 金属的实验结果，还需要通过实验进一步阐明其中的饱和空位的状态。例如，弄清为什么 BCC 金属中的空位难以形成透射电镜下可以观察到的大尺寸团簇。

关于不同晶体结构的致密度，FCC 为 74%。HCP 为 74%，BCC 为 68%，简单立方为 52%，金刚石结构为 34%，随机堆积结构则为 59%～64%。对于具有金刚石结构的硅来说，自间隙原子与空位之间的性能差异不大。实际上在热平衡状态下，硅中究竟是空位多还是自间隙原子多，现在都还没有定论。[2]

表 6.1　点缺陷形成能的计算值(eV)[2]

点缺陷	铁	镍	金	铜
哑铃型自间隙原子	3.89〈110〉	4.86〈100〉	4.39〈100〉	3.62〈100〉
挤列型自间隙原子	3.94〈111〉	5.11〈110〉	4.71〈110〉	3.90〈110〉
空位	1.83	1.42	0.96	1.19

6.1　面心立方金属的辐照损伤

具有面心立方（Fcc）最密堆积的单质固体材料有：钙（Ca）、锶（Sr）、铝、铅（Pb）、氖（Ne）、氩（Ar）、氪（Kr）、氙、镍、铜、铑（Rh）、钯（Pd）、银、铱（Ir）、铂（Pt）、金、铈（Ce）、镱（Yb）、锕（Ac）、钍（Th）。由于容易获得高纯度等原因，从辐照缺陷的基础研究来说，FCC 金属研究得比较多，尤其是金、铜、镍、铝的研究比较充分。多年来，在关于纯 FCC 金属在低剂量中子辐照下的缺陷累积方面，研究者们发表了大量的实验结果。[3]

在 FCC 金属中，空位形成能 E_f 与升华能 E_{sub} 之间存在一定关系，即 $E_f = E_{sub}/3$（表 6.2）。[4-5]

另外，具有 FCC 结构的合金材料，如奥氏体钢，具有很好的高温力学性能，很早就被用来作为核反应堆材料。由于奥氏体钢的辐照肿胀非常大，通过冷加工引入大量位错（螺型位错），可以改善奥氏体的辐照肿胀性能。以往的数据表明，冷加工 20% 的 316 不锈钢，可以承受 100 dpa 的辐照剂量。对于快中子增殖反应堆的燃料包壳材料，这个性能差不多可以满足要求。虽然快堆燃料包壳也可以更换，但还是希望其使用寿命尽可能更长一些，因为这直接决定了燃料增殖程度，对于快堆的经济性也有很大影响。另一方面，对于核聚变堆的包层等结构材料来说，不仅承受辐照剂量更高，而且有可能是不可更换的部件，因此，FCC结构的316不锈钢基本上不能作为商用核聚变堆的结构材料。

表6.2　FCC金属的空位形成能 E_f 与升华能 E_{sub}(eV)

金属	E_{sub}	计算值 E_f	实验值 E_f
Al	3.04	—	0.75
Cu	3.54	1.28	1.3
Ag	2.85	0.97	1.1
Au	3.93	1.03	0.9
Ni	4.45	1.63	1.6
Pd	3.91	1.44	1.4
Pt	5.77	1.4	1.5

FCC材料一般都没有磁性，因此大大降低了透射电镜的实验难度，更易获得高度清晰的透射电镜图像。

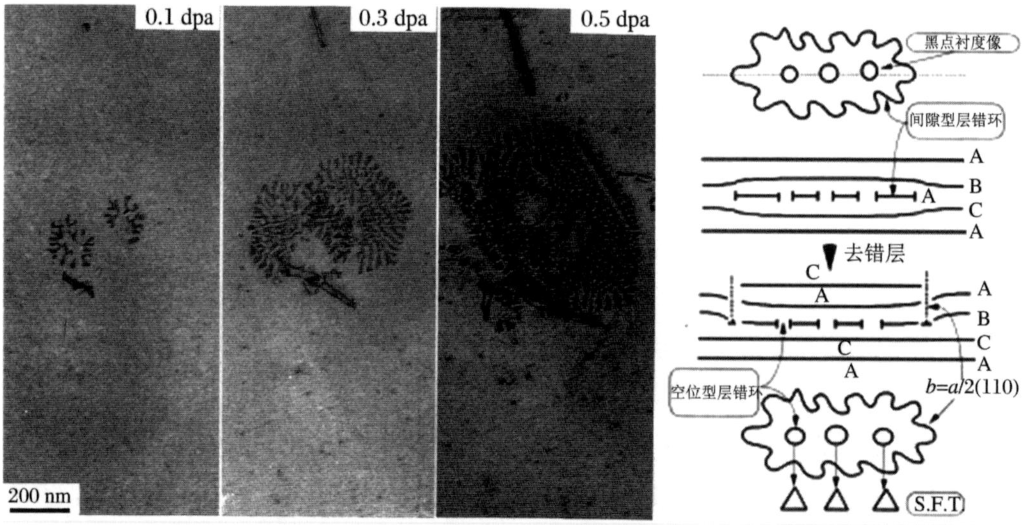

图6.1　高压电镜的电子束辐照下Fe-10Cr-14Ni中形成的层错环

FCC材料的晶体缺陷的一大特点是层错环。这些层错环会吸收辐照产生的点缺陷从而不断长大。有意思的是，当层错能比较低时，这些层错环会呈现梅花状。这种具有复杂形状的层错环，其圆周上的长大速度并不相同，在某些方向上的长大速度可能会特别快。[6]那些伸长出来的层错环部分相互汇集时，会形成一小块没有层错的封闭区域，如图6.1所示。[7]这些无位错区域有可能在继续辐照时成为空洞形核的位置，从而提供了一个新的空洞形核方式;该区域也可以吸收氦原子,形成氦泡。所以提高层错能,可以降低层错环吸收自间隙原子的偏压强度,减少这种新的空洞形核现象的发生,这也是提高 FCC 抗辐照性能的一个途径。

在 FCC 金属的晶体缺陷研究中,铝占据着特殊地位,目前已积累了大量研究成果。其主要原因是铝易于制备高纯度的单晶样品,利用低加速电压的透射电子显微镜即可对其进行缺陷观察,而且铝的高温淬火实验也相对容易展开。

在 2.3 节和 4.1.2 小节中,提到过在剧烈塑性变形(SPD)铝中会形成空位和空位团簇。令人惊奇的是,通过这种方法在铝中观察到了层错四面体。[4]由于铝中层错能很高,在其他诸如高温淬火、高能粒子辐照,以及通常的塑性变形中,从来没有在铝中观察到层错四面体。在这种 SPD 实验中,先在金属薄膜(厚度约 50 μm)中预制缺口,然后用镊子夹住薄膜进行拉伸(拉伸变形)至断裂。断裂尖端部形成锯齿状的薄膜,该区域的尺寸为 1 mm 左右,厚度非常小(约 50 nm),多数情况下可以直接用作透射电镜观察的薄膜样品,而不需要进行任何其他减薄操作。这样可以在金、铜、镍、铝等 FCC 金属中产生极高密度的空位团簇,且所有的空位团簇都是层错四面体。因此,提出了一种由高密度点缺陷的产生引发的、不含位错的新的塑性变形机制。[5]然而,对 BCC 金属进行同样的 SPD,却没有观察到点缺陷团簇。

6.2 体心立方金属的辐照损伤

尽管晶体缺陷直接或间接地支配着材料性质,但除了 FCC 金属之外,有关其他材料中点缺陷的系统性研究极为匮乏。在 FCC 金属中,与点缺陷相关的许多现象已在原子层面得到深入细致的研究。但是,最重要的实用金属铁,其多数使用状态下呈现体心立方(BCC)结构。此外,有望作为未来耐热材料或作为核反应堆材料的钼、钨、铌、钒等,都是 BCC 结构金属。作为核聚变堆材料,研究得比较多的 BCC 材料是铁、钨、钒,这些金属中的点缺陷的基本性质和行为尚未明晰。这个问题也成为了理解 BCC 金属和合金的许多现象(如时效析出、蠕变、辐照效应等)的阻碍。确实,从定性角度来说,FCC 金属的知识有时也可应用到 BCC 金属。但是,为了实现更深入、精确的分析,必须探究 BCC 金属中的空位行为。[8]例如,在分析铝合金时效过程时,对纯铝中的空位特性的研究就发挥了很大的作用。

为了研究 BCC 金属中的点缺陷,尤其是空位的基本性质,不仅需要从物理冶金学观点考虑问题，还需要从金属物理学角度，探论其与 FCC 金属研究中存在的差异性问题。在 FCC 金属中，空位的形成能与迁移能的比值，基本上为 5∶5 或 6∶4。这一点对于 1 价金属的金、银、铜以及多价金属的铝、镍来说都没有变化。但是对于 BCC 金属来说，ⅤA族的钽、铌等和ⅥA 族的钨、钼等，其空位行为存在显著差异。这种差异同样体现在两族金属的部分物理性质上。关于点缺陷的性质，这两族金属之间也不相同，但有关解释并不是很清楚，只是大致归咎于电子结构的原因。这种问题是难以从 FCC 金属点缺陷研究中获得答案的。[9]BCC 金属点缺陷研究虽然意义重大，但目前研究很不充分，其原因主要还是实验技术上的困难。

BCC 金属中也存在柯肯达尔效应，其自扩散也是空位机制。因此，可以认为在高温热平衡状态下存在的点缺陷只有空位。FCC 金属中所使用的空位形成能的测量方法，原理上也可用于 BCC 金属。

空位形成能的测量方法中，急冷法的应用最为广泛。在 BCC 金属中，由于空位形成能比较大，处于热平衡的空位数量本来就比较少，再加上空位迁移能小，在急冷过程中，大部分空位都已逃逸。这样所能冻结的空位数量常常不能满足测量要求。

BCC 结构的代表性金属包括铁以及铁素体钢。在金属研究领域，像铁中空位行为这样能够引起全球广泛关注的研究并不多见。但由于铁在较高的中间温度区域存在 FCC 结构的 γ 相，因此不能像铜等其他金属那样，从稍低于熔点的温度淬火，使样品中只形成肖特基缺陷（即空位）。换言之，很难通过高温淬火方式，在 BCC 结构的铁中，形成过饱和的空位缺陷。尽管科研人员花费了巨大的努力来观察淬火 BCC 金属（尤其是铁）中的空位团簇，但至今还没有得到令人信服的实验结果。

与其他 BCC 金属相比，铁有两个特点：一是自间隙原子的迁移能比较大，$E_{\mathrm{m}}^{\mathrm{I}}=0.3\ \mathrm{eV}$，而Ⅵ族的铬、钼、钨，$E_{\mathrm{m}}^{\mathrm{I}}$ 约为 0.08 eV，Ⅴ族的钒、铌、钽，$E_{\mathrm{m}}^{\mathrm{I}}$ 更小；二是可以形成 $\boldsymbol{b}=\dfrac{1}{2}\langle 111\rangle$ 和 $\boldsymbol{b}=\langle 100\rangle$ 两种位错环，而不只是以前一种为主。

BCC 材料特有的一个现象是 DBTT，辐照会导致 DBTT 升高，即材料变脆。其他材料，诸如 FCC 材料，在辐照后都会硬化变脆，但其形成机理以及造成的后果都与 DBTT 不一样。实际上，非辐照环境中的韧脆转变机理，也是材料科学中的研究热点。

BCC 结构的铁素体钢，其高温力学性能还无法满足要求，尤其是在高温蠕变强度方面表现不足。例如，F82H 目前已经获得了 10 万小时的蠕变数据[10]，但针对 F82H 小样品的蠕变实验，还缺乏有关尺寸效应的系统性研究，样品尺寸的效应尚不明确。同样，当前还没有钒合金的标准样品的蠕变数据，这是未来有待解决的问题。4.2.1 小节介绍了在钒合金中观察到的异常显著的辐照肿胀现象。

如表 2.3 所示，钨的自间隙原子迁移能与空位迁移能之间的差值非常大，后者是前者的约 20 倍。这个差值不仅大于其他 BCC 材料，也大于 FCC 材料。一般来说，这个差值越大，材料中的辐照肿胀现象越显著。从这一角度来看，研究钨的高温高剂量下的辐照行为，对于辐照损伤基础理论来说，有重要意义。作为空间反应堆的燃料包壳材料，研究人员曾在 1960—1980 年对钨进行了大量的中子辐照实验，辐照剂量达到 10 dpa。然而，随后空间堆项目的停滞，钨的中子辐照实验受到很大影响。随着核聚变堆中的面向等离子体材料的候选目标由石墨改为钨，再次促进了钨的辐照研究。不过这些研究大多集中于辐照温度和辐照剂量都比较低的辐照脆性问题，而对于辐照温度和辐照剂量更高的钨的辐照肿胀现象，仍缺乏系统研究。例如，钨在 800 ℃左右辐照至 1 dpa 时，就会形成空洞超点阵。但在更高温度和更高剂量下，这种空洞超点阵会如何变化，尚不清楚。钨作为聚变堆面向等离子体部件，主要面临的问题是脆性问题(DBTT 高)和高剂量中子辐照损伤。[11]钨的自离子辐照实验发现，辐照过程中会形成两种位错环：$\boldsymbol{b}=\frac{1}{2}\langle 111\rangle$的位错环占 75%，$\boldsymbol{b}=\langle 100\rangle$的位错环占 25%。有研究称在淬火钨中观察到空洞，但由于空洞数量太少，这一绪论尚未得到学界广泛认可。

与钨类似，钼也曾被考虑应用于空间堆和核聚变堆，其自间隙原子迁移能与空位迁移能之间的差值也很大，在辐照条件下，钼中也会形成辐照空洞超点阵。20 世纪 70 年代，研究人员对钼开展了中子辐照实验，以及利用超高压电镜进行的电子辐照研究。[12]结果发现，中子辐照钼中会形成的位错环有间隙型和空位型两种。可能由于应用前景不是很明朗，钼的辐照损伤研究近年来比较少见。[13]

另外，金属铬在高温下的耐氧化性能和蠕变强度比较好，被视为极具潜力的耐热合金，但由于在室温下缺乏韧性，在实用上还存在很大困难。目前，金属铬暂时还没有在核反应堆中找到主要应用位置，只是从改善抗腐蚀性能的角度，考虑用于锆合金燃料包壳的表面涂覆材料。近来，对于金属铬的辐照实验表明，其一些特点与铁、钨等 BCC 金属有所不同，值得关注。[14]有报告发现，在 Fe^{2+} 辐照金属铬中，同时形成了大量的间隙型位错环和空位型位错环。[15]如果利用超高压电镜对这些位错环进行电子束辐照，有可能观察到两种位错环分别长大和缩小的现象，但至今还没有关于金属铬的高压电镜辐照实验的研究报告。

不过，为了研究 BCC 结构材料的共性问题，金属铬和钼的辐照实验还是有价值的。

6.3 密排六方金属的辐照损伤

具有密排六方(HCP)结构的几种材料,如锆、铍等,因其各自所具有的特殊的物理性能,在核科学中发挥着重要的作用。石墨虽不是 HCP,但也是六方结构,因此具有类似 HCP 结构的性能。

目前,有关 HCP 金属的辐照缺陷性质的研究,远不如 FCC 和 BCC 金属那样深入。现有的立方金属理论,尚无法解释已知的 HCP 金属的行为。例如,在电子辐照或中子辐照 HCP 金属的实验中,都观察到了空位型位错环长大的现象。

HCP 结构的理论致密度与 FCC 结构的致密度相同,都是 0.74,似乎其点缺陷间隙原子和空位的行为也应该与 FCC 结构相同。但是,如表 6.3 所示,现实中的 HCP 金属的 c/a 值与理想 HCP 结构 $c/a=1.633$ 之间存在差距,故而这些 HCP 金属的辐照损伤行为很可能存在很大差别。因此,HCP 金属的辐照性能没有像 FCC 和 BCC 那样显著的共性特点。

表 6.3 各种 HCP 金属的数据

名称	原子序数	c/a 值	致密度	熔点(℃)
铍(Be)	4	1.5685	71.201%	1304
钇(Y)	39	1.5706	71.292%	1452
铒(Er)	68	1.5712	71.319%	1529
铥(Tm)	69	1.5722	71.362%	1545
钬(Ho)	67	1.5734	71.412%	1474
镝(Dy)	66	1.5741	71.440%	1412
锇(Os)	76	1.5767	71.556%	3054
铪(Hf)	72	1.5826	71.810%	2233
钌(Ru)	44	1.5826	71.811%	2334
铽(Tb)	65	1.5827	71.813%	1356
钆(Gd)	64	1.5827	72.011%	1313
钛(Ti)	22	1.5873	72.013%	1690
钪(Sc)	21	1.5916	72.203%	1541

续表

名称	原子序数	c/a 值	致密度	熔点(℃)
锆(Zr)	40	1.5925	72.243%	1830
锝(Tc)	43	1.6053	72.804%	2157
铼(Re)	75	1.6149	73.232%	3160
镁(Mg)	12	1.6239	73.636%	650
钴(Co)	27	1.6323	74.018%	1459
理想值	—	1.6330	74.048%	—
锌(Zn)	30	1.8563	65.141%	419
镉(Cd)	48	1.8851	64.144%	321
镧(La)	57	3.1883	37.926%	920
镨(Pr)	59	3.2207	37.545%	931
钕(Nd)	60	3.2248	37.496%	1024
钷(Pm)	61	3.2065	37.711%	1042

HCP 结构晶体因 c/a 值的变化,造成其最密排面和密排方向改变,进而使得位错滑移系统也有所不同。HCP 晶体的位错行为与晶体的 c/a 值和形变条件有关,分为锥面(pyramidal plane)滑移和棱柱面(prismatic plane)滑移。c/a 值大的金属,其 c 轴方向结合力弱,熔点较低;c/a 值小的金属,其熔点较高,有时可以观察到非底面的滑移。

锆合金由于其具有极低的中子吸收能力,在核工业领域具有特殊的意义。

单晶锆在辐照时会出现辐照长大现象。此时,单晶锆沿 a 轴出现膨胀,沿 c 轴出现收缩,但总体积保持不变。从此现象推测出辐照长大的机制为,自间隙原子在棱柱面上聚集成间隙型位错环,而空位则沿基面聚集成空位型位错环。也就是说,在辐照过程中,基面的原子不断被迁移到棱柱面上。随着辐照长大,在$\langle a\rangle$方向形成正应力,在$\langle c\rangle$方向形成负应力。在$\langle a+c\rangle$方向则出现零应力。但是,透射电镜实验发现,在锆中因辐照产生的位错环的柏氏矢量为 $\boldsymbol{b}=\frac{1}{3}\langle 11\bar{2}0\rangle$或 $\langle a\rangle$类型,却没有$\langle c\rangle$成分的位错环。$\langle a\rangle$类型位错环会导致沿 a 轴的膨胀,却不会引起沿 c 轴的收缩。实际上,如果引入 10^{-4}的初始形变,辐照长大现象会迅速达到饱和状态。

镁合金曾用作燃料包壳管,如 Magnox Al80 合金。镁的 c/a 值接近理想值,致密度最高,似乎容易发生辐照肿胀。尤其是镁能够在低压电镜产生辐照损伤,因此比较适合用来进行辐照缺陷的基础研究。从表 6.4 中的数据可知,普通的 200 kV 低压透射电镜就可以进行镁的电子辐照实验了。

表 6.4　Zn、Cd、Mg、Ti 的阈值电压和击出能量阈值[16]

金属	电子束方向	阈值电压(keV)	击出能量阈值(eV)
Ti	[0001]	360±10	22.3±0.3
Mg	[0001]	130±10	13.2±1.1
	⟨10$\bar{1}$0⟩	100±10	9.9±1.1
	⟨11$\bar{2}$0⟩	<100	<9.9
Zn	[0001]	260±10	11.0±0.5
	⟨10$\bar{1}$0⟩	220±10	9.0±0.5
	⟨11$\bar{2}$0⟩	190±10	7.6±0.4
	⟨20$\bar{2}$3⟩	<260	<11.0
Cd	[0001]	410±10	11.2±0.4
	⟨10$\bar{1}$0⟩	370±10	9.8±0.4
	⟨11$\bar{2}$0⟩	330±10	8.5±0.3
	⟨20$\bar{2}$3⟩	<410	<11.2

这里介绍一个有关 HCP 材料的位错环的奇特数据。图 6.2 所示为普通 200 kV 透射电镜在室温下对于锌(Zn)进行电子辐照的结果。[17]在辐照的早期阶段，大部分位错环是 $\boldsymbol{b}=[c/2]=\frac{1}{2}[0001]$的间隙型位错环。但是随着它们长大，在其中心会形核出第 2 个 $\boldsymbol{b}=[c/2]$的间隙型位错环，从而在图像中可以观察到双层圆环的两个$[c/2]+[c/2]$的位错环。图 6.3 所示为这两个位错环的结构示意图。在位错环随着电子辐照而长大时，这两个内外侧的$[c/2]$位错环之间的分离距离会保持大致不变，且保持着圆形和同心状态。在电子辐照过程中，没有观察到空位型位错环。

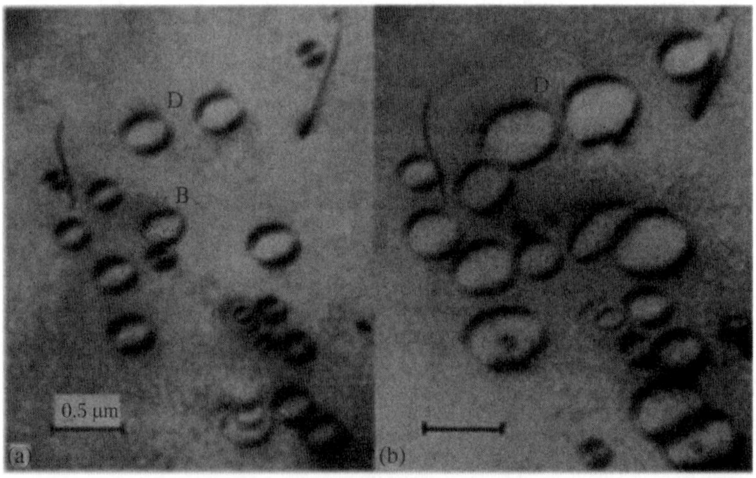

图 6.2　电子束辐照锌中的位错环

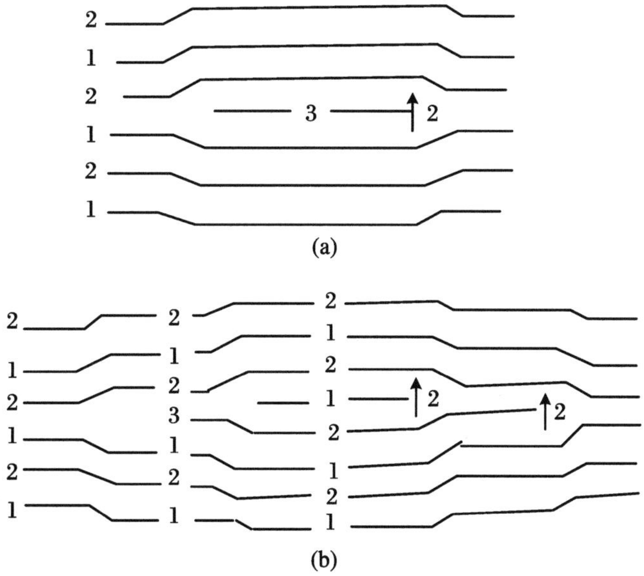

图 6.3　第 1 个间隙型位错环(a)和在其中心处形成的第 2 个间隙型位错环(b)

6.4　金属间化合物的辐照损伤

金属间化合物中异类原子构成有序排列，与纯金属和合金相比，在辐照下更容易发生相变。金属间化合物在受到辐照时，不仅产生间隙原子和空位的点缺陷对，而且异类金属的位置发生交换，从而影响其晶体结构和特性。因此，金属间化合物对于粒子辐照非常敏感，其有序状态会因辐照而出现无序化，很容易从晶体衍射信息中确认这种结构变化。从这一角度来看，金属间化合物是很有代表性的辐照基础理论研究的材料。同时，也可以利用辐照下金属间化合物的有序度变化，来评估辐照实验中的各辐照参数（如辐照温度、辐照剂量等）。[18]

辐照下金属间化合物可能发生如下变化：

(1) 金属间化合物→非晶；

(2) 金属间化合物→固溶体；

(3) 金属间化合物→非晶→固溶体；

(4) 金属间化合物→不同结构的金属间化合物 + 非晶；等等。

最终会出现哪种变化，与金属间化合物所处的相图结构有很大关系。可以从金属间化合物的相图结构大致预测这些变化。在相图中，如果金属间化合物位于液相线深谷附近，在辐照时就容易出现非晶化。在这种相图中，金属间化合物与非晶之间的自由能差别比较小，通过施加辐照能量容易达到实现非晶化所需的自由能条件。如果金属间化合物与液相之间的温度领域存在着固溶体相，就有可能出现金属间化合物与固溶体之间的自由能差比较小的情况，此时通过辐照容易实现固溶体相。另外，对于金属间化合物来说，离子辐照及其随后的高温退火可以产生常温常压下或者热平衡相图中不会出现的结构。[19]对于从学术上解明隐藏于热平衡相图背后的准稳定相来说，辐照实验也是非常有用的方法。

自 20 世纪 80 年代起，研究人员利用电子束和离子束，进行了大量的各种金属间化合物的辐照实验，尤其是辐照下金属间化合物的非晶化现象，研究得非常深入。[20]在高压电镜的电子束辐照下，可以观察到金属间化合物有序结构的电子衍射图像会迅速消失。有意思的是，金属间化合物（晶体结构为 $C11_b$ 的 Zr_2Cu）在电子束辐照下发生非晶化之后，继续电子束辐照，又会出现新的结晶（晶体结构为 FCC 的 Zr_2Cu）。[21] Cr_2Ti 金属间化合物在电子辐照时首先出现非晶化，继续增加辐照剂量后，这些非晶则会转变为非平衡态的晶体相。[22]这种晶体-非晶体-晶体相变（crystal-to-amorphous-to-crystal transition，C-A-C）在其他金属间化合物中也出现过。

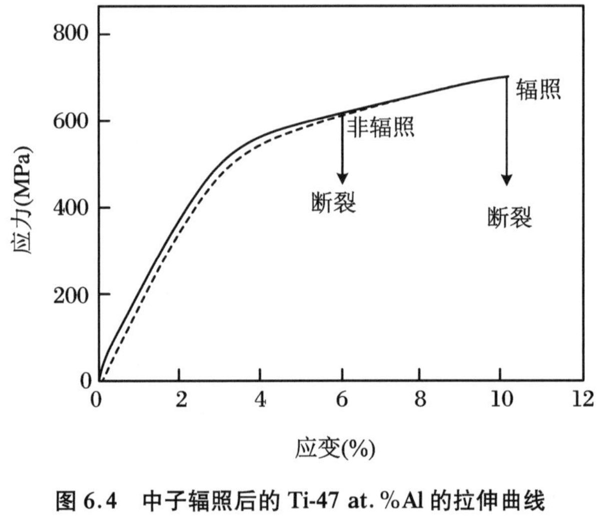

图 6.4　中子辐照后的 Ti-47 at.%Al 的拉伸曲线

4.3.1 小节提到过，有序合金中难以形成辐照空洞。那些在高温下依然比较稳定的金属间化合物可能也具有很好的抗辐照性能。在金属间化合物中，位错的移动会破坏有序结构，增加反相界面。因此与固溶体金属相比，金属间化合物中的位错环吸收点缺陷的长大过程就要困难得多，或者说，这些位错环的偏压要小得多。这可能是金属间化合物的优良抗辐照性能的原因。值得关注的是钛铝（TiAl）金属间化合物的优良抗辐照性能。[23-24]对 Ti-47 at.%Al 进行中子辐照，辐照温度为 600 ℃，辐照剂量为 1×10^{20} n/m^2。辐照后在真空进行拉伸实验，拉伸温度为 600 ℃，结果如图 6.4 所示。虽然辐照剂量只有 0.5 dpa，但显示出辐照促进材料延伸率的奇异特性。一般材料在辐照作用下会呈现硬度增加、性能变脆的特性，即在拉伸时屈服应力增加，延伸率降低。然而在此情形下，屈服应力基本没有变化，延伸率却出现增长。这在一般金属材料的辐照行为中是难以想象的新现象，其发生机制尚不明确。

在金属间化合物中还可观察到许多有意义的辐照现象。例如，在镍钛（NiTi）金属间化合物中，进行电子阻止能较大的 200 MeV 的氙离子辐照，即使辐照量很小，也能在NiTi 中产生 BCC 结构的无序相（A2），说明不仅弹性相互作用会产生能量赋予过程，电子激发导致的能量赋予过程也会对辐照损伤产生作用。[25]

辐照损伤研究主要是针对那些材料性能因辐照而劣化的现象，即原来较好的材料性能在辐照作用下变差。当然，为了研究辐照损伤的基础理论，也经常利用那些原来性能就不太好的材料，如将金属间化合物作为研究对象。但需要明确的是，若将这些材料应用于抗辐照损伤领域，首要任务并非解决辐照损伤问题，而是改善其原本较差的性能。以液体金属为例，虽然它不存在固体材料因辐照缺陷引发的辐照损伤，但也不具备固体结构材料的性能。即使金属间化合物具有良好的抗辐照性能，也不意味着就能用作反应堆结构材料，因为它的力学性能难以满足要求。TiAl 虽然抗辐照性能优良，但其在低温，尤其是室温时的延伸率却小于 2%。有意思的是，以前人们也曾认为金属间化合物 FeAl、Fe_3Al 的耐腐蚀性比较好，有望用来代替不锈钢，从而节省宝贵的铬、镍等资源。然而，这些金属间化合物的塑性太差，常温下难以加工成型。所以，在金属间化合物塑性改善方面取得的任何进步，都具有重要意义。

6.5 氧化物弥散强化材料的辐照损伤

氧化物弥散强化（ODS）材料的研究一直是材料科学领域的重要问题。在核能领域，常见的 ODS 材料有 ODS 铁素体钢、ODS-W、ODS-FeCrAl、ODS-CrZrCu 等。尤其是 ODS 铁素体钢，在耐辐照性能优异的铁素体钢母相中，通过弥散分布纳米尺寸的氧化物粒子，增加其高温强度，国际上近年来针对这方面的研究十分活跃。从《核材料杂志》（*Journal of Nuclear Materials*）上刊登的论文数量来看，ODS 钢与锆、钨一起，成为核材料研究的三大支柱。最近，具有氧化铝保护膜的 FeCrAl-ODS 铁素体钢作为轻水堆沸水堆的事故容错燃料包壳管，受到广泛关注。

需要注意的是，ODS 铁素体钢中的弥散分布氧化物，对于改善材料的抗辐照性能有一定帮助。但这种效果程度有限，也不是该材料实现 ODS 化的主要目的。铁素体钢 ODS 化的主要目的仍是改进其高温蠕变强度。一些报告中提到，氧化物粒子与基体的界面可以成为吸收辐照点缺陷的点缺陷阱，据此认为材料的 ODS 化有助于提高抗辐照性能。[26]但是，如果不能细致辨别所吸收的自间隙原子和空位之间的数量差异，即偏压强度(bias strength)，只是粗略地说可以吸收点缺陷，并不足以保证这种点缺陷阱的作用。实际上，空洞的界面也会吸收点缺陷(主要是空位)，但绝不能认为空洞的存在可以改善材料辐照肿胀性能。材料中的界面在材料辐照损伤过程中的作用，是一个非常重要的问题，需要仔细区别各种界面，有针对性地进行研究。在那些认为 ODS 铁素体钢的辐照性能优于没有 ODS 化的铁素体钢的报告中[26]，作为参照比较的铁素体钢却是没有受到机械合金化工艺影响的。机械合金化工艺对于辐照性能的影响，本身就是一个非常严重且复杂的问题。忽略这一问题来讨论 ODS 材料对于辐照性能的影响，是很不应该的。还有报告将 ODS-Cu 与纯铜进行了比较，但报告里的纯铜并非采用粉末冶金方法制备，其晶粒尺寸较大[27]，此时难以证明抗辐照性能是来自氧化物粒子，还是纳米晶界面。此外，材料经 ODS 化处理后，其抗辐照性能的提升，究竟得益于弥散相界面对点缺陷的捕获作用，还是弥散粒子对纳米晶微结构的钉扎作用？所以，仔细分析 ODS 铁素体钢的辐照性能与弥散分布氧化物粒子之间的关系，还是一件比较复杂的事情。[28]

另外，奥氏体钢虽具备良好的高温蠕变强度，但其抗辐照性能不理想。为了提高其抗辐照肿胀性能，常采用冷加工的方式，而不是 ODS 化。近年来，也有为了改善辐照性能而开发 ODS 奥氏体钢的研究。[29]但是，若要验证 ODS 材料中氧化物粒子对辐照损伤所起的作用，还需要注意以下问题：

(1) 利用两种具有完全相同的基体，但存在有无氧化物粒子区别的材料，进行辐照实验。此时，要注意这两种材料必须采用同样的粉末冶金方法制备，以得到相同的组织结构。

(2) 为了严格辨别氧化物粒子的影响，应尽量采用辐照肿胀大的 FCC 材料。如果采用抗辐照性能本身就好的 BCC 材料，则很难体现出氧化物粒子的效应。

(3) 对于奥氏体钢来说，即使 ODS 化能在一定程度上改善材料辐照性能，也要考虑其改善程度是否优于冷加工。若 ODS 化的效果不及冷加工，那么对材料进行 ODS 化处理在经济层面就缺乏合理性与可行性。

ODS 材料的主要局限性源于其制备所依赖的固体冶金方法，即粉末冶金方法。因为采用热等静压或热挤压等工艺，ODS 材料的尺寸会受到限制。此外，焊接问题也是 ODS

材料应用中的一大挑战。如果在焊接过程出现材料熔化现象，则液态中的氧化物粒子会因密度差异而上浮，导致焊接区域在凝固后缺乏氧化物粒子，从而失去 ODS 强化效果。目前，适用于 ODS 材料的焊接方法有爆炸焊接、电阻对焊、扩散焊接、旋转摩擦焊接、过渡液相焊接等。近来，搅拌摩擦焊接（friction stir welding，FSW）作为一种特别适合 ODS 材料的焊接技术[30]，正逐渐引起人们关注。

参 考 文 献

[1] Bacon D J，Gao F，Osetsky Yu N. The primary damage state in FCC，BCC and HCP metals as seen in molecular dynamics simulations[J]. Journal of Nuclear Materials，2000，276(1-3)：1-12.

[2] 美浦康弘.結晶格子欠陥入門 1-点欠陥[J]. Materia Japan，2006，45(4)：283-288.

[3] Singh B N，Zinkle S J. Defect accumulation in pure FCC metals in the transient regime：a review[J]. Journal of Nuclear Materials，1993，206(2-3)：212-229.

[4] Kiritani M，Sota T，Tawara T，et al. Defect structures introduced in FCC metals by high-speed deformation[J]. Radiation Effects and Defects in Solids，2002，57(1-2)：53-74.

[5] Kiritani M，Satoh Y，Kizuka Y，et al. Anomalous production of vacancy clusters and the possibility of plastic deformation of crystalline metals without dislocations[J]. Philosophical Magazine Letters，1999，79(10)：797-804.

[6] Takamura，Jin-Ichi. Point Defects and Defect Interactions in Metals [M]. Tokyo：University of Tokyo Press，1982：59-66.

[7] 日高康善. オーステナイト系ステンレス鋼の照射欠陥挙動に及ぼすヘリウムの挙動[D]. 札幌：北海道大学，1993.

[8] 木村宏. 体心立方遷移金属中の点欠陥[J]. 日本金属学会会報，1970，9：709-723.

[9] Willaime F，Fu C C，Marinica M C，et al. Stability and mobility of self-interstitials and small interstitial clusters in α-iron：ab initio and empirical potential calculations[J]. Nuclear Instruments and Methods in Physics Research Section B：Beam Interactions with Materials and Atoms，2005，228(1)：92-99.

[10] Tanigawa H，Shiba K，Möslang A，et al. Status and key issues of reduced activation ferritic/martensitic steels as the structural material for a DEMO blanket[J]. Journal of Nuclear Materials，2011，417(1-3)：9-15.

[11] 易晓鸥，韩文妥，刘平平，等. 金属 W 中辐照缺陷的产生、演化与热回复机制[J]. 金属学报，2021，57(3)：257-271.

[12] Kiritani M，Maehara Y，Takata H. Electron radiation damage and properties of point defects in molybdenum[J]. Journal of the Physical Society of Japan，1976，41(5)：1575-1583.

[13] Matsui T, Muto S, Tanabe T. TEM study on deuterium-irradiation-induced defects in tungsten and molybdenum[J]. Journal of Nuclear Materials, 2000, 283(Part B): 1139-1143.

[14] Ryabikovskaya E, French A, Gabriel A, et al. Irradiation-induced swelling of pure chromium with 5 MeV Fe ions in the temperature range 450—650 ℃[J]. Journal of Nuclear Materials, 2021, 543: 152585.

[15] Cui L J, Yang H L, Du Y F, et al. TEM characterization of irradiation-induced dislocation loops and voids in ion-irradiated pure chromium[J]. Journal of Nuclear Materials, 2022, 569(6): 153920.

[16] Karim A S A, Whitehead M E, Loretto M H, et al. Electron radiation damage in hcp metals-I. The determination of the threshold displacement energy in Zn, Cd, Mg and Ti[J]. Acta Metallurgica, 1978, 26: 975-981.

[17] Whitehead M E, Karim A S A, Loretto M H, et al. Electron radiation damage in hcp metals-Ⅱ. The nature of the defect clusters in Zn and Cd by irradiation in the HVEM[J]. Acta Metallurgica, 1978, 26: 983-993.

[18] 星屋泰二. 規則構造合金等の照射環境下での供用条件判定方法[P]. 核燃料サイクル開発機構，日本专利 P2005-172428A.

[19] 岩瀬彰宏. Ni 基金属間化合物のイオンビーム照射誘起構造相変態と表面硬さに及ぼす効果[J]. Materia Japan, 2018, 57(2): 51-59.

[20] Xu G B, Meshii M, Okamoto P R, et al. Crystalline-amorphous transition of $NiZr_2$, NiZr and Ni_3Zr by electron irradiation[J]. Journal of Alloys and Compounds, 1993, 194(2): 401-405.

[21] Nagase T, Umakoshi Y. Phase stability of amorphous and crystalline phases in melt-spun Zr66.7Cu33.3 alloy under electron irradiation[J]. Scripta Materialia, 2003, 48(9): 1237-1242.

[22] 穴田智史. 超高圧電子顕微鏡法による金属間化合物の照射誘起固溶体形成に関する研究[D]. 吹田:大阪大学,2014.

[23] Hishinuma A, Fukai K, Sawai T, et al. Ductilization of TiAl intermetallic alloys by neutron-irradiation[J], Intermetallics, 1996, 4(3): 179-184.

[24] Hishinuma A. Radiation damage of TiAl intermatallic alloys[J], Journal of Nuclear Materials, 1996, 239: 267-272.

[25] Ochi M, Kojima H, Hori F, et al. Effect of elastic collisions and electronic excitation on lattice structure of NiTi bulk intermetallic compound irradiated with energetic ions[J]. Nuclear Instruments Methods in Phscics Research Section B: Beam Interactions with Materials and Atoms, 2018, 427(1): 14-19.

[26] 畠山賢彦，渡辺英雄，秋葉真人，等. 酸化物分散銅合金のイオン照射による組織発達[J]. 九州大学大学院総合理工学報告，2001，23(2): 179-185.

[27] 薮内聖浩，近藤創介，檜木達也，等. 複合ビーム材料照射装置 DuETを用いて核融合炉材料研

究と関連材料研究の展開[J]. Plasma and Fusion Research, 2021, 97(7): 403-418.

[28] Chen T Y, Aydogan E, Gigax J G, et al. Microstructural changes and void swelling of a 12Cr ODS ferritic-martensitic alloy after high-dpa self-ion irradiation[J]. Journal of Nuclear Materials, 2015, 467(1): 42-49.

[29] Zhang K, Yao Z W, Zhou Z J, et al. Radiation induced microstructures in ODS 316 austenitic steel under dual-beam ions[J]. Journal of Nuclear Materials, 2014, 455(1-3): 242-247.

[30] Han W T, Ukai S, Wan F R, et al. Hardness and micro-texture in friction stir welds of a nano-structured oxide dispersion strengthened ferritic steel[J], Materials Transactions, 2012, 53(2): 390-394.

第 7 章

辐照损伤的实验研究方法

7.1 电子辐照与超高压电子显微镜

超高压电子显微镜(high voltage electron microscope,HVEM),又称高压电镜,一般指加速电压在 500 kV 以上的透射电子显微镜。现在大多数的超高压电镜的加速电压为 1000 kV。20 世纪 60 年代后期以来,超高压电镜在包括生物学在内的自然科学研究中发挥了重要的作用,尤其是在材料科学中,超高压电镜更显示了巨大的威力。据说在 20 世纪 80 年代,全世界加速电压为 500 kV 以上的高压电镜的数量曾超过 60 台[1],现在仍有近 20 台超高压电镜在运行。

超高压电镜的结构与一般低压电子显微镜基本相同,只是由于加速电压的升高,整个设备也随之加大。一台 1000 kV 超高压电镜高近 10 m,电镜的高压部分一般都要顶入

2楼。日本大阪大学的超高压电镜的加速电压为 3000 kV，号称世界之最，据说 20 世纪 80 年代还曾计划引入 5000 kV 的 Ultra-HVEM。[1-2] 在日本实现独特发展的电子显微镜学，尤其以超高压电镜学为代表，成为世界知名的“透射电镜王国”[3]。北海道大学于 1948 年装备了日立制造的第一台透射电镜(HU-4，50 kV)，于 1971 年设置了 650 kV 高压电镜 HU-650(顶入式试样台)，分别于 1981 年(H-1300)和 1998 年(JEM-ARM1300)设置了两台超高压电镜(图 7.1)。九州大学的超高压电镜还装备了 Omega 能量过滤器，从而在厚试样中也能够获得清晰的图像。美国阿贡国家实验室(Argonne national laboratory，ANL)在 1980 年就将超高压电镜与 2 MV 串列加速器联机在一起，组成原位辐照实验装置。韩国现在已装备有两台超高压电镜。过去几十年，人们利用超高压电镜在材料辐照损伤领域进行了大量的电子束辐照实验，积累了宝贵的数据。

(a) 高压部分　　(b) 操作台部分

图 7.1　北海道大学的超高压电镜 JEM-ARM1300

我国曾经有过一台超高压电镜 JEM1000，加速电压为 1000 kV，于 1977 年从日本引进，放置在北京有色金属研究总院。但是，这台超高压电镜的引进并不是为了进行材料辐照损伤方面的研究，且当时缺乏能够满足辐照实验要求的相应配套装置，如高精度双倾加热试样台。因此，在材料辐照损伤研究领域很少看到这台设备产出的数据。针对我国缺乏超高压电镜的现状，研究人员可以从三个方面开展工作：首先，总结之前已有的超高压电镜辐照损伤研究的成果，提炼出有价值的研究课题；其次，借助与国外合作的机会，使用国外的超高压电镜，获取相应的经验，有目的地开展一些电子辐照实验；最后，努力创造机会、创造条件建设国内的超高压电镜辐照损伤研究平台。

最初提出超高压电镜的出发点之一是通过提高加速电压，降低电子束波长，从而可以改善电镜的分辨能力。后来由于透射电镜的其他技术的发展，如磁性透镜、场发射电子枪等，能够很好地提高分辨能力，从而使得通过提高加速电压来改善分辨能力变得不再合算。现在超高压电镜的特长主要是能够进行辐照损伤实验。不过,超高压电镜的购置和维持都是很大的负担,因此许多超高压电镜领域的人员不得不转而投向300～400 kV的电镜。

和离子辐照一样,辐照电子的能量足够高时,会使材料产生辐照损伤。对于大多数材料,能够产生PKA的电子加速电压为500～1500 kV。一般使用的低压电子显微镜的加速电压为100～200 kV,对于钢铁这样具有较高击出能量阈值的材料来说,此时不会产生任何离位辐照缺陷。不过,对于那些击出能量阈值很低的材料,200 kV也可能形成辐照缺陷。

通过改变超高压电子显微镜的加速电压,观察电子束辐照下是否有缺陷产生,也可以确定材料的击出能量阈值。

如果电子能量不是极高的话,辐照电子一般只能通过与靶原子进行一次碰撞产生空位和自间隙原子,不会像其他重粒子辐照那样出现级联过程,所以说电子辐照可以产生纯粹的弗伦克尔点缺陷对。

电子束辐照产生的损伤量 C_d 可以由式(3.64)计算。初级击出全散射截面 σ_p 与入射电子束的能量有关。对铁原子来说,入射电子能量为1 MeV时,从图3.8所示可知初级击出全散射截面 σ_p 为 $3.8\times10^{-23}\ \text{cm}^2$。电子束电流 φ 可用电镜体内的法拉第杯测得。假如电流为200 nA,电子束斑直径为1.6 μm,则

$$C_d = \varphi\sigma_p t = \frac{200\times10^{-9}}{1.6\times10^{-19}\times\pi\times0.8\times0.8\times10^{-8}}\times3.5\times10^{-23}\times t = 2\times10^{-3}t(\text{dpa})$$

即电子束的辐照损伤速率为 2×10^{-3} dpa/s。

利用超高压电子显微镜进行电子辐照,既能够原位(in-situ)观察辐照缺陷的各种变化,得到非常直观的实验结果,又因为辐照缺陷非常单纯,实验结果的分析也比较方便。

超高压电子显微镜利用电子辐照损伤,研究金属和合金的晶体缺陷,其最大特点在于,辐照实验与观察实验同时进行,即所谓的原位实验(in-situ experiment)。有效地利用这一特点,观察辐照下缺陷变化,有可能获得反映点缺陷性质的实验结果,可以判定这些现象是来自间隙原子的反应,还是来自空位的反应。这样,不至于在解释缺陷现象时出现荒唐性的错误。利用该方法,可以准确把握缺陷所处的周边环境,以其作为实验条件,对缺陷的长大和湮灭过程进行跟踪。由于实验在同一样品内进行,能够避免因实验数据在位置或时间上的分散性所引发的实验现象的不确定性,而这恰恰是其他实验方法难以做到的。另外,实验条件的设定非常容易,且实验能够快速进行。电子辐照具有其他点缺陷引入方法所没有的优点,而点缺陷则是几乎与所有固体内反应都有关系。基于这一立场,利用超高压电子显微镜的电子辐照,可以进行许多研究,包括获取点缺陷的基

本性质、电子辐照点缺陷的相互作用反应所导致的缺陷结构演化。

在透射电镜的电子辐照实验中，电子束辐照区域基本上在一个晶粒内，因此可以考虑不同晶向对于辐照缺陷的影响，前面说过，击出能量 E_d 随着晶向产生显著变化，沿[100]晶向时有最小值。电子辐照实验时，要重点关注与电子束入射方向平行的晶向的击出能量阈值 E_d，而不是辐照损伤计算机模拟时采用的平均值 E_d。此外，在根据辐照下位错环的长大速度推测空位迁移能时，也需要考虑沿特定晶向的空位迁移能。

当然，电子束在材料中产生的辐照损伤绝不可能等同于核反应堆中发生的中子辐照损伤。超高压电镜内的电子束辐照只能产生单纯弗伦克尔点缺陷对，却不会出现级联碰撞，不会有聚焦碰撞那样的长距离置换连锁碰撞。因此，电子束辐照成为研究辐照损伤基础问题的便捷手段。超高压电镜在几分钟内产生的损伤相当于核反应堆几年产生的损伤，因而可以进行核反应堆环境的材料加速损伤实验。在核能流行的 20 世纪 60 年代，研究人员开展了大量的研究工作，然而，后续的核事故严重影响了这些研究的持续推进。如果未来政治气候变得更有利于核能，那么我们有理由相信电子束辐照损伤研究将迎来新的发展机遇。对于年轻的研究人员来说，应该关注这一领域，珍惜前人积累的宝贵研究成果。

利用超高压电镜进行辐照实验时要面临的困难是，试样表面对于所观察到的材料辐照损伤行为的影响。这是区别块体材料辐照损伤行为时要特别注意的问题。当然，试样表面影响也是一般的透射电子显微镜实验都会面临的共性问题。

这里介绍一个非常有趣的实验结果。[4] 316 奥氏体不锈钢在利用加速器进行注氢后，出现了大量的空位型缺陷团[图 7.2(a)]。而后在 400 ℃时进行电子辐照，这些空位型缺陷团作为点缺陷阱，将吸收电子辐照产生的自间隙原子，导致自身湮灭[图 7.2(b)]。如果继续进行电子辐照，此后产生的自间隙原子则聚集成间隙型缺陷团簇[图 7.2(c)]。由于电子束斑的强度呈高斯分布，束斑中心的束流最强。因此，在低倍下观察电子辐照的视场时，可以看到一个圆环衬度。圆环外围是电子束没有辐照到的地方，仍然存在空位型缺陷团簇。圆环内部则是电子辐照生成的间隙型缺陷团簇。

还有一个类似的例子，在厚度大于 150 nm 的硅晶体区域，利用加速电压为 1 MeV 的高压电镜进行电子辐照。[5] 当辐照时间超过 40～60 s 后，开始形成{113}间隙原子团簇[图 7.3(a)]。最初形成的这些{113}型缺陷在 10 min 辐照之后，在其辐照中心区域会完全消失[图 7.3(b)]。然而，如果辐照时间延长至 20 min，细小的二次间隙原子团簇会再次出现[图 7.3(c)]。这些二次缺陷与最初形成的缺陷不同，呈现“甜面圈”(donus)圆环分布的衬度像。电子束辐照下出现的这种“甜面圈”双层环形状的缺陷分布图像，对于分析自间隙原子与空位的行为，可能有较大的意义。

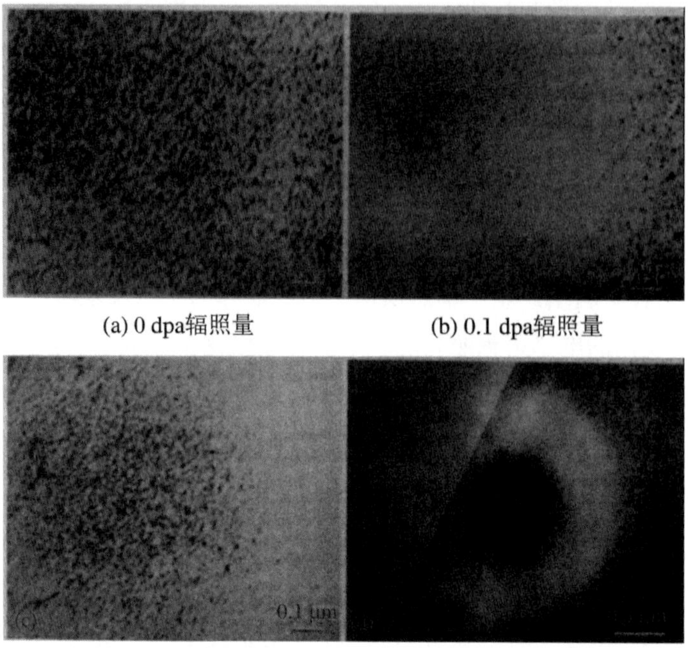

(a) 0 dpa辐照量　　(b) 0.1 dpa辐照量

(c) 0.28 dpa辐照量　　(d) 0.4 dpa辐照量

图 7.2　室温下注氦 1×10^{22} m^{-2}的 316 钢在 400 ℃下电子辐照时缺陷的变化

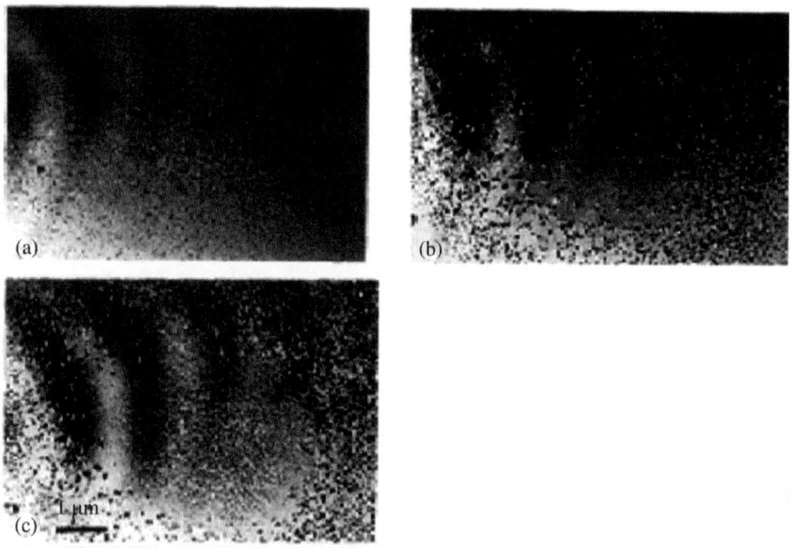

图 7.3　Cz-Si 样品较厚区域的缺陷团簇的变化

注:样品厚度为 600 nm,覆盖有二氧化硅薄膜。辐照温度为 250 ℃。辐照时间为(a) 2 min,(b) 15 min,(c) 27 min。1 MeV 时电子束电流为 3×10^{19} $cm^{-2}\cdot s^{-1}$。

7.2　利用电子束辐照方法测定空位迁移能

高压电子束辐照时产生的自间隙原子和空位的数量一样多。由于自间隙原子比空位更易移动，而且自间隙原子在晶体中造成的体积应变比空位的大，它与各种缺陷深阱的相互作用也比空位的强，因而在流向点缺陷阱位置（如位错环、晶界、表面等）的点缺陷中，自间隙原子的数量远远多于空位的数量。这样在电子辐照下，间隙型位错环将会吸收新的自间隙原子而不断长大，而空位型位错环则因吸收新的自间隙原子而不断缩小。图 4.6 所示为高压电镜观察下的间隙型位错环在电子辐照下长大的现象。

电子辐照下间隙型位错环的长大速度与空位迁移率有关。[6-8]通过测量间隙型位错环的长大速度，可以确定空位的迁移能。M. Kiritani 等研究了间隙型位错环的长大速度与空位迁移率的关系，提出了一个公式[9]：

$$\frac{\mathrm{d}R}{\mathrm{d}t} = C\exp\left(-\frac{E_{\mathrm{m}}}{2kT}\right) \tag{7.1}$$

式中，$\mathrm{d}R/\mathrm{d}t$ 为间隙型位错环的长大速度，C 为常数，E_{m} 为空位迁移能，k 为玻尔兹曼常数，T 为温度。这个公式虽然简单，但它是建立在这样一个假设上，即这些间隙型位错环位于离试样表面很远的地方，因而可以忽略试样表面对点缺陷的影响。因此，该公式不适用于那些离试样表面较近的位错环。

为此，笔者在考虑试样表面影响的前提下，曾推出过一个有关间隙型位错环长大速度与空位迁移能的新的关系式。[10]

在电子束辐照条件下，根据点缺陷的生成速率和可能的消失速率，可以推导出材料中的点缺陷浓度的变化。点缺陷的浓度变化可以表示为

$$\frac{\mathrm{d}C_{\mathrm{i}}}{\mathrm{d}t} = P - Z_{\mathrm{iv}}(M_{\mathrm{i}} + M_{\mathrm{v}})C_{\mathrm{i}}C_{\mathrm{v}} - Z_{\mathrm{id}}M_{\mathrm{i}}C_{\mathrm{sd}}C_{\mathrm{i}} - M_{\mathrm{i}}C_{\mathrm{si}}C_{\mathrm{i}} \tag{7.2}$$

$$\frac{\mathrm{d}C_{\mathrm{v}}}{\mathrm{d}t} = P - Z_{\mathrm{iv}}(M_{\mathrm{i}} + M_{\mathrm{v}})C_{\mathrm{i}}C_{\mathrm{v}} - Z_{\mathrm{vd}}M_{\mathrm{v}}C_{\mathrm{sd}}C_{\mathrm{v}} - M_{\mathrm{v}}C_{\mathrm{sv}}C_{\mathrm{v}} \tag{7.3}$$

式中，C_{i}、C_{v} 分别为自间隙原子浓度和空位浓度；M_{i}、M_{v} 分别为自间隙原子迁移率和空位迁移率；C_{si}、C_{sv}分别为试样表面对自间隙原子和空位的缺陷阱强度；Z_{id}、Z_{vd}分别为位错环对自间隙原子和空位的吸收截面积；C_{sd}为位错环等效的点缺陷阱的浓度；Z_{iv}为自间

隙原子和空位的相互吸收湮灭速率；P 为电子束辐照产生的弗伦克尔点缺陷对的生成速率；t 为时间。

当点缺陷浓度处于平衡状态时，有

$$\frac{dC_i}{dt} = \frac{dC_v}{dt} = 0 \tag{7.4}$$

将式(7.4) 代入式(7.3)和式(7.2)，有

$$(Z_{id}C_{sd} + C_{si})M_iC_i = (Z_{vd}C_{sd} + C_{sv})M_vC_v$$

或者写为

$$M_vC_v = \beta M_iC_i \tag{7.5}$$

这里

$$\beta = \frac{Z_{id}C_{sd} + C_{si}}{Z_{vd}C_{sd} + C_{sv}}$$

如果式(7.3)和式(7.2)中等号右边的第三项和第四项足够小，则可以忽略。而当位错环远离试样表面时，这种假设是合理的。于是式(7.3)和式(7.2)可简化为

$$P = Z_{iv}(M_i + M_v)C_iC_v \tag{7.6}$$

在一般情况下，$M_i \gg M_v$，式(7.6)或简化为

$$P = Z_{iv}M_iC_iC_v$$

则

$$M_iC_i = \frac{P}{Z_{iv}C_v}$$

上式代入式(7.5)，有

$$M_vC_v = \frac{\beta P}{Z_{iv}C_v}$$

故

$$C_v = \sqrt{\frac{\beta P}{Z_{iv}M_v}}$$

$$M_vC_v = \sqrt{\frac{\beta PM_v}{Z_{iv}}} \tag{7.7}$$

间隙型位错环的长大速度 $\mathrm{d}R/\mathrm{d}t$ 可以用下面的公式表示：

$$\frac{\mathrm{d}R}{\mathrm{d}t} = a(Z_{id}M_iC_i - Z_{vd}M_vC_v) \tag{7.8}$$

式中，a 为常数。将式(7.5)、式(7.7)代入式(7.8)，则有

$$\frac{\mathrm{d}R}{\mathrm{d}t} = a\left(\frac{Z_{id}}{\beta} - Z_{vd}\right)M_vC_v = C\exp(-E_m/2kT) \tag{7.9}$$

式中，C 为常数。

M. Kiritani 等提出的计算空位迁移能的式(7.1)，在研究中经常采用。[11-12] 由于此公式的前提是忽略试样表面影响，因此对于那些位于试样表面附近的位错环来说，该公式不能成立。也就是说，要利用式(7.9)计算空位迁移能，就必须知道所观察的位错环在试样厚度方向的位置。虽然在电镜实验中，可以采用立体观察法等来测定位错环在试样厚度方向的分布，但这将使电镜操作变得更加复杂。实际上，人们常常采取的方法是认为那些计算结果偏差太大的位错环离试样中心位置较远而舍弃不用，由此在一定程度上产生了实验结果的随意性。为了克服这一缺点，利用式(7.2)、式(7.3)，考虑试样表面对点缺陷的陷阱作用，即不再忽略式(7.2)和式(7.3)等号右边中第三项和第四项，推论出一个新公式。

由条件 $\mathrm{d}C_i/\mathrm{d}t = \mathrm{d}C_v/\mathrm{d}t = 0$ 和 $M_i \gg M_v$，从式(7.3)可得

$$\begin{aligned} P &= Z_{iv}M_iC_iC_v + Z_{vd}M_vC_{sd}C_v + M_vC_{sv}C_v \\ &= Z_{iv}(\beta M_v)(M_vC_v)^2 + (Z_{vd}C_{sd} + C_{sv})M_vC_v \end{aligned}$$

上式可改写为

$$\frac{A_1}{M_v}(M_vC_v)^2 + B_1M_vC_v - P = 0 \tag{7.10}$$

式中，A_1、B_1 均为常数。所以

$$M_vC_v = \frac{\left(-B_1 \pm \sqrt{B_1^2 + \frac{4PA_1}{M_v}}\right)M_v}{2A_1} = M_v\left(B_2 \pm \sqrt{B_2^2 + \frac{A_2}{M_v}}\right) \tag{7.11}$$

式中，A_2、B_2 均为常数。从式(7.8)和式(7.11)得到位错环长大速度为

$$\begin{aligned} \frac{\mathrm{d}R}{\mathrm{d}t} &= a(Z_{id}M_iC_i - Z_{vd}M_vC_v) = a\left(\frac{Z_{id}}{\beta} - Z_{vd}\right)M_vC_v \\ &= a\left(\frac{Z_{id}}{\beta} - Z_{vd}\right)\left(B_2 \pm \sqrt{B_2^2 + \frac{A_2}{M_v}}\right)M_v = \left(B_3 \pm \sqrt{B_3^2 + \frac{A_3}{M_v}}\right)M_v \end{aligned} \tag{7.12}$$

式中，A_3、B_3 均为常数。

式(7.12)可变形为

$$M_v\left(\frac{dR}{dt}\right)^2 - 2B_3\frac{dR}{dt} - A_3 = 0$$

或者为

$$A_0\exp\left(\frac{E_m}{kT}\right)\left(\frac{dR}{dt}\right)^2 - 2B_3\frac{dR}{dt} - A_3 = 0$$

令 $dR/dt = V$，上式可改写为

$$V^2\exp\left(\frac{E_m}{kT}\right) - VB_4 - A_4 = 0 \tag{7.13}$$

式中，A_4、B_4 为常数。假设 V_1、V_2、V_3 分别为温度 T_1、T_2、T_3 时的位错环长大速度，将这些数据代入式(7.13)，则有

$$V_1^2\exp\left(\frac{E_m}{kT_1}\right) - V_1^2B_4 - A_4 = 0 \tag{7.14}$$

$$V_2^2\exp\left(\frac{E_m}{kT_2}\right) - V_2^2B_4 - A_4 = 0 \tag{7.15}$$

$$V_3^2\exp\left(\frac{E_m}{kT_3}\right) - V_1^2B_3 - A_4 = 0 \tag{7.16}$$

由式(7.14)、式(7.15)、式(7.16)，可得

$$\frac{V_1 - V_2}{V_2 - V_3} = \frac{V_1^2\exp\left(\frac{E_m}{kT_1}\right) - V_2^2\exp\left(\frac{E_m}{kT_2}\right)}{V_2^2\exp\left(\frac{E_m}{kT_2}\right) - V_3^2\exp\left(\frac{E_m}{kT_3}\right)} \tag{7.17}$$

从 V_1、V_2、V_3、T_1、T_2、T_3 的实验值便可求得空位迁移能，并不再需要考虑位错环在试样厚度方向的分布情况。

为了方便，设$(V_1 - V_2)/(V_2 - V_3) = V_0 > 0$，上式又可写为

$$a_1\exp(E_m b_1) + a_2\exp(E_m b_2) - 1 = 0 \tag{7.18}$$

式(7.18)中

$$a_1 = \frac{V_1^2}{(1 + V_0)V_2^2}, \quad a_2 = \frac{V_0V_3^2}{(1 + V_0)V_2^2}$$

$$b_1 = \frac{1}{k}\left(\frac{1}{T_1} - \frac{1}{T_2}\right), \quad b_2 = \frac{1}{k}\left(\frac{1}{T_3} - \frac{1}{T_2}\right)$$

式(7.18)可以通过计算机的数值解法来求解,以下附注简单说明了求解过程。有时 E_m 会出现两个解,这是因为推导公式时使用了平方运算。此时需要根据 E_m 的物理意义来消除增根。

由于试样表面的影响在上面的推导过程中作为一个常量被引入而未被忽略,因此可以利用测到的三个温度下的位错环长大速度,在计算中消除表示试样表面影响的项,最后计算出空位迁移能。式(7.18)的推导过程其实就是消除这一试样表面影响项的过程。如果也忽略试样表面的影响,式(7.10)中的 B_1 则为 0,式(7.11)、式(7.12)、式(7.13)中的 B_2、B_3、B_4 也均为 0,式(7.13)就变成了式(7.9)。

由于考虑了试样表面影响,式(7.18)显然比式(7.9)优越,位错环在试样厚度方向的分布对计算结果的影响也小得多。只是在实验时,要求多测一个温度下的位错环长大速度。这比测定位错环在试样厚度方向的分布要简单得多。

但是式(7.9)中存在的尚未解决的其他一些问题在式(7.18)中依然存在。一些参数如 Z_{id}、Z_{vd}、P、C_{si}、C_{sv}、Z_{iv} 等都被作为常数处理,没有考虑温度等因素对它们的影响。还有条件 $M_i \gg M_v$,在纯金属中一般能够成立,但有时在某些合金中却会出现 $M_v > M_i$ 的情况。[13]

附注:

求解式(7.18),即求解空位迁移能时,可将其视为函数 $f(x)$ 如下:

$$y = f(x) = a_1\exp(xb_1) + a_2\exp(xb_2) - 1 \tag{A-1}$$

对式(A-1)求解一阶及二阶导数,可以分别得到式(A-2)和式(A-3),如下:

$$\frac{dy}{dx} = a_1 b_1\exp(xb_1) + a_2 b_2\exp(xb_2) \tag{A-2}$$

$$\frac{d^2y}{dx^2} = a_1 b_1^2\exp(xb_1) + a_2 b_2^2\exp(xb_2) \tag{A-3}$$

以上两式中,由于系数 a_1 和 a_2 均为大于 0 的数,因此函数的二阶导数大于 0,即函数曲线为上凹型。令一阶导数式(A-2)为 0,即可求得函数的极值点 x_0,如式(A-4),将此数值带入式(A-1)即可得到函数的最小值 $f(x_0)$。如果此最小值大于 0,则方程无解;如果最小值等于 0,则只有一个解,此解即为 x_0;如果最小值小于 0,则方程有两个解。

$$x_0 = \frac{\ln\left(-\frac{a_1 b_1}{a_2 b_2}\right)}{b_2 - b_1} \tag{A-4}$$

当 $f(x_0)$ 小于 0 时，首先找到使得 $f(x')$ 大于 0 的 x' 值，具体方法如下：

令 $P = x_0, Q = x_0 + R \cdot x_0, R = \pm 1$，首先求解当 $R = 1$ 时的情况，$f(Q)$ 的值。若 $f(Q)$ 仍然小于 0，则继续再增加一个增量 x_0，令 $P' = Q, Q' = Q + R \cdot x_0, R = 1$，以此类推，直至得到 $f(Q')$ 大于 0。注意此时的 $f(P')$ 小于 0，则此方程的解 x 位于 $P' < x < Q'$。令 $E = (P' + Q')/2$，比较 $f(P')$ 与 $f(E)$，如果两者同号，即都小于 0，则将 E 作为新的 P'，求 $E' = \frac{(P' + Q')}{2}$，继续比较 $f(E')$ 与 $f(P')$ 是否同号，直至出现两者异号的情况为止。

以上所述方法即所谓的最小二乘法。当最终的 E' 与 Q' 差值小于 0.0001 时即可认为此值即为方程的解。当 $R = -1$ 时，按照同样的求解思路可以得到方程的另一个解，利用方程的物理意义，可以将其中的一个解作为空位迁移能的正解。

7.3 利用低压电镜的电子束辐照研究位错环的一维迁移

在没有高压电镜的情况下，也可以开展一些类似的电子束辐照实验。根据式(3.45)，加速电压为 200 kV 的低压透射电子显微镜，能够在 Al 中产生辐照缺陷，如图 7.4所示。[14]

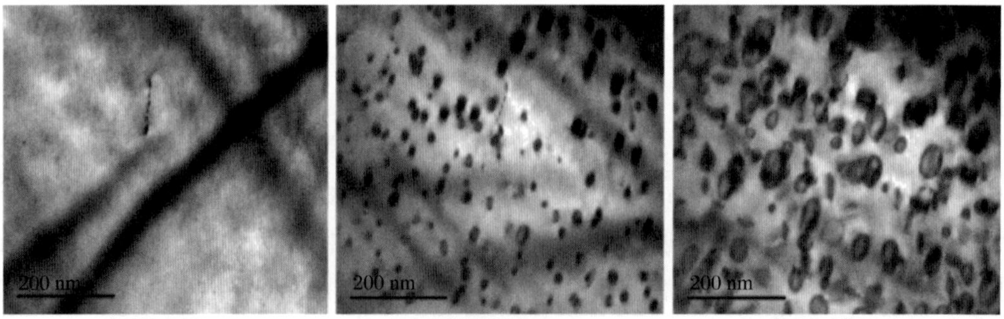

(a) 辐照时间0 min (b) 辐照时间10 min (c) 辐照时间30 min

图 7.4 在低压电镜中对纯铝进行电子束辐照时形成的位错环

首先笔者利用加速器对纯铝进行氢离子注入，以形成自间隙原子团簇，即间隙型位错环。然后对于氢离子注入后的纯铝中样品，进行电子束辐照，此时观察到了间隙型位错环的一维迁移现象，如图 7.5 所示。从图中可知，在 20 s 时间内，位错环沿着一维方向长距离迁移了 300 nm 左右。

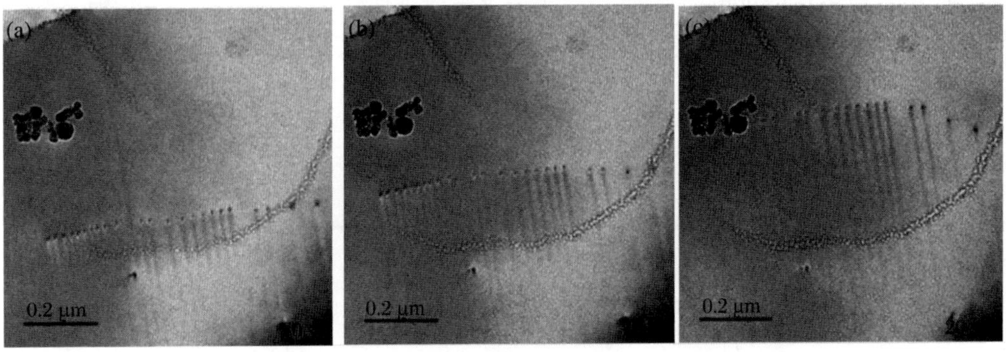

图 7.5　铝中的自间隙原子团簇的一维迁移

如图 7.5 所示，位错环在一维迁移过后会在其后方形成一条长长的运动轨迹。一维迁移的运动轨迹的形成与一维迁移速率有很大关系，只有超过某一速率时才能形成迁移轨迹，并且一维迁移速率越快，运动轨迹越长。在位错环后面形成的运动轨迹经过 30 s 左右会逐渐消失，恢复到位错环通过前的图像状态。这种运动轨迹的形成可能反映了在位错环一维迁移的过程中，位错环附近分布的氢原子被挤压到两侧所引起的应力场变化，而运动轨迹的消失表明这些氢原子又恢复了位错环通过之前的均匀分布状态。令人更感兴趣的问题是，在氦、氩等其他离子注入的铝中，能否也观察到这种位错环一维迁移引起的轨迹图像？如果可以，它们的轨迹图像需要多长时间才会消失？这些问题都需要等待今后的实验来解答。

观察中还发现，位错环的长程一维迁移不是一个匀速的过程，而是在不规则的时间间隔内的短程匀速运动，而不同的时间间隔中，位错环的迁移速率相差很大。因而，可以认为在位错环的迁移过程中，会被迁移路径中的杂质原子所捕获，然后再通过一定时间的电子辐照来获得足够的能量使位错环从杂质处脱附出来，进而再次进行一维迁移。而且，从上述轨迹的现象来看，氢似乎不会成为这种“拖一维迁移后腿”的杂质原子。

通过改变电子束斑中心的位置，即改变电子束辐照位置与位错环的相对位置，分析电子束辐照对位错环的一维迁移运动的影响。图 7.6 中，黑框表示电镜观察屏的位置，电子束斑中心位置移到观察屏下方。此时发现位错环总是朝着远离电子束斑辐照位置的方向进行一维迁移，也就是说，从点缺陷浓度高的地方向低的地方进行迁移。由此可以认为，点缺陷浓度的梯度分布，才真正是位错环发生一维迁移的推动力。[15] 或者说，即使位错环摆脱了柯垂尔气团的束缚，也还需要有自间隙原子浓度梯度的存在，才能实现位错环的一维迁移。低压电镜的电子束辐照，则是用来产生一维迁移所需要的点缺陷浓度梯度。如果将电子束斑迅速移到正在一维迁移的位错环的前方位置进行电子辐照，该位错环则会逐渐慢下来直至停止，甚至还会反方向进行一维迁移。倘若将电子束斑中心位置对准位错环，这些位错环则会静止，不会发生一维迁移。

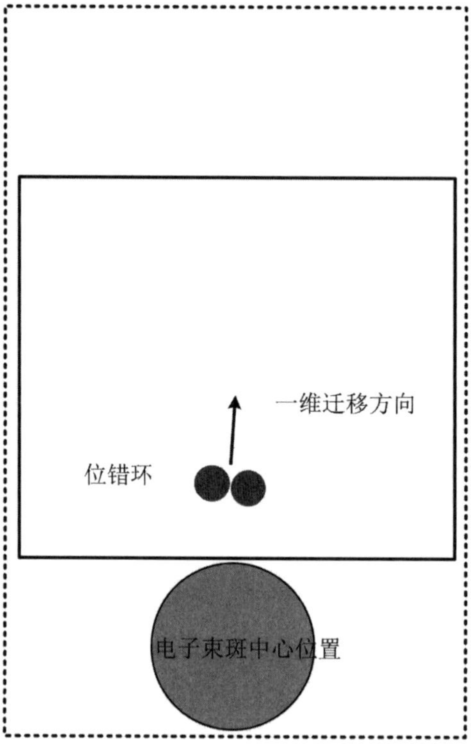

图 7.6　电子束斑位置与位错环一维迁移方向的关系

利用低压电镜，也可以在铍、镁等金属上进行电子束辐照实验。对于铍，$E_d = 21$ eV，在 200 kV 电镜下，可以获得的击出能量为 51 eV。对于镁，$E_d = 10.5$ eV，在200 kV电镜下，可以获得的击出能量为 19 eV。

另外非常有意思的是，利用 200 kV 的电子束原位辐照氟化钙(CaF_2)，还可以观察到空洞超点阵的形成。[16] 由于在 CaF_2 中以前就曾观察到过蜷线位错(helical dislocation)[17]，因此有可能在 CaF_2 中原位观察电子束辐照下螺型位错的蜷线化过程。2.9.3 小节讨论了螺型位错的蜷线化现象，虽然离子晶体 CaF_2 中的缺陷行为与金属中的情况有很大不同，但从辐照损伤基础研究角度来看，利用低压电镜对 CaF_2 进行电子束辐照的实验还是很有意义的。

7.4　离子辐照与离子加速器

1942年，Wigner就预言了核反应堆材料将会由于中子的辐照而产生辐照损伤。但当时核反应堆还没有建成，为了研究材料辐照损伤问题，美国的曼哈顿计划（Manhattan Project）开启了重离子辐照实验。由于辐照缺陷的复杂性，离子加速器的工作后来遇到很大困难，从20世纪60年代起，辐照损伤的工作逐渐转移到以超高压电子显微镜为主要手段的电子辐照方面。而此时离子加速器的工作则主要从事半导体材料的离子注入为主。20世纪60年代后期开始，快中子反应堆和聚变反应堆的开发研究逐渐兴起，随之而来的辐照脆性、辐照肿胀等材料辐照问题的日益突出，为了模拟中子辐照效应，重离子辐照实验在世界范围再次得到广泛应用，目前离子辐照已成为研究辐照损伤的主要手段。

例如，为了研究空洞，需要进行大剂量的辐照实验。如果要研究快中子增殖堆燃料包壳材料在全寿命期间承受的剂量为$10^{23}/cm^2$的快中子辐照，在材料实验反应堆中则需要10年左右的辐照时间。如果利用材料实验反应堆来研究核聚变堆的真空壁材料的辐照剂量，则需要几十年的辐照时间。这是因为中子辐照产生的损伤率比较小，只有10^{-6} dpa/s。若利用加速器（包括高压电镜）进行加速辐照，则可以在较短时间内实现上述同等的辐照剂量。因此，近年来，世界各地均在利用加速器进行大量模拟辐照实验。图7.7展示了各种辐照方法的损伤速率，可知在离子加速器的离子辐照、高压电镜的电子束辐照、反应堆的中子辐照这三种辐照方法中，离子辐照的损伤速率最大，中子辐照的损伤速率最小。

传统的离子辐照实验方法简单方便，容易控制，且能够实现很高的剂量率，但需要对辐照实验进行仔细规划，对辐照结果进行小心处理，才有可能能与低剂量率的中子辐照实验进行定量对比。[18]尤其是验证新材料的抗辐照肿胀性时，更应该在完全相同的离子辐照条件下对已知具有大肿胀量的材料（如316奥氏体不锈钢等）进行对比，才有数据的可靠性。

与中子辐照相比，离子辐照实验有以下四个优点：

(1) 辐照剂量大，能够在较短时间内获得所需的辐照剂量。从图7.7可知，一般在核反应堆上进行中子辐照实验常常需要几年时间，而加速器的离子辐照则只要几十小时即可。

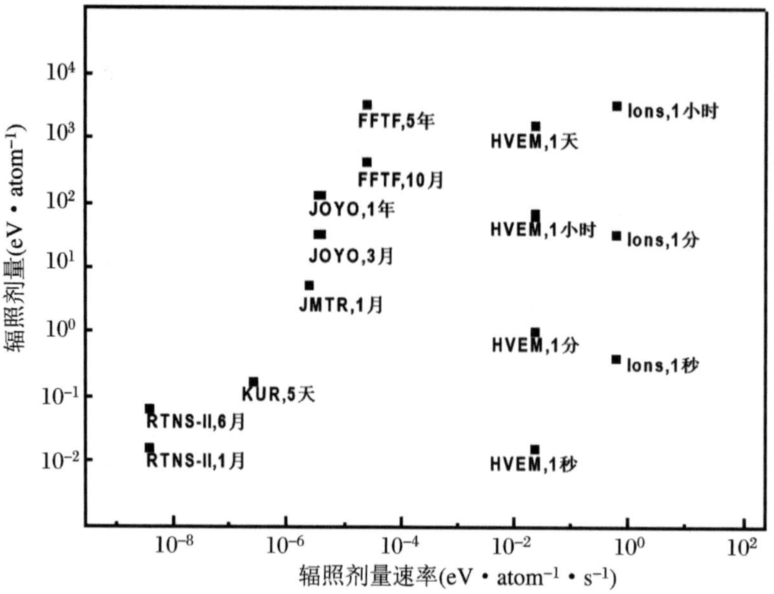

图 7.7　利用各种辐照方法的损伤速率

(2) 方便调整各种辐照参数，如辐照温度、辐照剂量、含氢量、含氦量等。

(3) 被辐照的材料很少产生诱发放射性，一般不需要热室设备。

(4) 辐照实验所需经费很少。

离子辐照实验有以下五个缺点：

(1) 由于辐照时间过短，难以考察那些与时间有关的材料变化，如材料的时效、新相的析出等。

(2) 实验数据与中子辐照的数据不完全一致，尤其是二者的辐照肿胀形成温度的偏差更为明显。

(3) 离子辐照下的缺陷分布与材料的厚度方向有关，而中子辐照可以在整个材料厚度方向产生均匀的缺陷分布。dpa 的计算比较麻烦。为了使得辐照损伤均匀分布，需要采用一些特别的方法。

(4) 离子进入材料后会产生多余的自间隙原子，以至过多地消耗空位，抑制空洞的形成。当采用自身离子(构成材料的离子)以外的元素进行辐照时，这些离子成为杂质。

(5) 利用离子进行辐照时，因为射程短，必须采用薄试样，从而容易受到材料表面的影响。此时表面不仅会对点缺陷产生很大的缺陷陷阱作用，也会影响位错的分布变化等。

从上述内容可知，离子辐照实验可以应用于辐照损伤的定性研究。例如，比较两种材料的抗辐照性能。

需要指出的是，没有人主张用离子辐照完全替代中子辐照，但部分人却常以此理由来批评离子辐照不能完全替代中子辐照。事实上，中子辐照的第一步就是中子将材料原子击打出晶格位置。而这个被击打出来的原子再去与其他材料原子碰撞的过程，其实就是离子辐照过程。因此，离子辐照实验结果与中子辐照实验结果是有较多可比性的。

我国离子加速器的工作在材料方面做得比较多的是有关半导体注入和表面改性等的研究，也开展了一些重离子辐照实验。

目前，离子加速器的最主要用途仍是在原子核物理学领域。作为材料辐照实验的工具，离子加速器还有许多应该完善的地方。当前，国际上新的趋势有以下两个：

趋势一：双束辐照实验。

为了研究核嬗变元素氢、氦等与辐照缺陷的相互作用，同时用两台离子加速器进行辐照实验是理想的操作方案：一台用来进行重离子辐照以产生缺陷，另一台则用来注入氢元素或氦元素。目前，已有科研团队开展基于三台加速器的三束辐照实验工作。

趋势二：辐照的原位观察。

将离子束引入电子显微镜内部，这样在离子辐照的同时，可以通过电子显微镜进行原位观察，研究辐照缺陷的动态变化。离子加速器如果与超高压电镜相联，还可以在离子辐照的同时，进行电子辐照，实验能力将大大加强。[19] 图 7.8 所示为日本北海道大学 1998 年搭建的由两台离子加速器与超高压电子显微镜组成的联合装置。由于高压电镜成本高昂，也可以将离子加速器与低压透射电镜连接在一起，同样能完成离子辐照效应原位观察与分析。

(a) 处于一楼高压电镜的控制台　　(b) 设置于二楼的离子加速器

图 7.8　超高压电子显微镜与离子加速器的联合装置

另外，这里介绍一种更加简单的类似原位实验的铜网遮挡辐照实验方法。利用高压电镜或者加速器与透射电镜的联合装置进行原位辐照实验时，由于辐照前后为同一区域，基本可以保证所观察的实验现象确实为辐照效应所引起。但是，在一般非原位的离子辐照实验中，需要通过对已辐照样品和未辐照样品进行对比，来分析可能存在的辐照效应。此时，常因所采用的两个样品本身存在材料不一致、热处理历史不一致等问题，致使数据分散，从而可能将这种分散性误认为是辐照效应问题。而利用铜网遮挡辐照实验，可以在很大程度上消除这一问题，故而可认为该铜网遮挡离子辐照（mesh-covered ion irradiation，MCII）是一种准原位的实验方法。

在铜网遮挡离子辐照的方法[20]中，将具有一定目数的铜网（或者钼网）覆盖在透射电镜薄膜样品上，然后进行离子辐照。这样，可以在同一个样品中产生多个辐照区域和未辐照区域的相邻区域，然后利用透射电镜观察并分析这些相邻区域，以获得类似原位辐照的实验结果。图 7.9 所示为晶界附近形成辐照区域和未辐照区域，用于分析晶界对辐照缺陷的影响。

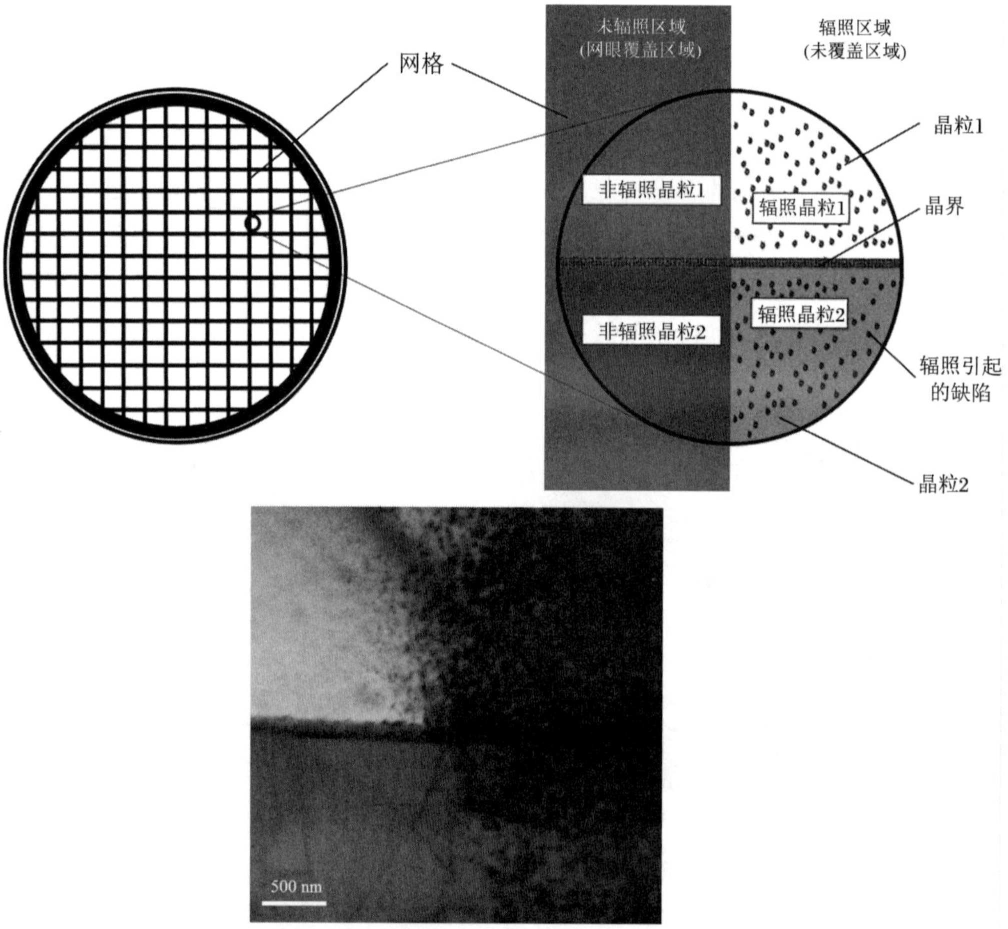

图 7.9　铜网遮挡离子辐照示意图(上)及透射电镜照片(下)

利用离子辐照时铜网遮挡的方法，可以在透射电子显微镜的同一个视场中同时产生辐照区和未辐照区，辐照边界清晰可见，达到了与超高压电镜原位辐照相似的效果。此时可以将辐照因素设定为唯一变量，从而在对辐照区域与未辐照区域进行对比时，基本可以排除两个区域的成分、热处理历史等的误差对实验结果的干扰。

为了研究界面对辐照效应的影响，可以采用如图 7.10 所示的试验方法。即在一个晶界附近，形成辐照区域（左边）和未辐照区域（右边）。由于这两个区域相邻，相距很近，因此可以基本排除二者之间存在材质差异或热处理历史差异。沿着测定路径，比较两个相邻区域的成分、结构以及析出相的不同，有可能会获得晶界对辐照缺陷影响的准确数据。

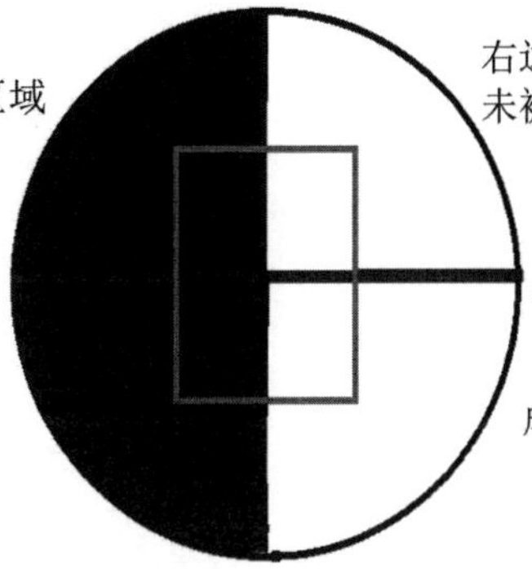

图 7.10　探索晶界对辐照缺陷的影响的试验示意图

在该试验中，首先制备透射电镜观察用薄膜样品，然后利用离子加速器对薄膜样品进行离子辐照。在离子辐照时，利用铜网覆盖薄膜样品，从而在薄膜样品中，受到铜网遮挡的部分形成未辐照区域，未被铜网遮挡的部分则形成辐照区域。然后，利用透射电镜，寻找晶界附近的辐照区域与未辐照区域的分界线。该试验的难点是，难以在晶界附近精准定位辐照区域与未辐照区域的分界线。但是，通过增加试验样品数量和透射电镜的试验时间的方法，是能够解决这个问题的。在图 7.9 中，从左向右延伸的黑色条纹是晶界，而右半部黑色区域是辐照区域，左半部则是未辐照区域。

除了采用铜网遮挡辐照试验之外，为了研究界面对辐照效应的影响，另一个关键问题是选择合适的材料合金体系。可以采用二元合金和三元合金作为样品，其选择标准为尽量采用这些元素的柯肯达尔效应之间存在较大差别的体系。例如，铁铝（Fe-Al）二元合金中，铁与铝两种元素的扩散系数相差 3 个数量级。另外，在铜网遮挡辐照试验中，选择合适规格（目数）的铜网，也是比较关键的问题。网眼太大（目数过少）或太小（目数过多），都会影响到后期透射电镜试验时，寻找到合适的辐照区域和未辐照区域的概率。研究发现获得理想实验效果的铜网目数为 400 目左右。

图 7.11 所示为 Fe-10wt% Al 合金在遮盖铜网注入氦离子后的透射电镜显微组

织。[20]此时，通过分析界面附近的成分变化，可以细致地分析界面对于辐照效应的影响。分析发现，在两个温度的辐照实验中，辐照区域的铝含量均要高于未辐照区域的铝含量。由于辐照区域的空位浓度要高于未辐照区域的空位浓度，两个区域的空位浓度差驱动着空位由辐照区域流向未辐照区域。铝原子的尺寸比铁原子大，迁移能更小，与空位有更强的亲和力，即柯肯达尔效应更强，因此导致铝原子从未辐照区域流向辐照区域，其结果使得辐照区域的铝含量高于未辐照区域。但是，随着离子辐照温度的升高，相邻区域的铝含量差别随之减小。随着温度升高，尽管空位扩散速度增加，但是未辐照区空位的热平衡浓度同样增加，那么辐照区与未辐照区的空位浓度差减小，空位从辐照区流向未辐照区的净数量减小。所以与 300 ℃相比，在 400 ℃时辐照区与未辐照区铝元素成分差别减小。

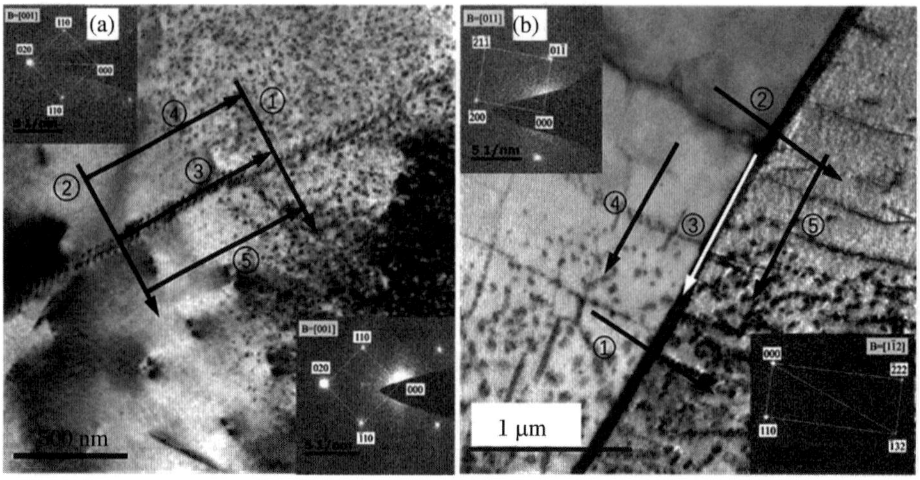

图 7.11　Fe-10wt%Al 合金遮盖铜网注入氦辐照后的透射显微组织

离子辐照温度为(a) 300 ℃和(b) 400 ℃。

对于理解材料中非常复杂的辐照效应现象的特点，离子辐照提供了不可缺少的科学价值。确实在许多方面，相对于中子束来说，离子束都更适合进行基础性研究。离子束的优点在于其在辐照实验中精准的控制能力和高度可操作性，如在离子能量、束流、离子种类等实验参数的变化等方面，从而可以系统地研究诸如 PKA 能谱、剂量速率、温度等单一参数效应。如前所述，离子束还可以进行原位辐照下的结构和化学研究，这一点中子辐照实验是做不到的。

当然，高辐照速率的离子辐照不能够完全模拟低辐照速率的中子辐照的所有情况。传统的离子辐照实验所具有的特点有：PKA 分布更宽（特别是低温碰撞时的概率显著不同）、单位 dpa 的离子化程度更高，以及近表面效应、注入离子引起的合金化效应等。离子辐照时的高比例的低能 PKA 事件将会增加初始缺陷产生效率，而非金属材料中的离子化程度的增高则会促进点缺陷的相互结合。在辐照速率对材料微观结构的影响方面，离子辐照与中子辐照也不同，因此不能简单地利用“温度迁移”来补偿辐照速率效应。由于这些差异，离子辐照实验只能在非常有限的条件下对中子辐照进行“模拟”。所以，离子辐照最重要的作用是对一些辐照损伤模型提供实验依据，加深人们对辐照损伤现象本质的理解，同时在宽泛的环境条件下对工程材料的耐辐照损伤性能作出初步评估。

一些研究利用离子束来研究材料辐照效应，如高辐照剂量时的肿胀行为，由于缺少进一步的分析，所报告的定量数据不一定准确。在所有的离子辐照材料中，都能观察到近表面的无缺陷区，而肿胀峰值区域、空位型位错环形成区域等都会靠近这些无缺陷区。当增加辐照温度或降低辐照速率时，由于缺陷复合主导的辐照条件更加显著，这一近表面无缺陷区的宽度会随之增加，高温时有可能达到 1 μm。注入离子产生的自间隙原子与空位的饱和浓度之间差异很大，所以在实验观察时应该避开那些靠近缺陷峰值区域的位置。

利用离子加速器进行离子注入(辐照)实验时，还有如下几个值得关注的实验现象：

如果采用气体离子注入，可能会出现气泡超点阵现象。[21]这种气泡超点阵与 4.3.3 小节的空洞超点阵有点类似。20 世纪 70 年代，金属中就发现了空洞超点阵和氦泡超点阵。空洞超点阵的晶格间距要大于氦泡超点阵的晶格间距。虽然已有一些解释，但现在仍不能确定它们的形成机制。

在金属中注入重惰性气体原子(氩、氪、氙)时，如果注入量足够大，即使是室温状态，也会形成纳米尺寸的晶体。这些纳米晶体具有与 FCC、HCP 金属基体相同的晶体结构，但晶格常数与基体不同，晶体方向与基体一致。这种纳米晶体被称为固态气泡(solid gas bubblc)，处于几个吉帕的高压状态，此时基体金属起着压力容器的作用。[22]值得注意的是，21 世纪之后，关于这种固态气泡的研究几乎不再出现，尚不知具体原因。

在室温下，利用离子加速器对纯铝透射电镜样品分别引入氢、氘、氦、氖、氩等气体形成气泡，然后在透射电镜的 200 kV 电子束辐照下，这些气泡内部产生了许多纳米尺寸的黑色斑点衬度像，其选区电子衍射花样由单晶斑点衍射花样变为多晶衍射环。[14,23]这一现象的原因可能是在电子束辐照过程中，气泡内高压气体出现等离子体化。当能量积累到一定程度后，突然发生等离子体熄灭，短时间内释放出大量能量，导致气泡周围的铝熔化后重新凝固，从而形成多晶结构；也可能是这些等离子体将气泡壁的铝原子溅射出来，并再度在壁上沉积，进而形成多晶铝。

7.5 中子辐照与材料实验反应堆

反应堆结构材料的中子辐照实验数据在工程上是不可缺少的。[24]电子辐照、离子辐照等实验只能在某种程度上弥补中子辐照的不足,但决不能代替中子辐照。最终可靠的数据还是要从中子辐照实验中获得。

材料的中子辐照实验数据的来源是,利用在反应堆上使用过的材料进行分析,或利用专门的材料试验反应堆进行材料试样的中子辐照,也可利用加速器中子源等进行辐照。

当前,许多国家都建有能够用于材料中子辐照实验的材料试验反应堆。例如,日本的 JMTR(Japan materials testing reactor),美国的 ATR(advanced test reactor)、HFIR(high flux isotope reactor)等。这种反应堆与一般反应堆不同,它们的中子通量往往比一般的反应堆大一两个数量级,因而可以极大缩短中子辐照实验的时间。不过即使在材料试验反应堆上进行材料中子辐照实验,所需的时间也得以年计。此外,中子辐照实验时对一些辐照条件(如温度、剂量等)难以控制,特别是研究辐照下的材料性能变化(如辐照蠕变)更加困难,一般都是从反应堆中取出试样,研究辐照后的材料性能变化。

材料的中子辐照实验的国际合作,已经有许多先例。例如,日本与美国之间的 JUPITER(Japan-USA program of irradiation test for fusion research)计划[25],欧洲与俄罗斯之间的 ARBOR 计划等。通过 JUPITER 计划,日本利用美国当时即将退役的反应堆 FFTR,进行了大量的材料辐照实验,获得了丰富的数据,虽然这个 FFTR 堆不是 14 MeV中子,但在快中子领域,也是束流最大的了。

除了对实用材料进行考核外,利用反应堆进行极低温中子辐照,对基础研究同样具有十分重要的意义。历史上,全球能够进行极低温中子辐照的装置最多时超过 10 台,如美国的阿贡国家实验室的 IPNS、日本原子能研究院的 3 号堆 JRR-3、日本京都大学的反应堆 KUR 等。由于反应堆退役等原因,其中大部分装置现在已经无法使用。另外,在反应堆中进行极低温中子辐照后,可在保持极低温状态的条件下,将辐照样品移入透射电子显微镜中,进行材料辐照损伤的结构分析,这种技术称为低温转移(cryo transfer)。利用低温转移装置,能够在真空低温状态下,将中子辐照后的样品从极低温中子辐照用试样台转移到透射电镜。当然,此时透射电子显微镜也必须具有液氦温度实验台。

对于那些已经退役的反应堆,在拆除过程中,对所使用过的材料的辐照效应进行分析，能够获得宝贵的材料辐照数据，并且花费较低。

我国的高通量工程实验堆于1982年建成，该反应堆可以进行材料的中子辐照实验，显著提升了我国的中子辐照研究能力。[26] 2010年，在中国原子能科学研究院建成了中国先进研究堆（China advanced research reactor，CARR）[27]，其最大未扰热中子注量率高于 1×10^{15} N/(cm^2 · s)。2011年建成的中国实验快堆（China experimental fast reactor，CEFR），是一个开展高剂量中子辐照的平台。但是，与我国发展需要相比，我国的中子辐照能力还比较弱，主要表现在缺乏辐照后材料分析（post irradiation experiment，PIE）的相应设施。至今为止，我国尚未开展极低温中子辐照实验。因此，积极开展材料中子辐照实验的国际合作，加强材料中子辐照实验的国际学术交流，对于加快我国核能发展具有十分重要的意义。

反应堆内的样品受到的加热主要来源于 γ 射线，而不是中子。可以通过调节 γ 射线加热与冷却剂冷却之间的平衡，进行温度控制。由于反应堆启动时需要缓慢提升输出功率，大型反应堆往往需要花费数天时间才能达到满功率状态。在反应堆启动和停止的过程中，γ 射线加热处于不充分状态，导致试样温度没有达到设定温度的状态，而此时试样已经开始受到中子辐照。对于固体内缺陷反应中形核、长大等典型现象来说，较低温度更有利于形核，较高温度更有利于长大。在 γ 射线加热的温度控制下，多数位错环是在反应堆输出功率上升时、低于设定的辐照温度下形成的，然后在设定的高温长期辐照中长大。反应堆启动时的辐照量虽然只占辐照总量的不到1%，但由于该辐照是在设定温度以下，从而对最终的结构变化有可能产生决定性影响。为了避免这一情况，需要设计特殊的控温装置，确保样品在反应堆输出功率上升的过程中，始终稳定处于所设定的高温状态，从而得到理想的辐照实验结果。[28]

在氘-氚聚变堆工作环境下，材料会受到中子能量为14 MeV、剂量高达200 dpa的辐照损伤[10^{22} n/(cm^2 · a)]，这一辐照量可能在材料中产生明显的辐照肿胀和辐照析出，从而使材料发生脆化以至失效。材料中会有10%的原子因高能中子的辐照而嬗变成其他元素，从而改变材料的合金成分。另外，在材料中还会产生大量的核嬗变产物氢、氦，这些氢、氦会在材料中形成氢泡和氦泡，成为材料脆化的又一个原因。在没有14 MeV中子源之前，人们只能利用核裂变反应堆的中子进行材料辐照实验，以分析中子辐照下材料中的缺陷形成过程，尽管这种辐照所获得的数据不足以提供建设核聚变堆所需的工程数据。

核聚变堆结构材料的辐照损伤研究所面临的最大问题是缺少能量为14 MeV的中子辐照源。作为14 MeV高能中子装置，美国LLNL（lawrence livermore national laboratory）具有世界最强的约 10^{14} n/s的加速器RTNS-Ⅱ（rotating target neutron source-Ⅱ）。日本利用RTNS-Ⅱ进行了聚变中子辐照的合作研究，有来自日本10所大学的约 20 个研究组参加，辐照剂量虽低（10^{22} n/m^2），但对几乎所有能够考虑到的材料，在很宽的温度范围内（－253～550 ℃），进行了数量巨大的辐照。

在中子束源 RTNS-Ⅱ的氚旋转靶中，由离子加速器加速的氘离子（480 keV，120 mA）与贴在旋转靶内侧的氚碰撞，引发核聚变反应，产生 14 MeV 的中子。与反应堆辐照不同的是，中子从有限区域（约 10 mmφ）呈放射状发射出来，从而可以在束源的外侧设置低温或高温的辐照装置，严格控制辐照条件。[28]

目前，国际上正在酝酿建造"国际核聚变材料辐照设施"（international fusion materials irradiation facility，IFMIF）。[29]

ITER 的目标是堆芯等离子体技术（燃烧等离子体，长时间燃烧）、堆工程技术（超导线圈，面向等离子体部件的制备，屏蔽、加热、电流驱动，氚操作、遥控维护技术等）。但是，ITER 能够实现的辐照量只有 3 dpa。相比之下，IFMIF 除了要获得用于 DEMO 的第一壁材料的辐照行为和设计所需的数据，还要建立与核裂变堆等的辐照数据的关联性，开展面向商用聚变堆的材料开发。

IFMIF 正是基于上述需求设计的方案。IFMIF 选用基于氘锂反应的中子源，其主要目标是对聚变示范堆的设计、建设、运行许可和安全运行中相关材料进行辐照测试。IFMIF 将通过使用两台分别能够提供能量40 MeV、流强 125 mA 的氘束的连续波直线加速器，为材料辐照实验提供稳定的、持续的束流条件。两束氘束合并后轰击液态喷射锂靶，其束斑尺寸为 5×20 cm^2，从而产生能谱峰值约 14 MeV、通量达 10^{18} n/(m^2・s)量级的中子束流。如果其中一台加速器不能正常使用，辐照测试依然可以利用上述通量一半的束流来进行实验；同时，候选样品在温度控制下进行辐照。在辐照实验区域，中子通量随着远离锂靶而下降，在辐照剂量最大的区域，中子通量将被表征为能够提供辐照区域内 0.1L@50 dpa/a 和 0.5L@20 dpa/a 的损伤产生率，这些值是辐照材料为铁化合物时确定出来的。假设设备的可使用性是 70%，该设备在全年运行的情况下，每年的移位损伤数是上述数值的 0.7 倍。鉴于 IFMIF 有限的实验空间，人们还需要研究如何使用小型化的样品。

IFMIF 的设计造价将会超过 10 亿美元，装置巨大且建设周期十分漫长，至今仍未能启动建造。IFMIF 面临的工程问题很多。例如，大气压下锂的沸点虽为 1342 ℃，但在加速器的 10^{-3} Pa 真空时的沸点却只有 344 ℃，如何控制离子轰击下的液态锂不发生气化，是一个不小的难题。目前，IFMIF 活动根据 OECD-IED 合作《关于核聚变材料的研究开发的实施协定》的附属文件Ⅱ"关于核聚变材料的辐照损伤实验"，由日本、欧洲、美国、俄罗斯等参与实施。1995—1999 年开展了概念设计活动，从 2000 年至今，开展了关键技术开发活动。我国尚未加入 IFMIF 项目的活动。

总之，聚变堆材料研究面临的强中子源辐照条件不足的情况，短期内难以得到缓解。

人们也在考虑其他的获得聚变能量中子的方法，例如我国正在开展氘打铍靶产生中子源的相关研究工作。

参考文献

[1] Fujita H. In situ experiments with high voltage electron microscopes[J]. Oyo buturi, 1987, 56(7):822-842.

[2] 藤田広志. 超高圧電子顕微鏡の灯をないがしろにするな[J]. 日本金属学会会報，1988, 27(11): 857-859.

[3] 下山宏，鷹岡昭夫，本田敏和，等. 超高圧電子顕微鏡[J]. 電子顕微鏡，2000, 35(1): 18-21.

[4] Ohnuki S, Takahashi H, Takeyama T, et al. Effect of hydrogen on defect cluster formation in electron-irradiatied austenitic stainless steel[J]. Journal of Nuclear Materials, 1985, 133-134: 459-462.

[5] Fedina L, Van Landuyt J, Vanhellemont J, et al. Observation of vacancy clustering in Si crystal during in situ electron in a high voltage electron microscope[J]. Materials Research Society Symposium Proceedings Res. Soc. Symp. Proc, 1996, 404: 189-194.

[6] Stathopoulos A Y, Murphy S M, Wood M H, et al. On the growth of dislocation loops in electron irradiated copper foils[J]. Journal of Nuclear Materials, 1982, 110(2-3): 301-308.

[7] Miller K M, Fisher S B, White R J. Interstitial loop growth in irradiated thin foils[J]. Journal of Nuclear Materials, 1982, 110(2-3): 265-276.

[8] Kiritani M, Yoshida N, Takata H, et al. Growth of Interstitial Type Dislocation Loops and Vacancy Mobility in Electron Irradiated Metals[J]. J. Phys. Soc. Japan, 1975, 38: 1677-1686.

[9] Kiritani M, Takata H, Moriyama K, et al. Mobility of lattice vacancies in iron[J]. Phil. Mag. A, 1979, 40: 779-802.

[10] 万发荣，肖纪美，袁逸. 利用电子束辐照方法测定空位迁移能的研究[J]，金属学报，1990, 26(2): 74-78.

[11] Kiritani M. Point Defects and Defect Interactions in Metals[C]//Takamura J, Doyama M, Kiritani M. [Proc. Conf.]. Tokyo: Tokyo University Press, 1982: 59.

[12] Phillipp F, Saile B, Urban K. Point Defects and Defect Interactions in Metals[C]// Takamura J, Doyama M, Kiritani M. [Proc. Conf.], Tokyo: Tokyo University Press, 1982: 261.

[13] Takahashi H, Urban K. Point Defects and Defect Interactions in Metals[C]// Takamura J, Doyama M, Kiritani M. [Proc. Conf.]. Tokyo: Tokyo University Press, 1982: 346.

[14] 李杰，高进，万发荣. 电子束辐照下的注氘铝的结构变化[J]. 物理学报，2016, 65(2): 266-272.

[15] Li R R, Yi X O, Han W T, et al. Micron-scale 1D migration of interstitial-type dislocation loops in aluminum[J]. Materials Characterization, 2023, 203: 113-149.

[16] Ding T H, Zhu S, Wang L M. In situ TEM study of electron beam stimulated organization of three-dimensional void superlattice in CaF_2[J]. Microscopy and Microanalysis, 2005, 11(S2): 2064-2065.

[17] 冯端,丘第荣. 金属物理学第一卷・结构与缺陷[M].北京:科学出版社,1987:317.

[18] Zinkle S J, Snead L L. Opportunities and limitations for ion beams in radiation effects studies: bridging critical gaps between charged particle and neutron irradiations[J]. Scripta Materialia, 2018, 143:154-160.

[19] Takeyama T, Takahashi H, Ohnuki S, et al. Dual irradiation facility of HVEM/ion－accelerator [C]// Proceedings of the 11th International Congress on Electron Microscopy. Kyoto: Japanese Society of Electron Microscopy, 1986.

[20] Zhang L, Du Y F, Han W T, et al. An approximate in-situ method for investigating irradiation damage of grain boundary[J]. Nuclear Materials and Energy, 2021, 29: 101056.

[21] Zhang Y F. A review of void and gas bubble superlattices self-organization under irradiation [J]. Fronties in Nuclear Engineering, 2023, 2:1110549.

[22] Donnelly D S, Evans J H. Fundamental Aspects of Inert Gases in Solids[M]. New York: Plenum Press, 1991.

[23] 杜玉峰,崔丽娟,李金升,等. 铝中气泡在电子束辐照下的异常放热现象[J]. 物理学报,2018,67(21):277-283.

[24] Чыконов В А, Самсонов Б В. 高中子通量反应堆中的材料辐照技术[M].米绍曾,等译. 北京:原子能出版社,1981.

[25] 我が国における核融合の歴史と将来展望[J].プラズマ核融合学会誌:特集号,2008,48:001-100.

[26] 《当代中国》丛书编辑部. 当代中国的核工业[M].北京:中国社会科学出版社,1987.

[27] 王玉林,朱吉印,甄建霄. 中国先进研究堆应用及未来发展[J]. 原子能科学技术 2020, 54(A1):213-217.

[28] 桐谷道雄. 電子顕微鏡法による中性子照射損傷研究の現状(1)[J]. 電子顕微鏡, 1992, 27(2):101-110.

[29] 杉本昌義. IFMIF 計画-核融合材料開発のための大強度重陽子加速器[C]. 日本筑波:高エネルギー加速器セミナー OHO05, 2005: 22-25.

第8章

晶体缺陷的主要表征方法

晶体缺陷的物理形态描述虽然比较简单，但是要通过实验来验证却不是一件简单的事情。常用的点缺陷实验方法有透射电镜观察、比热容、热膨胀、淬火-退火、正电子湮灭等。本章介绍几种主要的表征方法。

8.1 透射电子显微镜

第7章介绍了透射电子显微镜作为电子束辐照手段的内容。本章将简单介绍透射电子显微镜作为材料微观结构分析手段的内容。这一内容在许多介绍透射电子显微镜的书籍中都有详细叙述，这里只涉及有关晶体缺陷分析的内容。

透射电镜是观察位错等晶体缺陷的最好方法。透射电镜不仅仅是一个用于观察材料微观结构的放大镜，还能同时反映出这些微观结构的衍射信息。它的这个特点尤其反映在位错缺陷的观察之中。通过选择透射电镜所具有的物镜光阑和选区光阑，改变衍射条件，可以得到同一位错的不同图像，这种图像又称为衍衬像。从位错的衍衬像，可以分析位错的晶体学特征，如柏氏矢量等。

透射电镜的成像原理一般主要是质厚衬度像和衍射衬度像(还有相位衬度像，这里不讨论)。利用样品对于透射电子的吸收差异获得的是质厚衬度像。这种像的亮度差异来自样品厚度或质量的不同，如有无析出物等。质厚衬度像的原理很容易理解，与透射光学显微镜的成像原理一样。在生物领域应用透射电镜时，观察的一般都是质厚衬度像。这些生物样品没有晶体结构，不会产生衍射现象。此时，通过让生物样品吸收各种金属离子(染色)，使其吸收电子的能力出现明显差异，从而获得质厚衬度像。在观察具有晶体结构的金属样品时，除了可以获得质厚衬度像之外，更重要的是可以获得衍射衬度像。人们常说的，“透射电镜不仅仅是一个放大镜”，指的就是具有这种能够随着衍射条件发生变化的衍射衬度像的特点。位错图像就是一种衍射衬度像。

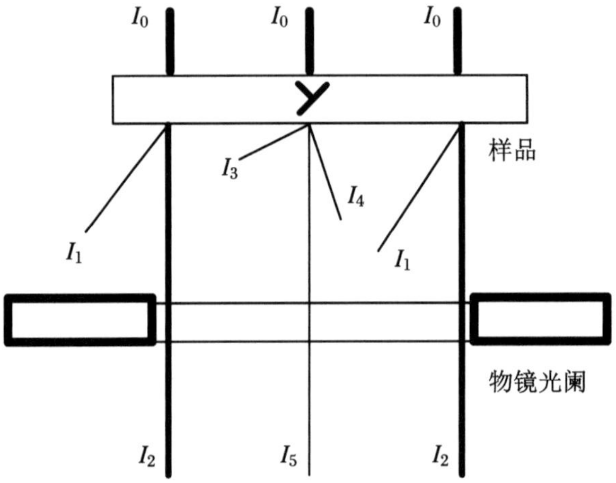

图 8.1　透射电镜观察位错时的衍射衬度像原理

在出现位错的区域与附近无位错区域，其原子质量和厚度完全一样，对于电子的吸收能力没有差别，不会产生质厚衬度。那么，透射电镜是如何观察到位错的呢？图 8.1 所示为透射电镜观察位错时的衍射衬度像原理。入射到样品上的电子束 I_0 强度处处相同，电子束 I_0 穿过薄膜样品后，则会形成透射束和衍射束。在无位错区域，假定透射束为 I_2，衍射束为 I_1。不考虑样品对于电子束的吸收，则有 $I_0 = I_1 + I_2$。而有位错区域，衍射条件可能发生变化，假如此时出现 2 个衍射束 I_3、I_4，透射束为 I_5，此时，$I_0 = I_3 + I_4 + I_5$。透射电镜的一大特点是具有物镜光阑(实际孔径非常小)。利用这个物镜光阑，可以只让透射束通过，而将其他方向的衍射束全部遮挡掉。这样，无位错区域的透射束强度 I_2 与有位错区域的透射束强度 I_5 就出现不同，即产生所谓的衍射衬度像。当然，如果无位错区域与有位错区域的衍射状态都一样(即衍射矢量 $\boldsymbol{g}$ 与位错柏氏矢量 $\boldsymbol{b}$ 满足条件 $\boldsymbol{g} \cdot \boldsymbol{b} = 0$),没有受到位错的影响,这个位错就不会产生衬度像,即位错像消失。

透射电镜在辐照损伤研究中,具有 4 个明显的优点:容易观察位错;容易观察空洞;可以分析晶体结构;可以分析化学成分。同时具有 1 个明显的缺点,即必须获得薄膜样品。

前面指出过,位错的偏压对于材料辐照肿胀性能具有十分重要的作用。因此在辐照损伤研究中,需要对位错性质进行详细的分析。

透射电镜的高分辨能力使其能够观察尺寸小到几个纳米的空洞。

能谱装置可以分析成分变化。

电子衍射功能可以分析晶体结构的信息。

由于电子要穿透样品,因此对样品的厚度有严格要求,一般要求几十纳米。这样的薄膜样品中的缺陷行为必然会受到样品表面的影响,从而与块体样品变现不一样。这个缺点是在利用透射电镜进行材料研究时必须牢记的。

关于辐照空洞的实验,最多的还是透射电镜观察,从空洞尺寸及其分布,可以获得对于核反应堆材料最为重要的肿胀(材料的膨胀)数据。通过对透射电镜照片上的空洞进行计数,就可以得出材料辐照肿胀的数据。不过,进行透射电镜观察实验时,奥氏体钢与铁素体钢的难度差异很大。因为铁素体钢的样品常带有磁性,对获得清晰的透射电镜照片带来很大难度。

利用透射电镜测量空洞尺寸与密度时,有以下几个缺点:

(1) 测量区域的样品厚度不准确。

(2) 厚度方向的缺陷分布不均匀。

(3) 辐照肿胀的潜伏期更为重要,但此方法难以获得潜伏期的数据。因为空洞太多时,厚度方向的空洞叠加在一起,测量时难以分辨开来。因此该方法所能够测量的最大肿胀率一般不能超过 10%。

近来随着聚焦离子束(focused ion beam,FIB)技术的普及,可以方便地从辐照材料上切取透射电镜观察用样品,对于离子辐照和中子辐照的样品分析都具有很大的促进作用。

透射电子显微镜是分析材料辐照损伤缺陷行为最合适、最直观的手段。由于这一研究需要大量的人力投入,非常适合我国现在的国情。我们有能力在该领域展开“人海战术”,因为我们不仅拥有足够数量的透射电镜,还拥有足够数量的能够操作透射电镜的科研人员(包括在读研究生)。

判定材料中形成的缺陷团簇性质,即判定所形成的是间隙型位错环还是空位型位错环,对于理解辐照损伤的机理来说非常重要。判定位错环性质最有效的方法是透射电镜观察法。在利用透射电镜判定位错环性质时，多采用 inside-outside 方法[1]。

利用电子显微镜观察位错环时，根据衍射条件偏离布拉格衍射条件的情况，位错的衬度像会出现在位错芯的左侧或右侧。这种衬度像的偏移取决于$(\boldsymbol{g} \cdot \boldsymbol{b})s$ 的符号，这里的 $\boldsymbol{g}$ 为反射矢量，$\boldsymbol{b}$ 为位错柏氏矢量，s 为偏离布拉格衍射条件的参量。

如果以荧光屏上观察的像为准，按位错线方向 $\boldsymbol{u}$ 的左侧和右侧定义左右，当采用 FS/RH(finish-start/right-hand)法定义位错柏氏矢量时，则有以下关系：

$(\boldsymbol{g} \cdot \boldsymbol{b})s > 0$ 时，位错衬度像出现在位错线的右侧

$(\boldsymbol{g} \cdot \boldsymbol{b})s < 0$ 时，位错衬度像出现在位错线的左侧

在观察位错环衬度像时，一般将位错环平面的法线方向 $\boldsymbol{n}$ 定义为朝上的方向，即从荧光屏到电子源的方向。如图 8.2(a)所示。

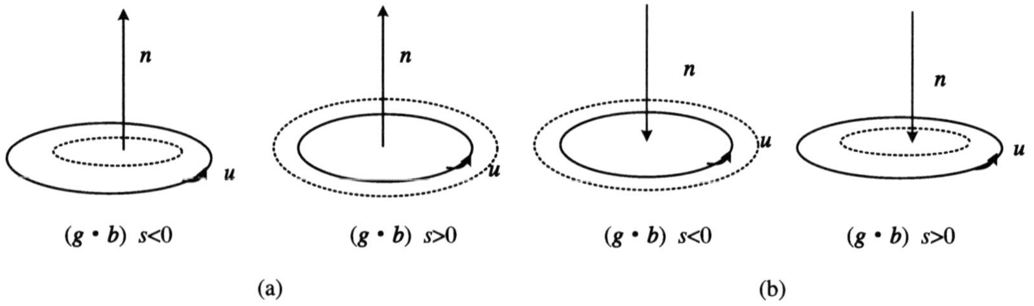

图 8.2 衍射条件下位错环衬度的 inside-outside 变化

注：虚线为位错环衬度像的位置，实线为位错环投影圆的位置。

按照以上规律，可知：

当$(\boldsymbol{g} \cdot \boldsymbol{b})s<0$ 时，位错环的衬度像出现在位错环投影圆的内侧(inside)。

当$(\boldsymbol{g} \cdot \boldsymbol{b})s>0$ 时，位错环的衬度像则出现在位错环投影圆的外侧(outside)。

即

$(\boldsymbol{g} \cdot \boldsymbol{b})s < 0$ —— inside

$(\boldsymbol{g} \cdot \boldsymbol{b})s > 0$ —— outside

如果将位错环平面的法线方向定义为朝下，如图 8.2(b)所示。根据 FS/RH 法定义所得的位错柏氏矢量 $\boldsymbol{b}$ 将会与 $\boldsymbol{n}$ 定义为朝上时的 $\boldsymbol{b}$ 刚好相反。此时，位错衬度像出现在位错线左、右侧的规律仍与前面一致，但 inside-outside 规律则刚好相反，即

$(\boldsymbol{g} \cdot \boldsymbol{b})s < 0$ —— outside

$(\boldsymbol{g} \cdot \boldsymbol{b})s > 0$ —— inside

利用这种位错环衬度像在位错环投影圆内侧或外侧出现的现象就可以判定位错环的性质。

上述方法又称为两步法，不少文献作过介绍[2-3]，这里简单作下说明，所谓两步法是指在电镜试验中有两个步骤：

步骤 1：确定对应于某个反射 $\boldsymbol{g}$ 的 $(\boldsymbol{g}\cdot\boldsymbol{b})s$ 符号；

步骤 2：确定位错环平面倾斜状态。

在步骤 1 时，为了获得良好的位错环衬度像，需要选择 $s>0$。因而，此时衬度像的变化就取决于 $(\boldsymbol{g}\cdot\boldsymbol{b})$ 的符号。对于某组 $\boldsymbol{g}$ 以及 $-\boldsymbol{g}$，观察双束近似下位错环衬度像，较小的位错环对应于 $(\boldsymbol{g}\cdot\boldsymbol{b})s<0$，较大的则对应于 $(\boldsymbol{g}\cdot\boldsymbol{b})s>0$。但是，只从这种衬度变化还不能确定位错环类型。如图 8.3 所示，间隙型位错环[图 8.3(a)和(b)中右侧的位错环]和空位型位错环[图 8.3(a)和(b)中左侧的位错环]的 inside-outside 衬度变化就完全相同，但这 2 个位错环的位错面法线 $\boldsymbol{n}$ 不相同。值得注意的是，位错面法线 $\boldsymbol{n}$ 与柏氏矢量 $\boldsymbol{b}$ 形成的角度 α 有可能不等于 0，也不等于 π，也就是说所观察到的位错环有可能不是纯刃型的。

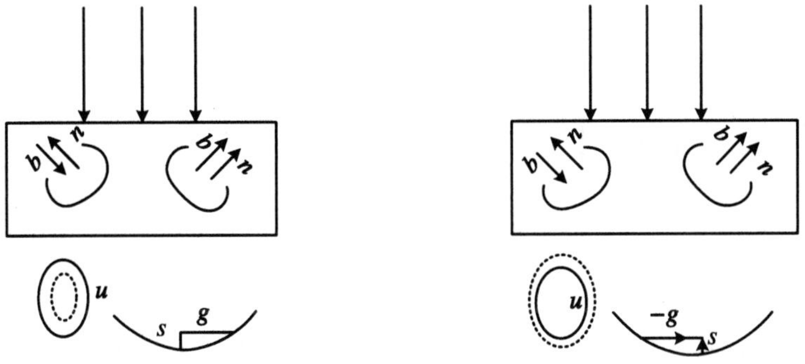

(a) inside $(\boldsymbol{g}\cdot\boldsymbol{b})\ s<0$　　(b) outside $(\boldsymbol{g}\cdot\boldsymbol{b})\ s>0$

图 8.3　空位型位错环(左侧)与间隙型位错环(右侧)的衬度像的差别

注：虚线为位错环衬度像的位置，实线为位错环投影圆的位置。

从上述可知，由衬度变化只能得到 $(\boldsymbol{g}\cdot\boldsymbol{b})$ 的符号，但还不能确定位错环的性质。此时必须确定位错环平面的倾斜状态，这就是步骤 2 的目的。

在试样倾转时，位错环像的椭圆度也会发生变化，从这种变化可以确定位错环平面的倾斜状态。这里要搞清菊池线的移动与试样倾转的关系，如图 8.4 所示。

具体来说，选定一个 $\boldsymbol{g}$，倾转试样，使菊池线离开中心。由图 8.5 所示可知，随着试样的倾转，位错环的像如果逐渐变圆，则 $(\boldsymbol{g}\cdot\boldsymbol{n})>0$；如果逐渐变得细长，则 $(\boldsymbol{g}\cdot\boldsymbol{n})<0$。当然，这一结论与 $\boldsymbol{n}$ 的朝向相关。

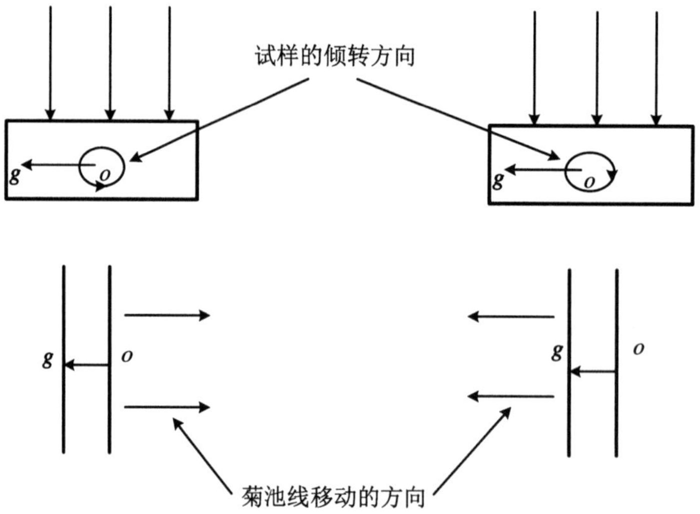

图 8.4　试样倾转与菊池线移动之间的关系

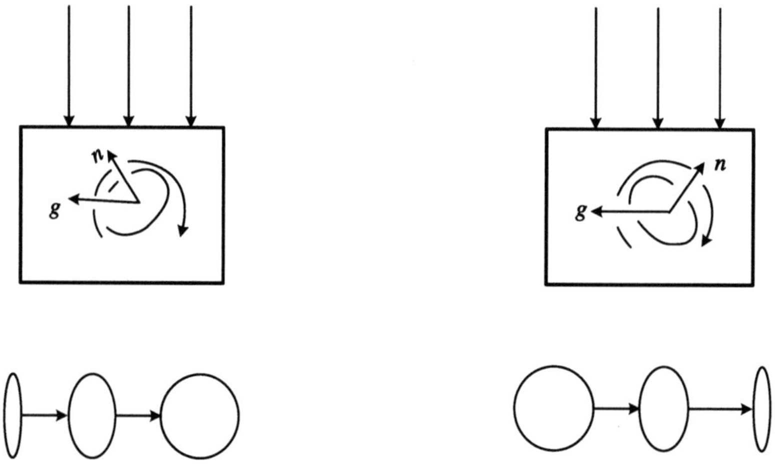

图 8.5　试样倾转时位错环衬度变化与($g\cdot n$)的关系

但两步法中的步骤 2 在透射电镜实验中存在一定难度，若试样的倾转轴与位错环平面的法线的角度较小，则位错环像椭圆的变化也不会太大，因此实验时较难确定位错环平面的倾斜状态。

如果用上述方法难以确定位错环的平面法线 $\boldsymbol{n}$，可以尝试使用接下来的两种方法，也许会有所帮助。

方法 1：倾转位错环到与入射电子束平行的方位，即 $\boldsymbol{n}\cdot\boldsymbol{B}=0$ 的方位，此时位错环的投影为线状，与此线垂直的方向即为 $\boldsymbol{n}$ 的方向，此方向的指数可由所对应的衍射斑得到。

方法 2：通过确定位错环面上的某些特征的真实方向来确定 $\boldsymbol{n}$。

下面介绍位错环性质判定的一步法。

位错有刃型位错、螺型位错以及包含前两种的混合位错。在辐照损伤研究中经常观察到的是由点缺陷聚集而成的刃型位错环。了解这点对于判定位错环的工作十分重要。

所谓刃型位错环，是由间隙原子或空位聚集成的圆板状的二次缺陷。如果用FS/RH法定义刃型位错环的柏氏矢量，其结果则如图8.6所示。对于刃型的间隙型位错环，其 $\boldsymbol{n}$ 与 $\boldsymbol{b}$ 同向平行；对于刃型的空位型位错环，其 $\boldsymbol{n}$ 与 $\boldsymbol{b}$ 反向平行。换句话说，刃型的空位型位错环有 $\boldsymbol{b}\cdot\boldsymbol{n}=-1$；而刃型的间隙型位错环则有 $\boldsymbol{b}\cdot\boldsymbol{n}=1$。

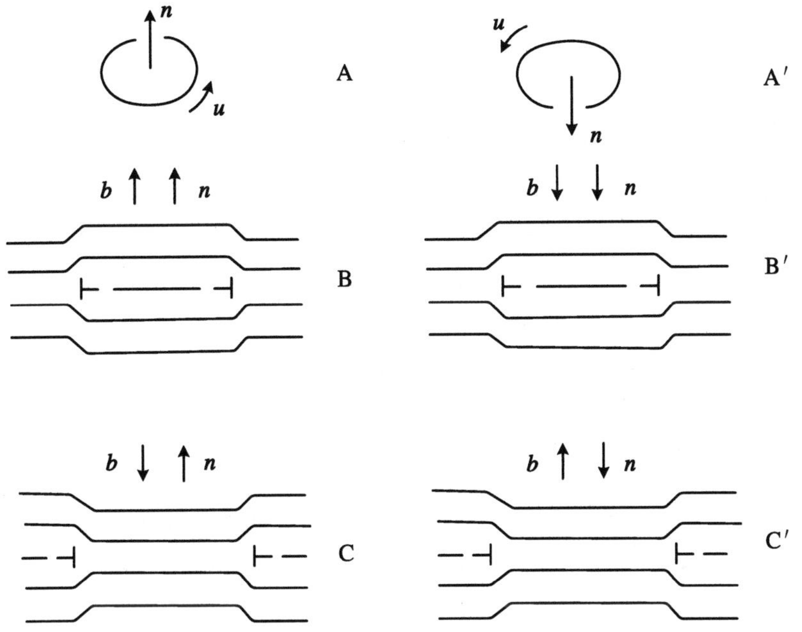

图8.6　不同类型的位错环的 $\boldsymbol{b}$ 与 $\boldsymbol{n}$

注：位错环平面法线 $\boldsymbol{n}$(A,A′)、间隙型位错环(B,B′)与空位型位错环(C,C′)。

利用刃型位错环的这一性质判定位错环性质时，就不需要两步法中的步骤2了。一步法在文献[4]中简单介绍过，下面对其作具体介绍。

对于某一衍射花样，利用一些 $\boldsymbol{g}$ 和 $-\boldsymbol{g}$ 进行双束近似条件下的观察。此时位错环衬度像的 inside-outside 变化如下：

$$(\boldsymbol{g}\cdot\boldsymbol{b})s<0 \quad —— \quad \text{inside}$$
$$(\boldsymbol{g}\cdot\boldsymbol{b})s>0 \quad —— \quad \text{outside}$$

由这些位错环衬度像的变化，可知($\boldsymbol{g}\cdot\boldsymbol{b}$)的符号，从而根据 inside-outside 变化的程度与绝对值成比例的关系来正确地判定位错环的柏氏矢量。同时，从衍射花样可以确定电子束方向 $\boldsymbol{B}$(确切地说，就是试样的法线方向，即从试样到电子束源的方向)。由图8.7

所示可知，由于 $\boldsymbol{n}$ 总是朝上，$\boldsymbol{b}\cdot\boldsymbol{B}>0$ 时是间隙型位错环，$\boldsymbol{b}\cdot\boldsymbol{B}<0$ 时是空位型位错环，从而可以判定位错环的性质。

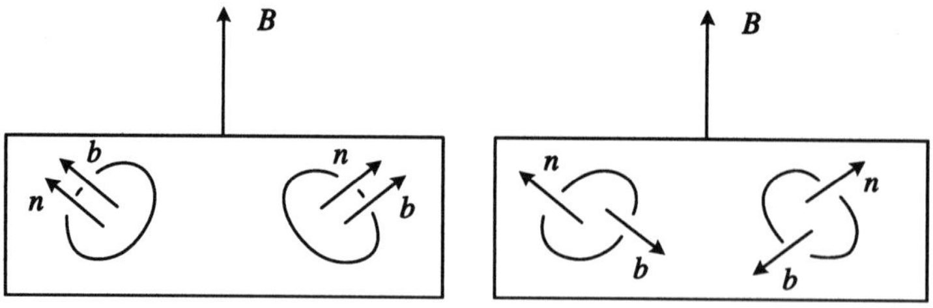

图 8.7 $(\boldsymbol{b}\cdot\boldsymbol{B})$与位错环类型的关系

这样，即使是不知道位错环平面的倾斜状态，如果知道柏氏矢量 $\boldsymbol{b}$ 和电子束方向 $\boldsymbol{B}$，就可以判定位错环的性质。

一步法虽然简单，但如果衍射斑点的指数标定有误的话，就无法正确判定位错环的性质；如果衍射斑点旋转 180°，衍射斑点的 $\boldsymbol{g}$ 就变成了 $-\boldsymbol{g}$，从而所判定的位错环的性质就刚好相反。衍射斑点的指数标定必须根据菊池线图来进行。在获得两个以上的衍射花样后，根据这些衍射花样的相互位置，从菊池线图来标定衍射斑点指数并不困难。需要注意的是，各书的菊池线图的制作方法可能不同，其中的指数的意义也可能不同。选择菊池线图时要特别小心。

一步法还需注意应尽量利用同一个衍射花样来进行观察。也就是说，尽可能不要变化 $\boldsymbol{B}$。如果已有的 $\boldsymbol{B}$ 不能确定 $\boldsymbol{b}$，需要在别的 $\boldsymbol{B}$ 中进行 inside-outside 观察时，要注意下述问题。

如图 8.8 所示，当从 $\boldsymbol{B}_1$ 到 $\boldsymbol{B}_2$ 倾转试样时，$\boldsymbol{B}_1$ 朝上的 $\boldsymbol{n}$ 在 $\boldsymbol{B}_2$ 时有可能变为朝下。前文已提到，对应朝上的 $\boldsymbol{n}$ 有：

$$(\boldsymbol{g}\cdot\boldsymbol{b})s<0 \quad \text{——} \quad \text{inside}$$
$$(\boldsymbol{g}\cdot\boldsymbol{b})s>0 \quad \text{——} \quad \text{outside}$$

对应朝下的 $\boldsymbol{n}$ 有：

$$(\boldsymbol{g}\cdot\boldsymbol{b})s>0 \quad \text{——} \quad \text{inside}$$
$$(\boldsymbol{g}\cdot\boldsymbol{b})s<0 \quad \text{——} \quad \text{outside}$$

利用多个 $\boldsymbol{B}$ 进行 inside-outside 观察时，要仔细考虑这种 $\boldsymbol{n}$ 的朝向发生变化的可能性，否则就有可能得不到正确的判定结果。当 $\boldsymbol{n}$ 的朝向发生变化时，对应的柏氏矢量也变为相反的朝向，如果在观察的多个 $\boldsymbol{B}$ 中位错环出现翻转情况，即 $\boldsymbol{n}$ 朝向变化，可以通过这一朝向变化的位置来确定 $\boldsymbol{n}$。[5]

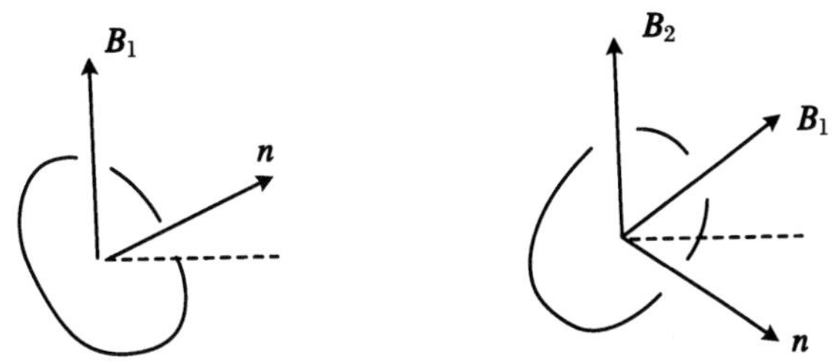

图 8.8　试样倾转时位错环平面法线 $\boldsymbol{n}$ 的变化

对于尺寸很小的位错环,无法观察到 inside-outside 的衬度像变化。不过此时的小位错环一般会呈现出半边黑半边白,即 black-white 的衬度像。这种 black-white 衬度像也会随着衍射条件的变化而发生变化。通过分析这些变化,同样可以判定这些小位错环是间隙型还是空位型。[4]另外,若已知位错环性质,需要确定位错环的柏氏矢量的时候,如需要判定 BCC 材料中的自间隙型位错环柏氏矢量是 $\boldsymbol{b}=\langle 100\rangle$,还是 $\boldsymbol{b}=\frac{1}{2}\langle 111\rangle$ 时[6],透射电镜的观察操作就简单的多。

需要注意的是,如果采用 SF/PH 定义法,则 inside-outside 和 $\boldsymbol{b}\cdot\boldsymbol{n}$ 的变化规律刚好与上述内容相反。

8.2　电阻测量法

电阻测量法是一种比较简单且精度较高的实验方法。在电阻测量法中,只要将金属样品变细或变薄,通上电流,测量其中的电压降即可。从金属中晶体缺陷研究的角度来看,目前还没有比电阻测量更简便的方法。有的物质的电阻大小变化幅度可能达到 20 个数量级。电阻属于结构敏感的性质,只要稍微出现晶格变形,就可以被测量出来。不过,电阻测量法只能得到关于材料中缺陷的宏观信息,不可能像电子显微镜那样获得微观的缺陷形态。然而与其他测量方法相比,电阻测量法测量精度高,容易捕捉金属内的微小变化。尤其是对于晶体缺陷的研究,所研究的缺陷浓度一般小于 10^{-4}。除了在晶格振动极小的极低温状态下,对于晶体缺陷引起的电阻变化,测量精度需要达到 5～6 位数字的高精度。另外,对于其他有关热或机械性质不能检测的对象,有时也能通过电阻测量法来进行定量检测。当然,仅靠电阻并不能解释所有的现象,必须与其他物理测试方法结合在一起,才能获得材料的各种微观结构信息。电阻看似是一个单纯的物理量,但从电子论本质来说,对于电阻的定量解释,还存在一些尚未解决的问题。由于电阻测量的是宏观量,其中包含多种影响因素,有时很难从中获取与所需现象相对应的信息。

电阻测量法有多种,如作为标准测量法的直流四端子法,以及实用的涡电流法。除此之外,适用于金属电阻测量的还有直流双桥法交流法和范德堡法等。[7-8]需根据样品的电阻值、测试精度以及样品状态,选择适当的方法。在物性研究中,由于样品保存在低温容器、恒温槽或者电炉中,样品与测量装置之间的连线常常超过 1 m。为了不使电压连接线的电阻对测量值产生影响,常采用电位差计法。在将所测量到的电阻换算成电阻率时,要求换算时样品长度与截面积的测量精度为 0.01%。因此除了特别情况外,对于欧姆单位来说,0.01%的测定电阻精度就已足够。在此情况下,如果装置稳定度好、敏感度高,则可以测到第 5 位、第 6 位的电阻变化。

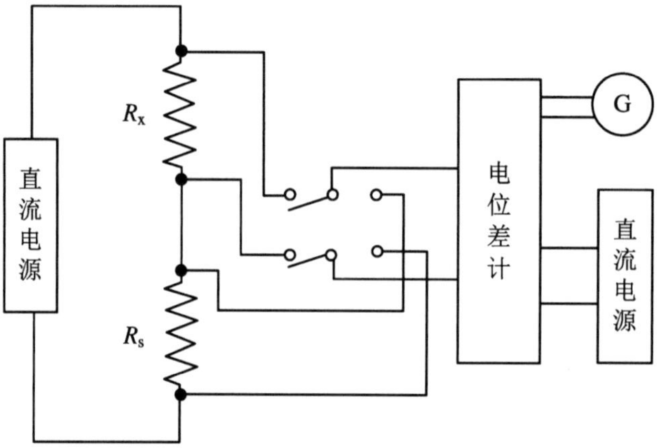

图 8.9 采用电位差计的电阻测量电路

采用电位差计的测量电路如图 8.9 所示。图中,R_x 为样品,R_s 为标准电阻。有时,也可以加入一个已知电阻的模型电阻(dummy)。模型电阻一般采用与样品相同的材料。测定 R_x 和 R_s 的电压引线之间的电压降 V_x 和 V_s,可以根据 $R_x = V_x R_s / V_s$,求出 R_x。同时,还可以补偿温度变化引起的电阻变化。因此,在测量样品内部状态变化引起的电阻变化时,采用模型电阻非常方便。若样品回路和电位差计内部产生热激发电力,进而影响测量值时,可以在样品电路中逆转电流,将其前后的测量值进行平均,可以得到抵消热激发电力的 V_x 和 V_s。

当采用直流法进行高精度测量时,需要去除回路中产生的热电动势等导致的浮地电动势。此时,可以采用的方法有电流方向逆转法和样品电流 ON-OFF 法。

(1) 电流方向逆转法

如图 8.10(a)所示,利用极性转换开关 SW,改变流过样品中的电流方向,然后对正向和逆向的测量值取平均值,从而抵消浮地电动势。如果电压计是只能测量正电压的电位差计,则将切换开关 SW2 与 SW1 联动,同时切换电压计的输入极性。

(2) 样品电流 ON-OFF 法

如图 8.10(b)所示,利用开关 SW1,使流过样品的电流变换 ON-OFF 状态。在 OFF 状态下,测定浮地电动势;在 ON 状态下,再减去这一部分电动势。利用这个方法,还可以对电压计的零点漂移进行补偿,比方法(a)更加准确。为了维护电源的稳定型,可以调节 R_V,使得即使变换 ON-OFF 状态,流过电路的电流值也不会发生变化。

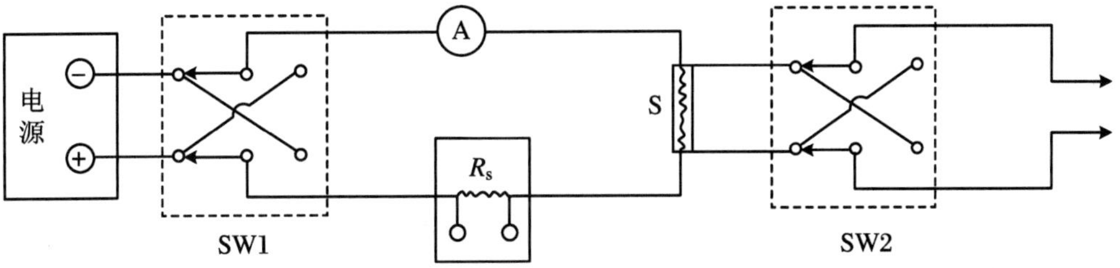

(a) 电流方向逆转法

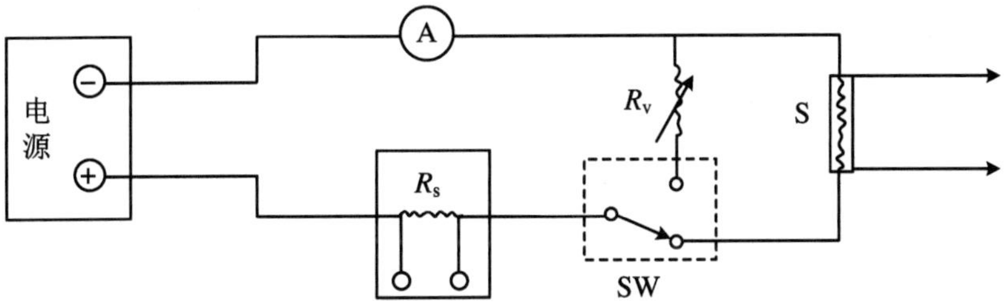

(b) 样品电流ON-OFF法

图 8.10　去除浮地电动势的方法

现在市售的四端点电阻测量装置,通过自动变换测量电流方向,能够有效地排除热电动势的影响,正确测量微小电阻。

利用电位差计进行电压测量时,需要 30 s 左右的时间,因此要特别注意测量时样品和电位差计流过的电流、热激发电力、样品温度确实没有发生变化。另外,由于样品的电压降下量 V_x 和标准电阻(或模型电阻)的电压降下量 V_s 不能同时测得,因此在测量 V_x 和 V_s 之间的时间段内,恒温槽的温度的微小变化常常成为造成测量误差的原因。尤其是在高于室温的温度中,对样品和标准电阻进行比较测量时,特别要注意。可以采用高精度的电源,与在样品回路和电位差计的电源中采用蓄电池的情况相比,电源变动引起的测量误差非常小。与同时比较 V_s 和 V_x 的电桥法(也包括直流双桥法)相比,电位差计法虽然精度较低，但不会产生电压引线电阻造成的误差，因此经常被采用。图 8.11 所示为电位差计的一种变形形式，可以同时比较 V_s 和 V_x。

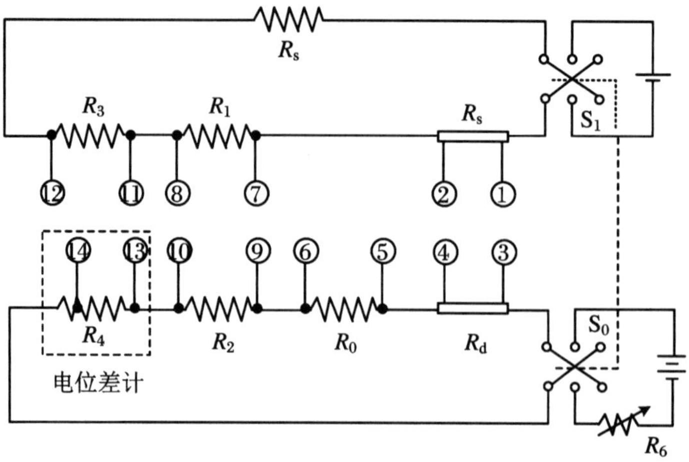

图 8.11　电位差计方法的变形

另外，在图 8.12 中，将样品和模型电阻与电桥电路的一部分连接，采用电位差计，测量样品和模型电阻的电阻差值。通过使电桥电路处于平衡状态，流过样品和模型电阻的电流相当（$I_1 = I_2$），利用电位差计测量 V_1、V_2 后，样品与模型电阻的电阻差值为

$$\Delta R \equiv R_s - R_d = \frac{V_1 - V_2}{I_1}$$

之所以采用电桥回路，是为了同时比较样品和模型电阻的电压降。

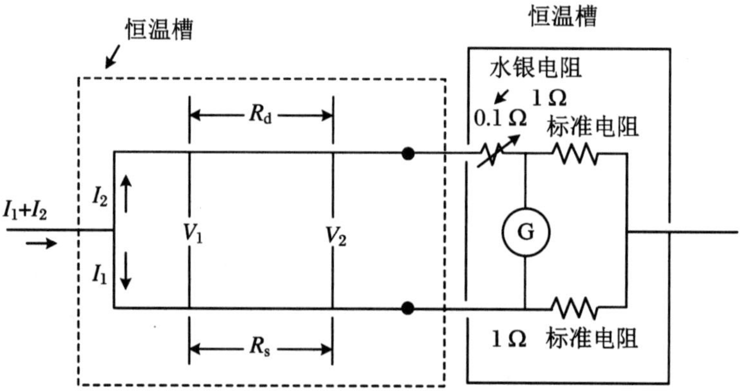

图 8.12　电位差计方法的变形

上述电位差计中，影响最大的是热电动势。尤其是引线一端处于液氦温度时，热电动势可以达到 10^{-7} V。为了尽量减少这一热电动势，电压引线采用与样品相同的材料，

与铜线连接的部分在不与之接触的前提下，尽量靠近正极侧和负极侧，或者充分注意开关或端点的温度变化。另外，电压引线如果形成较大的环形，则会受到地磁场或其他磁场的影响，产生感应电流，引线的摆动也是产生噪声的原因，因此需要很好地将引线扭合在一起。

上面所述的利用直流电位差计的方法中，如何消除热电动势是一个重要的问题。如果采用交流电源来进行电阻测量，则不会有热电动势的问题。如果采用适当的电源，有可能在较大的温度范围内进行微小电阻的测量。但是，这也带来了交流电源特有的问题。其一是采用交流电源时，样品的电阻需以复数电感的形式表示，即 $Z = R + iX$，在低频下可以认为 R 就是直流电阻。其二是在测量信号中，除了样品的电阻成分外，还包括样品自身电感或外部磁场感应等产生的感应成分。由于电阻成分与电感成分的相位差为 $\pi/2$，需要利用相位敏感检测波（phase-sensitive detection，PSD）将电阻成分检测出来。

图 8.13 所示为交流法的电阻测量回路。为了抑制交流电流的振幅变化引起的误差，将样品 R_x 与标准电阻 R_s 串联，利用变压器比较 R_s 的电压值与 R_x 上的电压降。检测变压器的一次侧电感 L 相对于变压器输入回路的电阻 r，满足公式 $\omega L > 100r$，才能使变压器内部的损失足够小。当样品放入恒温槽或低温箱里时，不能忽视样品与标准电阻之间的引线电阻，在此之间产生的电压 V_{ab} 通过变压器加入到放大器。在测量样品的绝对值时，严禁混入与电阻成分同相位的信号，因此设置了防止这种情况的补偿回路。利用该方法，即便 V_{ab} 发生变化，也能够自动进行补偿。可调电感 M 用于除去参照电压的相位调节和检测信号中的电感成分。

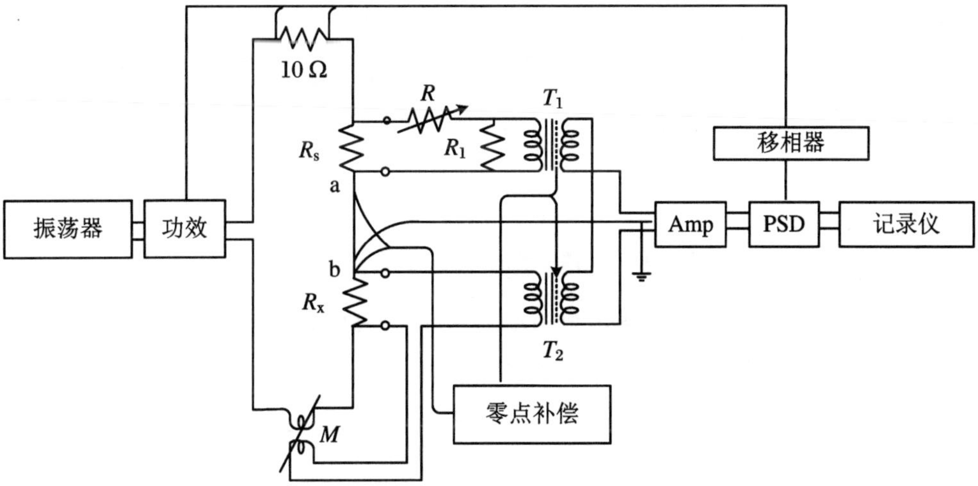

图 8.13　采用交流法的高灵敏测量装置

是否能够利用材料交流法测量样品的直流电阻，取决于样品的纯度和测量温度。对于电阻小的样品或极低温的测量，交流法存在的问题比直流电位差计的热电动势问题要大得多。

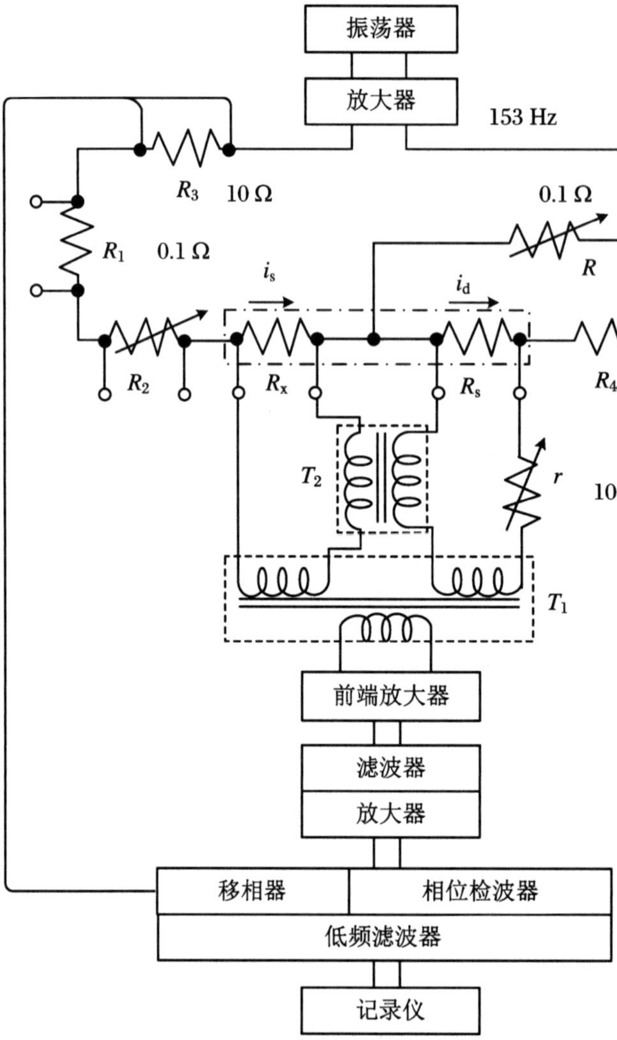

图 8.14　采用交流的电阻变化自动记录仪

利用交流法进行测量时，如果电阻率小，会出现各种问题。但是对于室温测量，或者长时间连续测量的场合，则是非常方便的测量方法。图 8.14 所示装置用于自动记录金属在急冷后或者加工后的电阻变化。其原理与图 8.13 所示完全相同。由于室温下点缺陷回复的研究需要的测量精度为 10^{-6}，且测量时间很长，因此尤其需要注意装置的稳定性。首先，将材质与样品相同的模型电阻放入同一恒温槽，尽量降低温度变化对其产生的影响。通过与模型电阻并联的分流回路，调节样品与模型电阻的电压降的平衡，同时注意电流引线因室温变化所产生的电阻变化对测量误差的影响。检测变压器的输入回路中的电阻 r 用于参照电压的相位调节。通过调节基准信号相位，可以使得记录计上的信号电压不随该电阻变化而改变。与此对应的是，样品和模型电阻的电压引线的电阻随温度产生的变化，也不会对测量结果造成误差。检测变压器的一次侧电感承担着保证 10^{-6}测量精度的关键作用，图 8.14 所示的变压器 T_2 则是为提高检测变压器的输入电感而专门设置的。

8.3 正电子湮灭

1928 年，Dirac 在求解相对论性的电子运动的 Dirac 方程时曾预言正电子的存在。1932 年，Anderson 在威尔逊云室研究宇宙射线时发现了正电子。正电子是人类发现的第一个反粒子。

正电子(e^+)是电子(e^-)的反粒子，质量与电子相同，但具有正电荷。正电子可以由 β+ 衰变产生，也可由核反应和电子直线加速器产生，还可以通过 γ 射线与物质的相互作用产生。当 γ 射线的能量大于电子静止能量的两倍时($h\nu > 1.02$ Mev)，它与物质的相互作用将产生正负电子对效应。即 γ 光子经过原子核附近时，其能量被吸收而转变为正负电子对，如式(8.4)所示：

$$\gamma \rightarrow e^- + e^+ \tag{8.4}$$

反过来，正负电子相碰时，两粒子自身湮灭并发出 γ 光子，如式(8.5)所示：

$$e^+ + e^- \rightarrow 2\gamma \tag{8.5}$$

正电子除了所带电荷的符号与电子相反之外，正电子的其他性质(包括质量、电荷的数量、自旋和磁矩)均与电子相同。

高能正电子进入物质后，通过与电子、原子或离子的非弹性散射损失能量，其动能迅速降到热能，这一过程称为热化，热化过程所需的时间很短(只需几皮秒)。热化后的正电子在物质中扩散，在扩散过程中碰到电子发生湮没，产生 γ 光子。扩散过程的持续时间因材料的不同而异，主要由材料中的电子密度决定。正电子在材料中的停留时长即为正电子湮没寿命。正电子湮没寿命与物质中的电子密度密切相关，正电子在材料中的射程主要决定于热化阶段和材料的密度。在一般材料中，正电子射程约在 20～50 μm。在正电子实验中，为了保证正电子在样品中湮没而不穿出，要求样品厚度约为 0.1 mm。

在不同的材料中，正电子的湮没机制及湮没寿命各不相同，它能反映出材料的微观结构和电子密度等信息。

正电子湮没过程的理论分析需借助量子电动力学的相关理论。正负电子湮没时可以发射单光子、双光子和三光子，但发射双光子的概率最大。

正电子湮灭除了可以用来测定费米面外，还有许多其他用途。正电子在固体材料中会尽量避开原子核及其周围的离子正电荷，而游离在这些正电荷之间，因此相较于内壳电子，更容易与传导电子相遇。在缺少离子的空位处，由于减少了正电荷，正电子容易掉进去。由于空位处缺少正电荷，传导电子就会远离空位，从而在空位处的传导电子会显得稀薄。这样一来，正电子被空位捕获后，与电子结合而湮灭的概率会降低，从而延长寿命。如果发现长寿命的正电子，就意味着存在空位型缺陷，可以根据寿命的大小获得该类缺陷的尺寸信息。[9]

正电子在完整晶格中的湮灭称为自由态的湮灭。一旦固体中出现缺陷，如空位、位错和微空洞，这些缺陷可以是材料在制备工艺过程产生的，也可以由辐照效应、温度效应和压力效应等因素产生，正电子就容易被这些缺陷捕获后再湮没，这种湮没被称为正电子的捕获湮没，它与自由态正电子的湮灭相差甚远。实际采用的测量方法主要有正电子寿命测量、湮灭 γ 角关联测量和湮灭谱线多普勒增宽测量三类。

利用正电子湮灭方法可以探测纳米尺寸的晶格缺陷，如空位、空位团簇等。图8.15展示了正电子湮灭实验方法的原理。同位素^{22}Na在衰变生成正电子时，同时释放出能量为 1.28 MeV 的 γ 射线。另外，进入样品的正电子(e^+)与样品内的负电子(e^-)结合后发生湮灭，多数情况下，释放出能量为 511 keV 的 2 条湮灭 γ 射线。因此，1.28 MeV 的 γ 射线与 511 keV 的 γ 射线之间的时间间隔，即为正电子寿命。

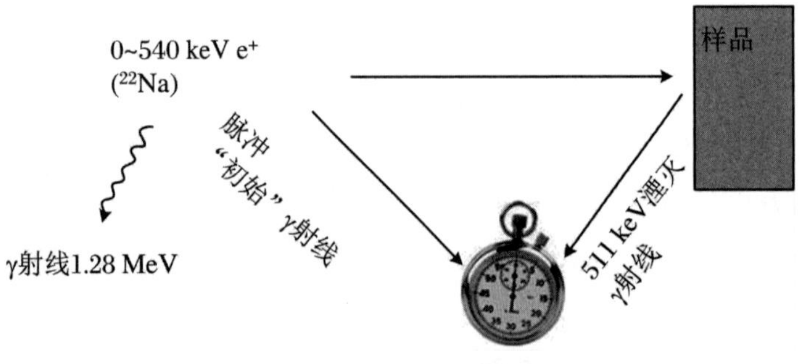

图 8.15　正电子湮灭实验方法的原理

当然，在上述测量中，必须保证测量到的两条 γ 射线，即 1.28 MeV 的 γ 射线与 511 keV的 γ 射线均来自同一个正电子。如果进入样品的正电子太多，则有可能测量到来自不同的正电子的两种 γ 射线。因此,要求正电子源不能太强,一般要求为 1×10^6 Bq 左右,大约 30 μCi。

正电子寿命的数量级为 100 ps,而测量系统的分辨率也几乎是同样的数量级。所以,要准确获得正电子寿命就有困难。平均寿命与分辨率处于同一数量级,这是目前正电子湮灭实验难以克服的一大缺点。如果分辨率能够再提高一个数量级,那么对于物性研究中的正电子湮灭实验将具有重大意义。不过有观点认为,在大量统计数据的情况下(通常正电子寿命要取 100 万个统计数据以上),正电子寿命测量是可以较为精确的反应缺陷信息的(可以达到几皮秒精度)。

如图 8.16 所示,正电子湮灭对于空位非常敏感,可以探测辐照初期产生的点缺陷,但对于缺陷体积更大的空洞却不敏感。随着空位团簇尺寸长大,一开始正电子寿命值单调增加,到 500 ps 时则达到饱和值。显然,不能从正电子湮灭寿命在高辐照剂量下没有变化这一现象,就认定材料的辐照损伤状态也没有发生变化,进而认为该材料抗辐照性能很好。另外,正电子对于间隙原子型缺陷、杂质原子等不敏感,但是可以通过多普勒展宽技术,测量空位周围的杂质原子分布特征。

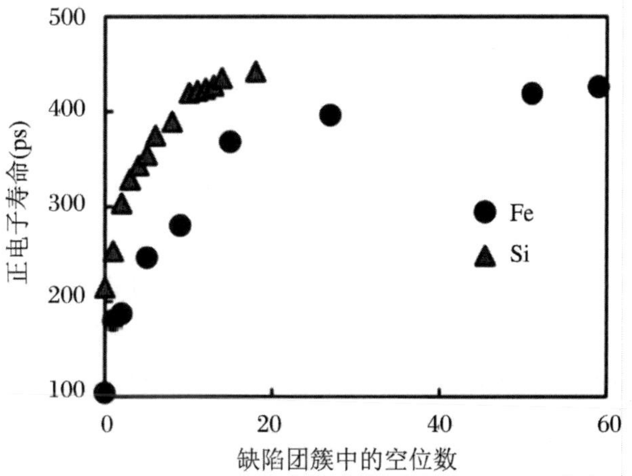

图 8.16　铁和硅中的正电子寿命与空位团簇数量的关系[10-11]

正电子湮灭实验的特征在于,可以高度浓缩地抽取缺陷信息,但并不能反映其浓度比例;也能够选择性地抽取空位型缺陷信息;对于原子尺度的缺陷尺寸及其形态非常敏感。正电子湮灭实验操作比较简单,不需要真空,可以采用块状样品。

下面给出一些常见的正电子湮灭技术的应用例[9]:

(1) 空位形成能的热平衡测定。

作为空位浓度的热平衡测量方法,之前有 Simmons 和 Balluffi 等提出的同时测定长度和晶格常数的方法(参见 2.3 节、第 2 章参考文献[26])。但由于实验局限,在正电子湮灭方法应用之前,只对部分纯金属进行了测定。正电子湮灭方法出现之后,空位浓度的热平衡测量方法扩大到了合金、金属间化合物、半导体,几乎成了正电子湮灭技术独占的领域。

(2) 回复阶段的测定以及杂质的影响。

在电子束和中子束低温辐照后的金属中形成的各种晶体缺陷,随着升温顺次在固有温度下开始移动,形成团簇后消失。以前主要利用电阻测量方法,对这种回复过程进行分析,将回复过程分成五个阶段。利用各种方法,研究了这些回复阶段的机制(参见 4.1 节)。

对于辐照缺陷回复阶段的解释,提出了 one-interstitial model 模型和 two-interstitial mode 模型,引起了激烈的对立。这一争论之所以能够持续 20 多年,是因为传统的电阻测量方法难以区别自间隙原子的迁移和空位的迁移。与此对应,正电子的特点在于它会被空位捕获,却不会被自间隙原子捕获。因此正电子湮灭实验能够明确地区别空位的迁移与自间隙原子的迁移。正是充分利用正电子湮灭的这一特点,证明了第Ⅲ回复阶段对应的是空位迁移。近 10 年来采用正电子湮灭方法,明确了许多金属和合金的空位回复温度,其中在学界产生很大影响的是 Hautojärvi 等的电子束辐照铁的实验。在实验中,发现正电子寿命 $\tau 2$ 在 -53 ℃处增加到 190 ps(单一空位的寿命值)。[12-13]基乎在同一时期,谷川等也发现中子辐照纯铁的空位回复温度为 -73 ℃。[14]这个温度比一般认可的空位回复温度(约 177 ℃)低了 250 ℃。藏元的实验也再次验证了此事。[15] Hautojärvi等对于含碳量为 50 ppm 和 750 mm 的 α 铁进行了同样的实验,发现在 -53 ℃开始移动的单一空位与碳原子结合,形成复合体。[16-17]这种碳与空位的复合体在217 ℃发生分解。而且,这种复合体中,碳原子位于偏离空位中心的位置。

另外,有学者利用电子束辐照后的正电子寿命测量,分析了铌与钽中的空位回复及其氢的影响[18],发现在几乎不含氢的纯铌、纯钽中,空位的迁移温度非常低,分别为 -53 ℃和 -13 ℃。添加氢后,铌的空位迁移温度升至 107 ℃,钽的空位迁移温度则升至 177 ℃。这种回复温度的上升是由于空位与氢形成了复合体的缘故。上述温度应该是该复合体的分解温度,据此可以估算出这些金属中的空位与氢的复合体的结合能为 1.0～1.2 eV。

钼中的氮的影响也是一个杂质原子影响空位回复的例子。Nielsen 等对纯钼和注入了氮的钼进行电子束辐照,然后利用正电子寿命测量空位回复过程,发现纯钼中的空位在 227 ℃开始迁移,而含氮钼中的空位则在 647 ℃才开始迁移。[19]

慢正电子湮灭技术作为一种非常奇特的无损检测实验方法,可以探测从样品表面起随深度变化的缺陷浓度分布。[20]以往在物性研究中的正电子技术基本围绕正电子湮灭现象,现在则提出了许多有关正电子自身与物质相互作用的新应用技术,例如,低能正电子衍射、反射高能正电子衍射、扫描正电子显微镜、透射正电子显微镜、再释放正电子显微镜、正电子隧道显微镜、正电子诱发俄歇电子分光、正电子离子化质量分析等。几乎所有与负电子有关的应用技术，都可以延伸到正电子。当然，与负电子不同的是，如何获得足够强度的正电子束流，不是一个简单的问题。[21]正电子的研究非常活跃，国际上每三年便会举办一届正电子湮灭的国际会议，下一次会议，即第 20 届国际正电子湮没会议（The 20th International Conference on Positron Annihilation）将于 2025 年 6 月在日本高松召开。

8.4 场离子显微镜

在金属辐照损伤研究方法中，有的利用体积变化或密度变化之类的结构变化，有的则利用弹性性质的变化。但是这些方法需要利用高能粒子进行长时间大量辐照，从而产生大量的损伤。利用电阻变化的检测方法则可以检测较少的损伤量。但是，不管使用哪种方法，都不能直接观察辐照损伤，实验事实的解释必须建立在许多假设的基础上。

因此可以说，场离子显微镜（field ion microscope，FIM）是目前唯一能够直接观察到单个空位的实验方法。在 FIM 中，样品（靶）为针状晶体（tip），可以在原子尺度的高分辨能下，检测到高能粒子辐照产生的一个空位，因此能够直接观察辐照损伤的形成过程。另外，FIM 非常适合观察样品表面附近很浅位置的损伤，可以同时观察多个晶面，这是其一大特长。

FIM 与通常的高分辨率电子显微镜性质不同，它成像时不使用磁透镜或静电透镜，是由所谓成像气体的“场电离”过程来完成的。实验时，镜体内保持超高真空。如图 8.17 所示，用电解腐蚀法制成的针状样品（其尖端曲率半径小于 100 nm）装于镜体内，并被冷却到 − 195 ℃以下，然后通入成像气体氦或氖。当样品加上高电场后，由于热运动而移动到样品针尖的成像气体原子会因电场而极化，并吸附于针尖表面的各个晶面的突出原子的上方。它们因电子隧道效应而被电离（“场电离”）。电离后的成像气体离子受电场加速而沿电场线飞向阴极一侧，中间经过电子倍增微沟道板，由离子转换成高倍率的电子，然后投射到荧光屏，映出与样品针尖表面的原子相对应的原子放大像。图 8.18 所示为铂金（Pt-Au）合金表面的 FIM 图像。

1967 年，E. W. 弥勒又设计出一种所谓“原子探针场离子显微镜”（atom probe FIM，AP-FIM），它是由场离子显微镜与飞行时间（time of flight，TOF）质谱仪组成的一种联合分析装置，其优点在于不仅能观察表面单个原子的行为，还能通过脉冲高压使表面原子“场蒸发”的办法，将被观察的原子逐个进行“剥离”，并对其作质量分析，确定它的质量

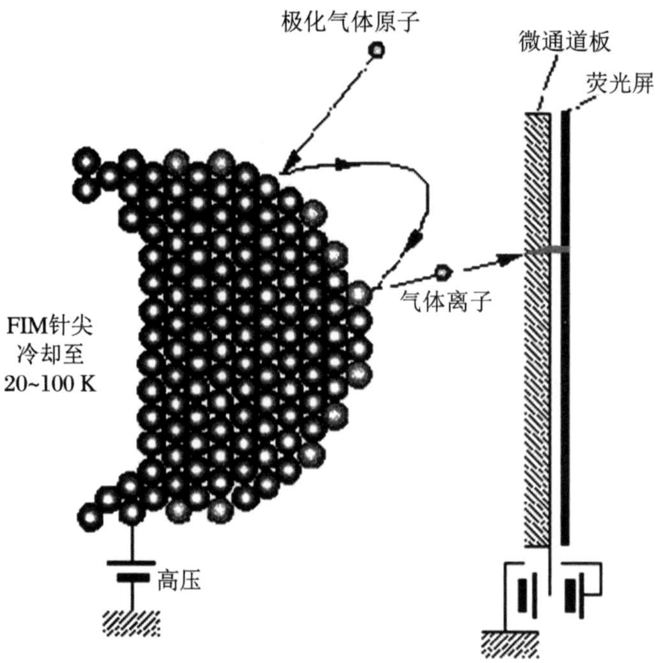

图 8.17 场离子显微镜的原理示意图

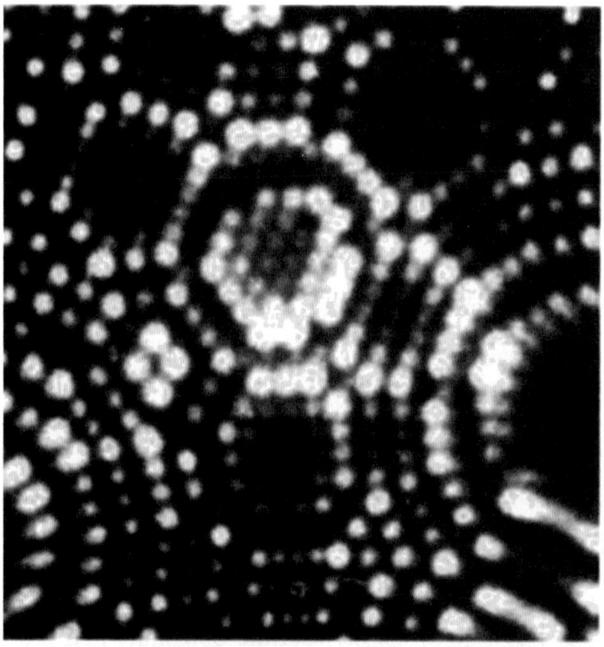

图 8.18 铂金合金表面的场离子显微镜图像

数。从而研究从表面到体内各个原子面上原子排列的三维状态以及不同元素原子的分布。图 8.19 所示为 AP-FIM 的原理示意图。之后，FIM 的研究进入了一个新的定量化的阶段。目前，AP-FIM 已有多种型式，较常见的有飞行时间型（直线型和静电偏转型）、磁场偏转型以及直接成像型等。为解决导电性较差的半导体和缘体材料对瞬时脉冲“场蒸发”的难题，又研发出一种新的脉冲激光型 AP-FIM，并已显示出它的广阔应用前景。三维原子探针能够对不同元素进行原子级别的分析，而且能够给出元素原子的空间分布形态，进行定量分析，是目前最微观且分析精度较高的一种元素分析技术。

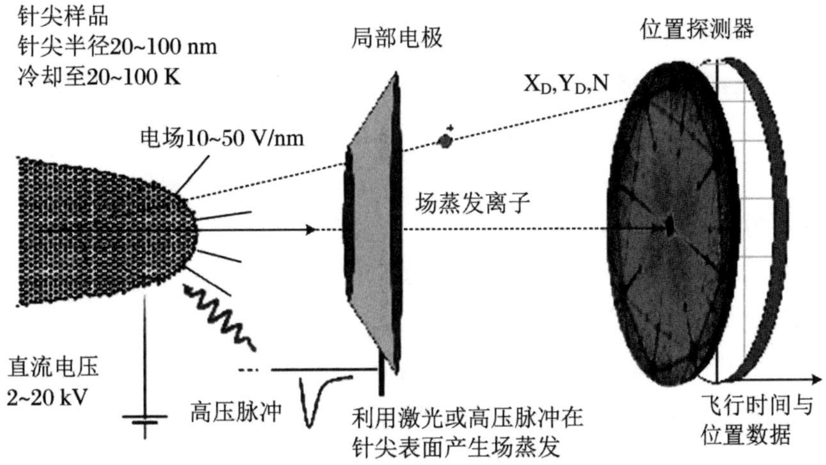

图 8.19　AP-FIM 原理示意图

FIM 以及 AP-FIM 不仅可用于观察固体表面原子的排列，研究各种晶体缺陷（空位、位错以及晶界等），利用场蒸发还能观察从表面到体内的原子的三维分布状况。早期的 FIM 研究，着重于金属表面的结构缺陷、合金的晶界、偏析以及有序-无序相变和辐照损伤等。后来逐步扩展到对表面吸附、表面扩散、表面原子相互作用以及由温度或电场诱导的各种表面超结构的研究。由于 AP-FIM 的出现，各种 FIM 研究都已进入定量化阶段。

许多人曾利用 FIM 实验来寻找电子束辐照钨中的热激活第Ⅲ回复阶段的自间隙原子（钨的第Ⅲ回复阶段始于约 227 ℃），而这正是“二间隙原子模型”所需要的。例如，Schultz 等利用 Galligan 等的 FIM 的观察结果，认为钨中的自间隙原子的迁移是在第Ⅲ回复阶段。[22]但有人认为将 FIM 样品这种曲率半径极小的金属尖端和在材料表面所观察到的现象，推广到通常尺度的样品中的做法，非常危险。[23]也就是说，虽然 FIM 能够获得点缺陷的结构信息，但还是难以直接与温度等条件联系起来。

FIM 方法可以得到准确的原子晶格位置图像。根据这一图像，先计算总的晶格位置数量，以及对应于点缺陷的衬度斑点。由于要检测出所有的损伤比较困难，可以先对两个离子像采用“二色重叠法”进行比较。再将所检测到的损伤进行图像放大，最后确认。

利用脉冲电场，剥离受到辐照试样的针尖表面，得到各原子层的点缺陷数量，进而可以得到点缺陷浓度。

FIM 是一种破坏性实验方法，不能在同一样品上重复测量，也很难将化学信息与晶体结构联系起来。FIM 的使用中，也存在许多限制。其主要问题如下：

（1）从原理上，样品形状仅限于针状。

虽然利用 FIB 可以从各种材料中切割制备针状样品，但在 FIB 加工时，由于镓（Ga）离子的注入，可能破坏样品结构，从而无法得到正确的三维图像。另外，有的样品不能进行 FIB 加工，因此就不能进行 FIM 分析。

（2）在测量时频繁出现样品破坏。

FIM 测量中，样品上施加有高电压，同时样品形状为细小针状，因此在电场应力下，有可能发生折断。因此，需要在样品前端数十微米的位置，设置引出电极，从而有效地施加电场。

（3）利用激光脉冲进行电场蒸发的机制，尚存在未解明的部分。

（4）样品的三维结构的建立，还存在问题。

对于单体的纯金属样品，已经能够高精度地再构造三维结构，但对于半导体或氧化物等具有复杂结构的材料，还不能很好地再构造三维结构。

现在辐照损伤研究中的 FIM，除了检测晶体缺陷外，更多的是利用三维原子探针来检测微观区域的成分，如图 8.20 所示。[24]

三维原子探针技术在样品重构中还存在准确度的问题，虽然有的研究通过重构可以获得晶面间距等信息，但是目前该技术还不能完全表达原子的真实位置。实验过程中，在电场的作用下，针尖上的元素都是以离子的形式飞向探测器，这些离子虽然主要以单原子离子为主，但是也存在一定量的多原子离子。此外，在针尖重构过程中也会出现一些类似能谱仪的重峰问题。

8.5 内耗法

内耗（internal friction），日语为“内部摩擦”，是研究固体缺陷与力学性质的一种重要的实验技术，能够很灵敏地反映固体内部的各种结构的组态。将内耗实验与其他材料分析手段相结合，可以更深入地阐明固体的内部结构与宏观的物理性质（特别是力学性质的）关系。

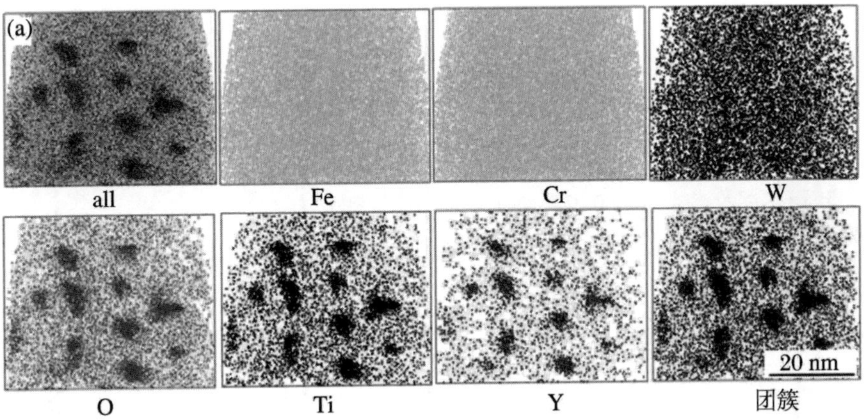

(a) 未辐照

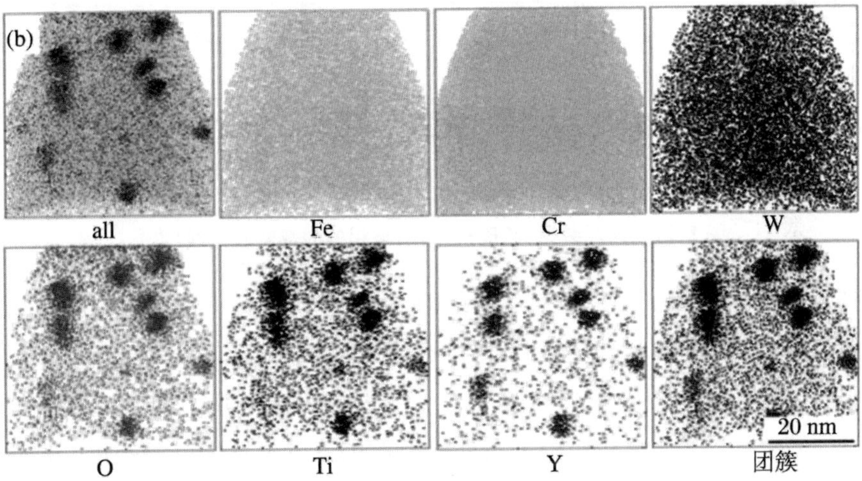

(b) 400 ℃、3.7 dpa质子辐照

图 8.20　三维原子探针重构的 9Cr-ODS 钢中各元素三维空间原子分布

内耗实验装置本质上就是一个扭摆。在垂直线的下端悬一物体，另一端固定不动，使物体以悬线为轴而扭转，然后放开，则物体由于得到了动能，开始作扭转振动。当扭角不大时，这种扭转振动遵从简谐振动的规律。分别测量其在振动中的对数减缩量和振动频率，就可以测出其内耗和切边模量。葛庭燧对这种内耗试样的扭摆进行了革新，人们称之为葛氏摆。[25-26] 图 8.21 所示为内耗实验装置和数据。

内耗的最基本的量度是试样在振动一周的过程中所消耗的能量 ΔW 与试样中所储存的振动能之比 W，即 $\Delta W/W$。产生内耗的根本原因是样品在交变应力 σ 的作用下振动时，除产生一个相应的弹性应变外，还因内部的原子而产生一个附加的非弹性形变，致使应变 ε 落后于应力 σ，应变落后于应力的情况使得应力-应变（σ-ε）曲线图上出现滞后

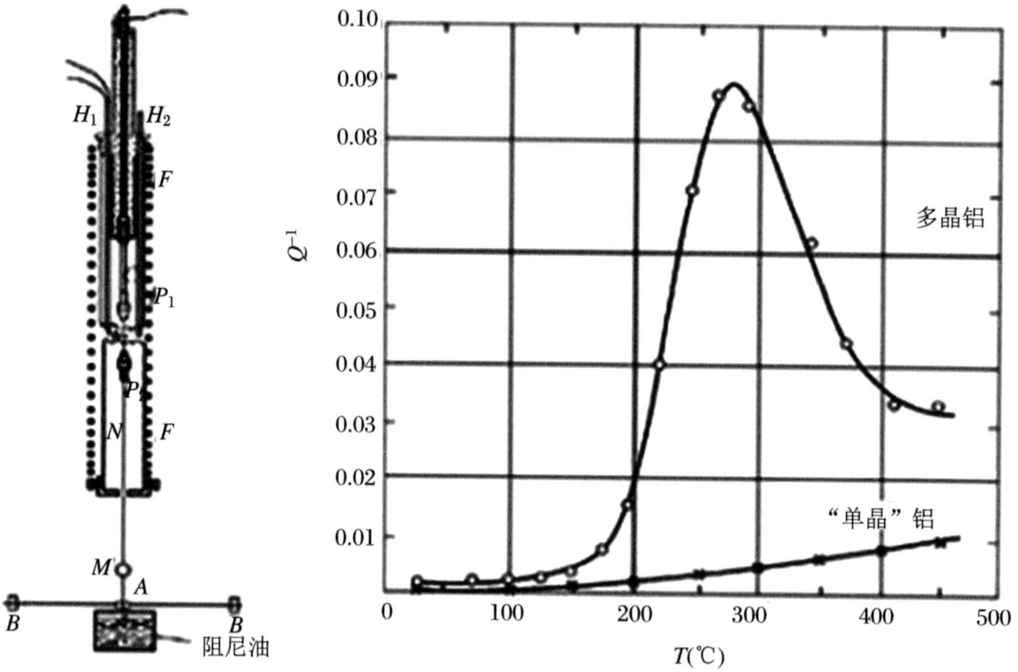

图 8.21　内耗装置“葛氏摆”(左)与铝的内耗实验曲线(右)

回线。滞后回线的面积为 ΔW,由滞后回线端点的应力和应变值可以求出 W。因此,测量内耗的最基本方法是从实验上测出样品的滞后回线。

从原子尺度来说,晶体中的本征点缺陷,即空位和自间隙原子,所引起的畸变可用弹性偶极子的概念来描述。弹性偶极子在外应力作用下可以发生位置变化。当晶体内的点缺陷处于不同位置时,所产生的应变场也有不同的对称性。一般来说,点缺陷具有一个以上的晶体学等效取向。在应力作用下,点缺陷可以在这些等效取向之间发生再取向运动,从而产生内耗。

间隙原子碳、氮、氧、氢在纯铁和其他 BCC 晶体中,形成了四角对称弹性偶极子,而由间隙原子的应力感生再取向所引起的弛豫称为 Snoek 弛豫。FCC 晶体中由代位原子对和哑铃状自间隙原子对的应力感生再取向所引起的弛豫称为 Zener 弛豫。因此,内耗实验主要用于分析自间隙原子的情况,但只适合于尺寸较小的自间隙原子。利用内耗实验研究尺寸较小的自间隙原子与辐照缺陷的相互作用,可以间接地获得有关辐照缺陷的信息。在比较含氮 35 ppm 的纯铁在中子辐照前后的内耗实验结果[27]时发现,辐照前样品会出现明显的氮的 Snoek 峰。当在反应堆中进行中子辐照[辐照温度 75 ℃、剂量 1.2×10^{19} n/cm^2($>$1 MeV)]时,Snoek 峰消失。此时氮与辐照缺陷结合成复合体,不再产生 Snoek 峰,而该复合体使得纯铁发生硬化。将辐照样品在 215 ℃下退火时,没有出现 Snoek 峰；但当退火温度升至 350 ℃时，Snoek 峰再次出现；当退火温度为 450 ℃时，Snoek 峰基本回复到辐照前的高度。这种退火对于 Snoek 峰的回复表明，辐照缺陷与氮的复合体发生分解，辐照缺陷消失，氮回复到之前的固溶状态。

内耗是一种体积效应，测得的内耗只是各种应变振幅的平均值。据估算，如果丝状试样半径为 0.4 mm，则表面层 0.1 mm 深的材料所产生的内耗约占全部内耗的 70%以上。因此，所观测到的试样的内耗基本是试样表面一层材料的贡献。这一点倒是比较适合离子辐照只能在试样表层产生缺陷的情况。总之，需要进一步发展应用于辐照点缺陷研究的内耗实验。[28]例如，对于点缺陷的研究来说，内耗实验需要单晶样品，以排除晶界影响。内耗的丝状样品在内耗实验之前的辐照实验时应保持旋转，以保证丝线样品的圆周面上都均匀受到辐照。辐照实验应该在极低温（液氦温度）环境下进行。内耗实验则应在自间隙原子发生迁移的温度附近进行，以获得自间隙原子迁移前后的内耗数据。需要注意的是，内耗实验比较难以得到单纯的空位信息。

8.6　X 射线漫散射

当年，劳埃首次进行晶体的 X 射线衍射实验时，有人曾预言这种实验不可能成功，其根据是晶体的原子存在热运动，因此原子位置并不固定，会破坏晶格的规律性。[29]然而，劳埃的衍射实验结果表明，虽然存在这种热运动导致的漫散射，但还是能够获得明显的衍射斑点。

X 射线漫散射（X-ray diffuse scattering method），除了热振动的影响之外，还存在着点缺陷引起的点阵排列偏差。来自这种缺陷的位于布拉格角附近的 X 射线散射，最初由黄昆于 1947 年计算得到，又称黄昆散射（Huang scattering）。[30]黄昆设计的物理模型和计算是合理的，但由于漫散射强度很弱，在当时的实验条件下无法证实。直到 1967 年，德国物理学家 Peisl 在研究 X 射线辐照的氟化锂晶体时，在 Bragg 峰附近，观测到了一种异常漫散射，其强度和 $1/q^2$ 成正比。这同黄昆 1947 年计算得出的结论相符，黄昆漫散射理论终于在实验上得到了证实。

当晶体点阵排列与理想的规则排列偏离较大，或者杂质原子、原子团按某种规律分布于较完美晶体中时，在布拉格衍射峰两侧出现漫散射图样。固溶原子（点缺陷）在晶格中引起的长程应力场会使 X 射线发生漫散射。黄昆散射认为，点缺陷引起的晶格原子位移，使布拉格衍射峰变弱，并在布拉格衍射峰邻近出现不可忽视的漫散射。该漫散射同热漫散射混在一起，在一般温度下，比热漫散射要弱。该漫散射的强度与 $1/q^2$ 成正比。

通过黄昆散射的测量，Ehrhart 和 Schilling（德国于利希原子能研究所）研究了电子束辐照金属的点缺陷，Peisl、von Guerard、Spalt（德国慕尼黑工业大学）等研究了中子辐照铜和 γ 射线辐照离子晶体的点缺陷。德国的这些强有力的研究，发表在 1974 年于利希召开的 X 射线、中子和电子衍射晶格畸变和原子排列国际讨论会（The International Discussion Meeting on Lattice Distortions and Atomic Arrangements by X-Ray, Neutron and Electron Diffraction）。[31] 至此，利用黄昆散射确定了自间隙原子的位置和团簇状态，再加上其他研究手段，对于辐照缺陷第Ⅲ回复阶段的长期争论给出了结论性的意见，基本上支持"一间隙原子"（one-interstitial model）模型。[32] 黄昆散射作为支持这一模型的有力手段，开始在辐照损伤领域受到强烈关注。[33]

X 射线漫散射实验也用于位错环性质（自间隙原子型或空位型）和尺寸的确定。自间隙原子位错环形成后，黄昆散射强度与位错环尺寸成正比增加。对于透射电镜难以观察的小尺寸位错环，黄昆散射非常敏感，从而可以测定形成位错环内的自间隙原子数量。

X 射线漫散射实验是检测晶格缺陷产生的微弱的散射，必须采用强大的 X 射线源和灵敏的探测器。最新趋势是采用强大的放射光作为 X 射线源，从而有可能为辐照缺陷研究的发展提供有力帮助。由于缺陷的应变场所产生的 X 射线漫散射的强度很弱，而且背景（热漫散射和康普顿散射等）很高，因此测量非常困难。另外，黄昆散射所研究的对象点缺陷在低温时容易迁移，必须在极低温（如液氦）环境下冻结后才能进行测量[34]；黄昆散射出现在布拉格角度附近，需要完整性很高的单晶体。所以，需要开发用于极低温辐照和 X 射线测量的低温装置，以及高分辨能力的探测器和低噪声放大器等，并且要制备位错密度低的样品。X 射线漫散射已经成为研究不完整晶体的有力工具，在晶体结构分析中也起着重要的作用。[35]

参 考 文 献

[1] 黄依娜，万发荣，焦治杰. 利用透射电镜衬度像变化判定位错环类型及注氢纯铁中形成的位错环分析[J]. 物理学报，2011，60(3)：509-520.

[2] 丸川健三郎. 電子顕微鏡による転位および積層欠陥の型決定[J]. 日本金属学会会報，1984，23(3)：182-191.

[3] Hirsh P, Howie A, Nicholoson R B. Electron Microscopy[M]. New York: New York Press Ltd., 1977:98.

[4] Loretto M H. Defect Analysis in Electron Microscopy[M]. London: Chapman and Hall Ltd., 1975:79.

[5] Cui L J, Yang H L, Du Y F, et al. TEM characterization of irradiation-induced dislocation loops and voids in ion-irradiated pure chromium[J]. Journal of Nuclear Materials, 2022, 569: 153920.

[6] 崔丽娟，高进，杜玉峰，等. 氢离子辐照纯钒中形成的位错环[J]. 物理学报，216，65(6) 252-258.

[7] 紀隆雄，河部本悟. 電気抵抗による格子欠陥の研究[J]. 応用物理，1978，47(2)：98-100.

[8] 长村光造，中村藤伸. 電気抵抗-測定法とその応用[J]. 軽金属，1983，33(1)：55-64.

[9] 白井泰治. 陽電子消滅による金属中の空孔およびその集合体の研究[J]. 日本金属学会会報，1988，27(11)：869-877.

[10] Staab T E M, Haugk M, Sieck A, et al. Magic number vacancy aggregates in si and gaas-structure and positron lifetime studies[J]. Physica B, 1999, 273-274: 501-504.

[11] Ohkubo H, Tang Z, Nagai Y, et al. Positron annihilation study of vacancy-type defects in high-speed deformed Ni, Cu and Fe[J]. Materials Science and Engineering A, 2003, 350: 95-101.

[12] Hautojärvi P, Judin T, Vehanen A, et al. Annealing of vacancies in electron-irradiated α-iron [J]. Solid State Communications, 1979, 29(12): 855-858.

[13] Hautojärvi P, Johansson J, Judin T, et al. Defects in iron by positrons [C]// Proceedings of the 5th International Conference on Positron Annihilation. Lake Yamanaka: Japan Institute of Metals, 1979: 737-740.

[14] Tanigawa S, Hinode K, Owada N, et al. The study of recovery of irradiation iron by positron annihilation [C]// Proceedings of the 5th International Conference on Positron Annihilation. Lake Yamanaka: Japan Institute of Metals, 1979: 501-504.

[15] 蔵元英一. 金属中の格子欠陥における陽電子寿命[J]. Materia Japan, 1996, 35(2): 110-116.

[16] Hautojärvi P, Johansson J, Vehanen A, et al. Vacancy-carbon interaction in iron[J]. Physical Review Letters, 1980, 44(20): 1326-1329.

[17] Vehanen A, Hautojärvi P, Johansson J, et al. Vacancies and carbon impurities in α- iron: Electron irradiation[J]. Physical Review B, 1982, 25(2): 762-780.

[18] Hautojärvi P, Huomo H, Puska M, et al. Vacancy recovery and vacancy- hydrogen interaction in niobium and tantalum studied by positrons[J]. Physical Review B, 1985, 32(7): 4326-4331.

[19] Nielsen B, Veen A, Caspers L M, et al. The interaction between nitrogen and defects in Mo studied by the positron annihilation technique [C]// Proceedings of the 6th International Conference on Positron Annihilation. Amsterdam: North-Holland Publishing Company, 1982: 438.

[20] 谷川庄一郎. 陽電子を用いた表面研究[M]//大槻義彦. 物理学最前線：第 5 巻，共立出版，1983：59.

［21］ 谷川庄一郎．陽電子計測の科学［M］．日本アイソトープ協会，1993：97.

［22］ Schultz H. Point defects in body-centered cubic transition metals［J］. Materials Science and Engineering，1968，3(4)：189-219.

［23］ 木村宏．体心立方遷移金属中の点欠陥［J］．日本金属学会会报，1970，9：709-723.

［24］ He J C，Wan F R，Sridharan K，et al. Response of 9Cr-ODS steel to proton irradiation at 400 ℃［J］. Journal of Nuclear Materials，2014，452(1-2)：87-94.

［25］ 葛庭燧．固体内耗的概况和新近发展［J］．物理，1988，17(1)：1-7.

［26］ 葛庭燧．扭摆的故事：简单的仪器与重要的成果［J］．物理，1992，21(1)：9-16.

［27］ 桥口隆吉．鉄鋼その他の金属の内部摩擦について［J］．鉄と鋼，1974，60(12)：1706-1713.

［28］ 胡菁，王先平，方前锋，等．点缺陷内耗及其在材料科学研究中的应用［J］．淮北师范大学学报（自然科学版），2018，39(1)：31-40.

［29］ 麦振洪．晶体 X 射线衍射的发现及其深远影响［J］．物理，2012，41(11)：721-726.

［30］ Huang K，Mott N F. X-ray reflexions from dilute solid solutions［J］. Proceedings of Royal Society A，Mathematical and Physical Sciences，1947，190(1020)：102-117.

［31］ International Union of Crystallography. Journal of Applied Crystallography［J］. 1975，8(2). Chester：International Union of Crystallography，1975.

［32］ Schilling W，Ehrhart P，Sonnenberg K. Interpretation of defect reactions in irradiated metals：The one interstitial model［C］// Proceedings of the International Conference on Fundamental Aspects of Radiation Damage in Metals，Volume I. Gatlinburg：US Department of Energy，1975：470-492.

［33］ 前田裕司．Huang 散乱による点欠陥の最近の研究［J］．日本結晶学会誌，1977，19：231-243.

［34］ 武家杨，蒋四南．点缺陷引起的黄昆漫散射［J］．物理，1986，15(1)：33-38.

［35］ 李永基．X 射线漫散射研究中的 Ewald 作图法［J］．物理，1981，10(6)：365-367.

后　记

笔者的同名图书曾作为“博士丛书”之一，于 1993 年出版，在材料辐照损伤研究领域受到一些同行的关注。由于当时篇幅有限和笔者的学识尚浅、认识有限，旧版书存在很多问题。30 多年过去，材料辐照损伤领域出现了较大变化。尤其是以 2003 年中国参加国际热核实验装置（ITER）为标志，我国的材料辐照损伤研究日趋活跃，对与材料辐照损伤相关的书籍也有了更高需求。本书此次出版，内容上作了较大修改和补充，更多地注重系统介绍有关材料辐照损伤的基础研究，同时就笔者多年思考的一些材料辐照损伤问题提出了个人见解。本书不可能也无意追求全面覆盖材料辐照损伤各领域各方面，但希望能将自己的一些体会介绍给各位同行，以促进讨论交流，达到抛砖引玉的目的。

本书定稿时，参与书稿修改讨论的有：郭立平、徐虬、李银生、胡逊祥、韩卫忠、卢晨阳、沈耀、黄依娜、佟振峰、詹倩、韩文妥、易晓鸥、刘平平、徐驰、杜玉峰、崔丽娟、高进、姜少宁、张一帆、冷滨、贺建超、黄绍松、贺新福、李然然，在此一并表示感谢。

感谢国家科学技术学术著作出版基金对本书的支持。

笔者

2025 年 1 月